2018 年度河北省社会科学院学术著作出版资助项目

河北省环境保护与生态建设

1978~2018

ENVIRONMENTAL PROTECTION AND ECOLOGICAL CONSTRUCTION IN HEBEI PROVINCE

田翠琴　田桐羽　赵乃诗 / 著

社会科学文献出版社
SOCIAL SCIENCES ACADEMIC PRESS (CHINA)

出版者前言

习近平同志指出，改革开放是当代中国最鲜明的特色，是我们党在新的历史时期最鲜明的旗帜。改革开放是决定当代中国命运的关键抉择，是党和人民事业大踏步赶上时代的重要法宝。2018年是中国改革开放40周年，社会各界都会举行一系列活动，隆重纪念改革开放的征程。对40年进行总结也是学术界和出版界面临的重要任务，可以反映40年来尤其是十八大以来中国改革开放和社会主义现代化建设的历史成就与发展经验，梳理和凝练中国经验与中国道路，面向全世界进行多角度、多介质的传播，讲述中国故事，提供中国方案。改革开放研究是新时代中国特色社会主义研究的重要组成部分，是应该长期坚持并具有长远意义的重大课题。

社会科学文献出版社成立于1985年，是直属于中国社会科学院的人文社会科学专业学术出版机构，依托于中国社会科学院和国内外人文社会科学界丰厚的学术和专家资源，坚持"创社科经典，出传世文献"的出版理念、"权威、前沿、原创"的产品定位以及出版成果专业化、数字化、国际化、市场化经营道路，为学术界、政策界和普通读者提供了大量优秀的出版物。社会科学文献出版社于2008年出版了改革开放研究丛书第一辑，内容涉及经济转型、政治治理、社会变迁、法治走向、教育发展、对外关系、西部减贫与可持续发展、民间组织、性与生殖健康九大方面，近百位学者参与，取得了很好的社会效益和经济效益。九种图书后来获得了国家社科基金中华学术外译项目资助和中共中央对外宣传办公室资助，由荷兰博睿出版社出版了英文版。图书的英文版已被哈佛大学、耶鲁大学、牛津大学、剑桥大学等世界著名大学收藏，进入了国外大学课堂，并得到诸多专家的积极评价。

从 2016 年底开始，社会科学文献出版社再次精心筹划改革开放研究丛书的出版。本次出版，以经济、政治、社会、文化、生态五大领域为抓手，以学科研究为基础，以中国社会科学院、北京大学、清华大学等高校科研机构的学者为支撑，以国际视野为导向，全面、系统、专题性展现改革开放 40 年来中国的发展变化、经验积累、政策变迁，并辅以多形式宣传、多介质传播和多语种呈现。现在展示在读者面前的是这套丛书的中文版，我们希望借着这种形式，向中国改革开放这一伟大的进程及其所开创的这一伟大时代致敬。

社会科学文献出版社

2018 年 2 月 10 日

主要作者简介

田翠琴 河北省社会科学院研究员，河北省有突出贡献的中青年专家。主要从事社会学（环境社会学）研究。主要学术著作包括《京津冀环境保护历史、现状和对策》(2018)、《河北经济发展战略史》(2016)、《和谐河北读本》(2012)、《中国特色社会主义社会建设理论研究》(2007)、《农民闲暇》(2005)、《旱区环境社会学》(2000)等。在《中国软科学》《中国人口科学》《生态经济》等核心期刊发表环境方面的论文多篇。曾主持福特基金、河北省哲学社会科学规划等重点课题多项。

内容提要

　　1978~2018 年，中国的环境保护事业取得了显著成就，构建了系统的环境保护框架与环境治理体系，走出了一条具有中国特色的环境保护道路。河北省是全国开展环境保护工作最早的省份之一。伴随中国环境保护的发展与转型，河北省积极探索和实践省域环境保护的创新之路，形成了具有省域特色的环境治理体系和地方经验。1978~2018 年，河北省的环境保护与生态建设分为四个时期：环境保护快速发展时期（1978~1991）、实施可持续发展战略时期（1992~2002）、实施生态立省战略时期（2003~2012）和京津冀环境协同保护时期（2013 年至今）。环境保护是一项复杂的社会性系统工程。环境保护战略、环境保护规划、环境政策、环境管理和环境治理既是环境保护的主要内容，也是环境保护历史的发展主线。本书阐释了中国当代环境保护史研究的主线与历史分期，并以环境史与社会史相结合的研究视角和研究方法，以环境保护的主要内容为横轴，以四个时期环境保护发展的变迁为纵轴，横纵结合，系统梳理了近四十年河北省环境保护的历史进程、特色、成效与经验等，构建了当代省域环境保护史研究的框架与范式，对探索中国特色的环境保护道路和推进京津冀环境协同治理具有一定的借鉴意义与参考价值。

第一章　绪论

环境保护是一项复杂的系统工程。环境保护战略、环境保护规划、环境政策和环境管理，既是环境保护的主要内容，也是构成环境保护发展历史的四大主线。改革开放前，是中国环境保护的起步阶段；改革开放后，是中国环境保护全面发展的阶段。1978 年之后，中国环境保护的历史分为四个时期：1978~1991 年，是环境保护快速发展时期；1992~2002 年，是实施可持续发展战略时期；2003~2012 年，是建设环境友好型社会时期；2013 年至今，是生态文明建设新时期。与此对应，河北省的环境保护与生态建设也分为四个发展时期：环境保护快速发展时期（1978~1991 年）；实施可持续发展战略时期（1992~2002 年）；实施生态立省战略时期（2003~2012 年）；京津冀环境协同保护时期（2013~2018 年）。

第一节　河北省生态环境概况

河北省，位于东经 113° 27′ ~119° 50′，北纬 36° 05′ ~42° 40′。[①]河北，

[①] “河北概况”，河北省人民政府网，http://www.hebei.gov.cn/hebei/14462058/14462085/index.html。

因位于黄河下游以北而得名，简称冀。河北省地处华北平原北部，兼跨内蒙古高原东部，在首都北京及直辖市天津的周围。西倚太行山与山西交界，南与河南省、东南与山东省毗连，北与内蒙古自治区相接，东北与辽宁省为邻。河北省地域十分广阔，南北最大距离为750公里，东西最大距离为650公里，总面积为187693平方公里。[①]

河北省地处中纬度沿海与内陆交接地带，地形地貌复杂多样，高原、山地、丘陵、盆地、平原等地貌类型齐全。从西北向东南依次为高原、山地和平原。地势西北高、东南低，从西北向东南呈半环状逐级下降。高原分布于河北、山西北部，系内蒙古高原的一部分，俗称"坝上高原"，其面积约为1.60万平方公里，占河北省总面积的8.5%。坝上高原地势具有南高北低的特点，平均海拔1200~1500米，南部坝缘多超过1500米。山地主要由绵延于境内的太行山和燕山两大山脉组成，面积约为6.55万平方公里，占河北省总面积的35%。太行山呈东北—西南走向，分布于河北省西部。太行山地势北高南低，北部海拔多在1000米以上。太行山山区是河北省海河流域的上游，也是广阔河北平原的天然屏障。燕山广泛分布于河北省北部，在河北称冀北山地。燕山总体地势北高南低，北部海拔多在1300~1500米，相对高度多在500~800米。丘陵主要分布于太行山东麓和燕山南麓，面积约为0.77万平方公里，占河北省总面积的4.1%。河北省的丘陵地区，山势较缓，海拔一般在500米以下。全省盆地总面积约为1.70万平方公里，占河北省总面积的9.0%。河北平原系华北平原的一部分，海河流域贯穿全境，主要由山前平原、中部平原和滨海平原组成，分布于中部及东南部地带，面积约为8.16万平方公里，占河北省总面积的43.4%。[②]

河北省现辖石家庄、唐山、邯郸、秦皇岛、保定、张家口、承德、廊坊、沧州、衡水、邢台11个地级市，省会为石家庄。2017年，全省生产总值实现

---

① 叶连松主编《河北经济事典》，人民出版社，1998，第1页。
② 叶连松主编《河北经济事典》，人民出版社，1998，第3~5页。

35964.0 亿元，年末全省常住总人口为 7519.52 万人。[①]2017 年，河北省三次产业结构为 9.8：48.4：41.8。[②]

一 自然资源概况

河北省内环京津、东临渤海，是全国唯一兼有海滨、湖泊、平原、丘陵、山地、高原的省份，生态功能区多种多样，地貌与生态特征复杂多样，拥有丰富的土地、矿产和海洋等资源。[③]

（一）水资源

资源性缺水是河北省的基本省情水情。近十年来，全省生产生活年均用水量约为 200 亿立方米，年均水资源可利用量仅为 150 亿立方米，缺水 50 多亿立方米，如果考虑生态环境用水，年缺水量为 100 多亿立方米。[④]

河北省多年平均[⑤]（1956~2000 年）降水量为 531.7 毫米，全省人均水资源量为 306.69 立方米，约为全国平均水平的 1/7。[⑥]《2016 年河北省水资源公报》显示：2016 年河北省水资源总量为 208.31 亿立方米，2016 年人均及亩均水资源量分别为 279 立方米和 217 立方米，[⑦]二者仍然仅相当于全国平均值的 1/7。河北省不仅降水量少，而且降水量各地分布不均，年际变化较大。多水年份与少水年份降

---

① 《河北省 2017 年国民经济和社会发展统计公报》，河北新闻网，http://hebei.hebnews. cn/2018-03/08/content_6800707.htm。

② 《2018 年河北省政府工作报告》，光明网，http://difang.gmw.cn/he/2018-02/05/ content_27586252.htm。

③ 王路光等：《河北省生态环境状况及"十三五"面临的挑战和机遇》，《中国环境管理干部学院学报》2015 年第 3 期。

④ 《河北省保障水安全实施纲要》，河北省水利厅网，http://www.hebwater.gov.cn/ a/2015/03/18/1426638686416.html。

⑤ "多年平均"：在河北省水资源公报中，降水量、地表水资源量、地下水资源多年平均值是指 1956~2000 年数据系列的平均值。下同。

⑥ "水资源"，河北省人民政府网，http://www.hebei.gov.cn/hebei/14462058/14462085/ 14471297/14471299/index.html。

⑦ 河北省水利厅：《2016 年河北省水资源公报》。

水量悬殊。降水量年内分配也很不均匀，全年降水量的80%集中在6~9月份。[①]

根据2004年的《河北省水资源评价》，全省45年多年平均地表水资源量为120亿立方米，折合年径流深64.0毫米。其中，山区为102亿立方米，折合年径流深89.1毫米；平原为18.1亿立方米，折合年径流深24.8毫米。山区平水年、偏干旱年、干旱年地表水资源量分别为87.7亿立方米、61.2亿立方米和41.8亿立方米；平原区地表水资源量相应的分别为13.7亿立方米、6.62亿立方米和1.54亿立方米。[②]

河北省在水资源与水环境质量方面受到水资源严重短缺与严重污染的双重制约。河北省是典型的资源型缺水省份，为了发展经济和满足广大居民的日常生活需求，长期以来，河北省一直过度利用地表水资源，严重超采地下水资源，水资源数量明显减少，质量明显下降。据1956~2000年系列分析，现状条件下，全省地表水资源量为120亿立方米，比1956~1979年（167亿立方米）系列减少47亿立方米，比1956~1984年系列减少32亿立方米，减少幅度分别达28.1%与21.1%。究其原因，有以下两点。（1）降水量的减少。1956~2000年系列多年平均降水量分别比1956~1979年与1956~1984年系列减少3.5%和1.7%，降水量的减少，使地表产流量相应有所减少。[③]（2）人类生产与生活活动的影响。近四十年来，大力兴建水利工程和人们生产生活用水的急剧增加，改变了流域的自然形态与水文变化规律，加上气候变化的影响，造成地表水资源的减少。

2016年，河北省地表水资源量为105.94亿立方米，[④]全国地表水资源量为31273.9亿立方米，[⑤]河北省仅占全国地表水资源量的0.3387%；河北省地下水

---

① 《河北省环境保护丛书》编委会编《河北生态环境保护》，中国环境科学出版社，2011，第230页。

② 《河北省环境保护丛书》编委会编《河北生态环境保护》，中国环境科学出版社，2011，第231页。

③ 《河北省环境保护丛书》编委会编《河北生态环境保护》，中国环境科学出版社，2011，第232页。

④ 河北省水利厅：《2016年河北省水资源公报》。

⑤ 中华人民共和国水利部：《2016年中国水资源公报》，2017。

资源量为 154.71 亿立方米，全国地下水资源量（矿化度 ≤ 2g/L）为 8854.8 亿立方米，河北省仅占全国地下水资源量的 1.7471%；扣除地表水和地下水资源的重复计算量，河北省水资源总量为 208.31 亿立方米，全国水资源总量为 32466.4 亿立方米，河北省仅占全国水资源总量的 0.6416%。[1]2016 年末全省常住总人口为 7470.05 万人，人均水资源占有量为 278.86 立方米。[2]

（二）土地资源

按照国务院统一部署，河北省于 2007 年 7 月 1 日启动了全省第二次土地调查工作，利用三年的时间，查清了标准时点 2009 年 12 月 31 日全省土地的地类、面积、权属，并建立了省、市、县土地调查基础数据库。其调查显示：全省土地总面积为 188544.71 平方公里。按权属性质划分，国有土地为 20991.65 平方公里，集体土地为 167553.06 平方公里。按三大类划分，农用地为 19752.65 万亩，建设用地为 3016.50 万亩，未利用地为 5512.55 万亩。按八大类划分，耕地为 9842.03 万亩，园地为 1309.51 万亩，林地为 6948.02 万亩，草地为 4220.49 万亩，城镇村及工矿用地为 2628.78 万亩，交通运输用地为 588.70 万亩，水域及水利设施用地为 1326.85 万亩，其他土地为 1417.32 万亩。[3]

截至 2016 年末，河北省共有农用地 1306.92 万公顷，其中耕地为 652.05 万公顷，园地为 83.44 万公顷，林地为 459.90 万公顷，牧草地为 40.13 万公顷，建设用地为 221.89 万公顷，含城镇村及工矿用地为 191.80 万公顷。2016 年，全省因建设占用、灾毁、农业结构调查等原因减少耕地面积为 2.19 万公顷，通过土地整治、工矿废弃地复垦、农业结构调整等增加耕地面积为 1.69 万公顷。[4]

① 河北省水利厅：《2016 年河北省水资源公报》；中华人民共和国水利部：《2016 年中国水资源公报》，2017。
② 陈雪英：《浅谈河北省水资源存在的问题及保护措施》，《科技风》2017 年 11 月上。
③ 河北省自然资源厅：《二次土地调查资源概况》，河北省自然资源厅网，http://www.hebgt.gov.cn/heb/gk/zygk/tdzy/101489409708180.html。
④ 河北省自然资源厅：《二次土地调查资源概况》，河北省自然资源厅网，http://www.hebgt.gov.cn/heb/gk/zygk/tdzy/101489409708180.html。

（三）湿地资源

河北省湿地资源相对丰富，据全省第二次湿地资源调查统计，"湿地总面积94.19万公顷，湿地率为5.02%。其中，天然湿地69.46万公顷，占湿地总面积的73.74%；人工湿地24.73万公顷，占湿地总面积的26.26%"。[①] 河北省湿地类型多样，但各湿地面积一般比较小、分布广泛但比较零散，集中分布在沿海、坝上和平原地区，广大山区只有零星分布。[②] 据全省第二次湿地资源调查统计，湿地斑块面积小于100公顷的有2834块，占湿地斑块总数的69%。[③]

（四）海洋资源

河北省海岸线长487公里，海岸带总面积11379.88平方公里（其中陆地面积3756.38平方公里，潮间带面积1167.9平方公里，浅海面积6455.6平方公里）。有海岛132个，岛岸线长199公里，海岛面积8.43平方公里。河北省沿海地区处于环渤海经济圈的中心地带，是全国五个重点海洋开发区之一，海洋生物、港口、原盐、石油、旅游等海洋资源丰富，气候环境适宜，海洋灾害少，是发展海水养殖、盐和盐化工、港口运输、滨海旅游等产业的优良地带，适合进行各种形式的综合开发，具有发展海洋经济的巨大潜力。目前主要海洋产业是水产、交通运输、修造船、原盐、盐化工、石油和旅游。[④]

（五）矿产资源

截至2017年底，河北省已发现矿产130种，其中有查明资源储量的矿产104种，无查明资源储量的矿产26种。列入《2017年河北省矿产资源储量表》的矿产72种，较上年新增铟矿、砖瓦用砂岩2个矿种。其中能源矿产2种、

① 王建营：《河北省湿地资源现状及保护管理对策》，《河北林业科技》2015年第6期。
② 李霄宇等：《河北省自然保护区体系建设分析》，《林业资源管理》2010年第1期。
③ 王建营：《河北省湿地资源现状及保护管理对策》，《河北林业科技》2015年第6期。
④ "海洋资源"，河北省人民政府网，http://www.hebei.gov.cn/hebei/14462058/14462085/14471297/14471299/index.html。

金属矿产 23 种、非金属矿产 48 种；未列入《2017 年河北省矿产资源储量表》的矿产 32 种。在河北省主要矿产资源中，煤保有资源储量 229.92 亿吨，居全国第 12 位；铁矿保有资源储量 94.72 亿吨，居全国第 3 位；钼矿保有资源储量 82.32 万吨，居全国第 10 位；金矿保有资源储量 261.34 吨，居全国第 17 位；冶金用白云岩保有资源储量 12.63 亿吨，居全国第 5 位；水泥用灰岩保有资源储量 55.83 亿吨，居全国第 12 位。[1] 河北省矿产资源较为丰富。矿产资源赋存特点可简单概括为：矿产种类较多、资源储量丰富，矿产地分布相对集中，但小型矿床多、大型矿床少，非金属矿产多、金属矿产少，贫矿多、富矿少。

（六）生物多样性

2009 年，河北省有高等植物 204 科 940 属 2800 多种。国家二级保护野生植物有黄檗、水曲柳、珊瑚菜等 6 种。全省有陆生脊椎动物 530 多种，占全国总数的四分之一，其中鸟类 400 余种，兽类 90 余种，两栖爬行类 30 多种。受到保护的野生动物 460 多种，其中国家一级保护野生动物 17 种，国家二级保护野生动物 73 种，省重点保护野生动物 126 种。[2] 到 2009 年底，全省森林覆盖率达到 23.25%。活立木总蓄积量为 10226 万立方米。河北省人均有林地面积 0.0487 公顷，为全国平均水平的 1/3。人均活立木蓄积为 1.28 立方米，为全国平均水平的 1/8。[3]

二 主要生态环境问题

（一）大气污染严重

近几年，河北省的 11 个设区市在 74 个城市（包括京津冀、长三角、珠

---

① 河北省自然资源厅（海洋局）：《河北省矿产资源概况》，河北省自然资源厅（海洋局）网，http://www.hebgt.gov.cn/heb/gk/zygk/kczy/101534076100121.html。
② 《河北省环境保护丛书》编委会编《河北环境污染防治》，中国环境科学出版社，2011，第 27 页。
③ 《河北省环境保护丛书》编委会编《河北环境污染防治》，中国环境科学出版社，2011，第 26 页。

三角等重点区域地级城市及直辖市、省会城市和计划单列市，以下简称 74 个城市）① 空气质量排名中，总有 6 个以上的城市排在后 10 位。环保部于 2014 年 5 月发布的《2013 中国环境状况公报》显示，空气质量相对较差的前 10 位城市是邢台、石家庄、邯郸、唐山、保定、济南、衡水、西安、廊坊和郑州，② 河北省占 7 席，且位列较差的前 5 位城市均属河北省。环保部于 2015 年 5 月发布的《2014 中国环境状况公报》显示，2014 年空气质量相对较差的 10 个城市（从第 74 名到第 65 名，下同）中，河北省占了 7 席，分别是保定、邢台、石家庄、唐山、邯郸、衡水、廊坊。③ 环保部于 2016 年 5 月发布的《2015 中国环境状况公报》显示，2015 年 74 个城市中，空气质量相对较差的 10 个城市为保定、邢台、衡水、唐山、郑州、济南、邯郸、石家庄、廊坊和沈阳，④ 河北省占了 7 席。2017 年 6 月，环保部发布的《2016 中国环境状况公报》显示，按照环境空气质量综合指数评价，2016 年 74 个城市中环境空气质量相对较差的 10 个城市依次是衡水、石家庄、保定、邢台、邯郸、唐山、郑州、西安、济南和太原，⑤ 河北省占了 6 席。2018 年 5 月，生态环境部发布的《2017 中国生态环境状况公报》显示，2017 年空气质量相对较差的 10 个城市依次是石家庄、邯郸、邢台、保定、唐山、太原、西安、衡水、郑州和济南，⑥ 河北省仍占 6 席，且最后 5 名（从第 74 名到第 70 名）全是河北的。概括地说，2013~2017 年，各年度空气质量相对较差的 10 个城市中，河北省至少占 6 席，且在 2013 年、2014 年、2016 年和 2017 年四个年度中，位列环境质量较差的前 5 位的城市均属河北省。

《2016 年河北省环境状况公报》显示：2016 年，河北省 11 个设区市环境空气质量优于二级的优良天数平均为 207 天，占全年总天数的 56.6%，与

---

① 生态环境部：《2017 年中国生态环境状况公报》。
② 环境保护部：《2013 中国环境状况公报》。
③ 环境保护部：《2014 中国环境状况公报》。
④ 环境保护部：《2015 中国环境状况公报》。
⑤ 环境保护部：《2016 中国环境状况公报》。
⑥ 生态环境部：《2017 中国生态环境状况公报》。

上年相比增加了 17 天。重度污染以上天数平均为 33 天，占全年总天数的 9.0%，与上年相比减少了 3 天。全省 11 个设区市中，张家口、承德和秦皇岛三个设区市的优良天数在 270 天以上，其余各设区市全年优良天数在 130~208 天。[1]2016 年，全省 11 个设区市超标天数中，以细颗粒物（PM$_{2.5}$，下同）和可吸入颗粒物（PM$_{10}$，下同）为首要污染物的天数居多，颗粒物仍然是河北省的主要污染物。2016 年，全省细颗粒物年均值浓度为 70 微克 / 立方米，较 2015 年下降了 9.1%；全省可吸入颗粒物年均值浓度为 123 微克 / 立方米，较 2015 年下降了 9.6%。[2]

《2017 年河北省生态环境状况公报》显示：2017 年，河北省 11 个设区市环境空气质量优于二级的优良天数平均为 202 天，占全年总天数的 55.3%，重度污染以上天数平均为 29 天，占全年总天数的 8.0%。张家口、承德两个设区市的优良天数在 280 天以上，秦皇岛市的优良天数为 268 天，其余各设区市全年优良天数在 142~214 天。[3]2017 年，全省 11 个设区市超标天数中，各市以细颗粒物和可吸入颗粒物为首要污染物的天数居多，其日均值全省平均达标率分别为 73.2% 和 76.7%，颗粒物仍然是河北省的主要污染物。全省细颗粒物年均值浓度为 65 微克 / 立方米，完成目标。沧州、邯郸年均值浓度高于目标浓度，未完成目标，其他各市均完成目标。[4]

（二）水污染严重

在河流水质方面：河北省的八大水系（2016 年新增辽河水系）水质总体为中度污染。八大水系中 I ~ III 类水质比例为 50.95%，IV 类水质比例为 8.18%，V 类水质比例为 8.80%，劣 V 类水质比例为 32.07%。全省八大水系的氨氮浓度均值与上年相比下降了 32.3%，化学需氧量浓度均值与上年相比升

---

① 河北省环境保护厅：《2016 年河北省环境状况公报》。
② 河北省环境保护厅：《2016 年河北省环境状况公报》。
③ 河北省环境保护厅：《2017 年河北省生态环境状况公报》。
④ 河北省环境保护厅：《2017 年河北省生态环境状况公报》。

高了 2.6%。①

《2016 年河北省环境状况公报》显示：2016 全省河流水质总体为中度污染。八大水系中，子牙河水系、北三河水系和黑龙港运东水系为重度污染，大清河水系和漳卫南运河水系为中度污染，辽河水系、滦河水系水质良好，永定河水系为优。主要污染物为化学需氧量、高锰酸盐指数和氨氮。②

《2016 年河北省环境状况公报》显示：2016 年河北省实际监测 199 个地表水监测点位，其中河流监测 159 个断面，湖库淀监测 40 个点位。199 个点位中，达到或好于Ⅲ类的水质断面占 54.27%，同比降低 1.6 个百分点；Ⅳ类水质断面占 9.55%，同比降低 3.3 个百分点；Ⅴ类水质断面占 9.04%，同比升高 2.34 个百分点；劣Ⅴ类水质断面占 27.14%，同比升高 2.56 个百分点。主要污染指标为化学需氧量、高锰酸盐指数、总磷，其断面超标率分别为 41.2%、33.7%、32.2%。③

《2017 年河北省生态环境状况公报》显示：2017 年全省 209 个地表水国控监测点位中，实际监测 199 个点位，其中河流监测 158 个断面，湖库淀监测 41 个点位。199 个点位中，达到或好于Ⅲ类的水质断面占 52.26%，同比降低 2.01 个百分点；Ⅳ类水质断面占 16.08%，同比升高 6.53 个百分点；Ⅴ类水质断面占 7.04%，同比降低 2 个百分点；劣Ⅴ类占 24.62%，同比降低 2.52 个百分点。根据环保部的复核结果，河北省列入国家考核的 74 个地表水水质监测断面中，全省地表水水质优良（达到或优于Ⅲ类）目标比例为 45.9%，达到目标要求；劣Ⅴ类水体控制目标比例为 39.2%，实际为 33.8%，达到目标要求。环保部考核河北省 2017 年水污染防治工作为"良好"等次，实现了多年来未能实现的"提档升级"。④

《2017 年河北省生态环境状况公报》显示：2017 年河北省河流水质总体

① 河北省环境保护厅：《2016 年河北省环境状况公报》。
② 河北省环境保护厅：《2016 年河北省环境状况公报》。
③ 河北省环境保护厅：《2016 年河北省环境状况公报》。
④ 河北省环境保护厅：《2017 年河北省生态环境状况公报》。

为中度污染。其中，Ⅰ～Ⅲ类水质比例为 48.10%，比 2016 年降低 2.85 个百分点；Ⅳ类水质比例为 15.82%，比 2016 年升高 7.64 个百分点；Ⅴ类水质比例为 6.33%，比 2016 年降低 2.47 个百分点；劣Ⅴ类水质比例为 29.75%，比 2016 年降低 2.32 个百分点。[①]2017 年全省河流主要污染物为化学需氧量、生化需氧量和总磷，超标率分别为 44.3%、39.9% 和 36.1%。[②]

河北省在水污染严重的同时，还存在长期大量超采地下水的问题。《河北省保障水安全实施纲要》数据显示，河北省年均超采地下水量 59.6 亿立方米，累计超采量达 1500 亿立方米，超采区总面积为 6.7 万平方公里，占平原区面积的 91%。[③]

（三）土壤污染日趋严重

河北省土壤污染日趋严重。污水灌溉是造成土壤污染的一个重要原因。1999 年河北省利用污水灌溉的农田面积为 115240 公顷，占全省耕地面积的 1.78%，造成废耕面积达 240 公顷。[④]2006 年全省污水灌溉面积为 65380.37 公顷，废耕面积 92 公顷。据农业部门内部统计，2006 年全省农业污染事故有 56 起，污染耕地面积 2583 公顷，造成农产品损失 6530.5 吨，损失金额达 662.08 万元。[⑤]

2015 年全省有 576.75 万亩农田处在工矿企业区周边、大中城市郊区和污灌区等外源污染风险区域，约占农田总面积的 6%，全省达到三级标准的土壤污染面积有 252 平方公里。[⑥]

① 河北省环境保护厅：《2017 年河北省生态环境状况公报》；河北省环境保护厅：《2016 年河北省环境状况公报》。
② 河北省环境保护厅：《2017 年河北省生态环境状况公报》。
③ 《河北省保障水安全实施纲要》，河北省水利厅网，http://www.hebwater.gov.cn/a/2015/03/18/1426638686416.html。
④ 河北省环境保护厅：《1999 年河北省环境状况公报》。
⑤ 河北省环境保护厅：《2006 年河北省环境状况公报》。
⑥ 河北省人民政府：《河北省建设京津冀生态环境支撑区规划（2016—2020 年）》（冀政发〔2016〕8 号），2016 年 2 月 27 日。

（四）农村环境污染加剧

河北省农药、化肥使用量逐年增加，污水灌溉、地膜覆盖等对环境的污染逐渐增加。由此造成土壤板结、土质恶化、肥效下降和农产品质量低下等问题。随着农业生产的发展，河北省化肥使用量连年增加。1988 年平均亩施量是 1949 年新中国成立初期的 310 多倍，1988 年与 1978 年相比也增加两倍多。[①]1990 年全省使用化肥 145 万吨，1997 年增加到 262.4 万吨，平均每年增加 16.7%；1990 年全年使用农药 4 万吨，1997 年增加到 7.3 万吨，平均每年增加 0.47 万吨。[②]2002 年全省施用化肥总量（折纯）为 278.8 万吨，农药使用量（折纯）为 7.5 万吨，地膜使用量为 4.1 万吨，地膜覆盖面积达 610.4 千公顷。据农业部门内部统计，2002 年受农药化肥污染的耕地面积达 1684.9 公顷，造成农产品损失金额达 290.8 万元。[③]2012 年河北省粮食播种面积为 6302370 公顷，产量 3246.6 万吨。2012 年全省农用化肥施用量（折纯）为 329.33 万吨；农药使用量为 8.48 万吨；农用塑料薄膜使用量为 12.69 万吨，其中地膜使用量为 68248 吨，地膜覆盖面积达 1159060 公顷。与 2011 年相比，全省农药、化肥、地膜的使用量呈上升趋势。[④]

河北省农村的环境污染主要面临四个问题：一是过量使用化肥农药加剧了面源污染；二是畜禽养殖造成的面源污染；三是环保设施滞后，加剧了环境污染；四是农村固体废弃物污染严重。另外，河北省的"环京津贫困带"也是河北省环境保护与生态治理绕不开的难题。"环京津贫困带"面临生态与生活的双重贫困并受到双重制约。恶劣的生态环境条件加剧了生活贫困，生活贫困又制约了生态环境的保护与治理。"环京津贫困带"的存在及其环境恶

---

① 河北省地方志编纂委员会编《河北省志·第 11 卷·环境保护志》，方志出版社，1997，第 106~107 页。
② 《河北省志·环境保护志》编委会编《河北省志·环境保护志（1979~2005）》（内审稿），2013，第 230~240 页。
③ 河北省环境保护厅：《2002 年河北省环境状况公报》。
④ 河北省环境保护厅：《2012 年河北省环境状况公报》。

化，已经造成了京津冀区域环境恶化、河湖干枯断流、湿地山泉消失、水土流失加剧、地表水源污染、土地沙化、草场退化、森林被破坏和沙尘暴的频繁发生，导致京津冀北地区生态环境持续恶化，威胁环京津冀北地区城市供水安全并阻碍着大气环境质量的改善。①

（五）土地荒漠化加重

2006 年，河北省全面启动了土壤污染状况调查，调查结果显示：河北省地貌类型复杂多样，区域气候与土地利用差异显著，土地生态环境脆弱，沙化土地面积占全省土地总面积的 14.5%，水土流失面积占全省山区土地总面积的 55.45%，草场退化面积占可利用草场面积的 53%，土地盐碱、污染等问题都比较突出。②

2007 年，全省需进一步治理的水土流失面积有 5.4 万平方公里左右，占总面积的三分之一。沙区总面积达 4660 万亩，沙化面积有 2565 万亩，其中亟待治理的荒漠化土地有 1510 万亩。全省有 5% 的耕地遭受工业"三废"的污染。由于过度放牧，每年有 20 万亩草场退化，现有草场退化面积达 3200 万亩，占全省草地总面积的 43.4%。③

人们的滥垦和过度放牧等问题导致了水土流失和荒漠化，进而造成了土地资源的退化和浪费，加剧了农业用地、城市和工业用地的需求矛盾。2013 年全省森林覆盖率仅为 28%，水土流失面积为 4.7 万平方公里，年均土壤流失量为 1 亿吨。④ 截至 2014 年，全省沙化土地面积为 2103404.5 公顷，荒漠化土地面积为 2020822.1 公顷。在沙化土地中，轻度、中度、重度和极重度沙化土地面积分别为 1900061.9 公顷、191684.1 公顷、11504.7 公顷和 153.8 公顷。截至 2014 年，在全省荒漠化土地中，轻度、中度、重度和极重度荒

① 田翠琴、赵乃诗、赵志林：《京津冀环境保护历史、现状和对策》，北京时代华文书局，2018，第 2012~222 页。
② 《河北省环境保护丛书》编委会编《河北环境污染防治》，中国环境科学出版社，2011，第 256 页。
③ 河北省人民政府：《关于印发河北省生态环境建设规划的通知》，2007 年 5 月 24 日。
④ 中共河北省委：《河北省人民政府关于印发〈河北省保障水安全实施纲要〉的通知》（冀字〔2015〕6 号），http://www.hebwater.gov.cn/a/2015/03/18/1426638686416.html。

漠化土地面积分别为 1490385.6 公顷、491554.9 公顷、38794.7 公顷和 86.9 公顷。[①]

（六）湿地面积不断减少

近十年来，河北省自然湿地面积减少了 5 万多公顷。同时，河北省的湿地保护还面临水源补给严重不足、保护与利用矛盾凸显、湿地成为工农业废水和生活污水的主要承泄区、监测体系建设滞后、环境不断恶化等问题。据全省第二次湿地资源调查统计，河北省湿地保护率为 38%，低于全国 43.51% 的湿地保护率，保护率亟待提高。[②]

总之，目前河北省的环境污染问题十分严重，水、土、大气三大污染突出。一是大气污染呈复合型污染，雾霾出现时间长，重复次数多，11 个设区市中，每年有 6 个以上的城市居全国空气质量最差的后十个城市之中。二是水污染严重。2016 年地表水达到或好于 Ⅲ 类的水质断面仅占 54.27%，全省河流和八大水系水质总体为中度污染。[③] 三是土壤污染日趋严重，土地荒漠化加剧。四是农村环境污染加重，且治理困难。

第二节　环境保护的主要内容与发展主线

1972 年 6 月 5 日至 16 日由联合国发起、在瑞典斯德哥尔摩召开的"第一届人类环境大会"，为人类和国际环境保护事业树立了第一块里程碑。会议通过的《人类环境宣言》是人类历史上第一个保护环境的全球性国际文件。此后，世界各国陆续开始了环境保护，中国的环境保护也自此起步。

---

① 曹智、姚伟强：《"十二五"期间河北沙化荒漠化土地实现双减少》，《河北日报》2016 年 1 月 3 日。
② 王建营：《河北省湿地资源现状及保护管理对策》，《河北林业科技》2015 年第 6 期。
③ 河北省环境保护厅：《2016 年河北省环境状况公报》。

一　环境保护的主要内容

"环境保护是指人类为解决现实的或潜在的环境问题，维持自身的存在和发展而进行的各种具体实践活动的总称。其内容涉及工程技术、行政管理、司法、经济、宣传教育等各个方面。广义的理解还应把关于环境科学理论与方法的探索研究包括在内。人类对环境保护的认识和相应的实践活动源远流长并逐步深化。当代环境保护的兴起和发展是从治理污染、消灭公害开始的。"[1]1972 年联合国人类环境会议之后，"环境保护"这一术语才被广泛应用，其内涵也日渐明确和丰富。

环境保护是一项复杂的社会性系统工程，它涉及一个国家或区域的经济生活和社会生活等一切活动的方方面面，还涉及生产、生活、消费等社会生活的全过程，事关国家的可持续发展和每一个公民的生存环境与切身利益。环境保护是人类有意识地保护自然资源和合理利用自然资源，防止自然生态环境受到污染和破坏；对已经受到污染和破坏的环境进行综合治理，以协调人与自然的关系，促进人与自然的和谐发展，自然资源的可持续利用。

林肇信等认为，"环境保护工作主要包括自然保护与环境污染防治两个方面"，这是两个既有联系又有区别的相互影响的领域。自然保护包括保护自然生态环境与合理开发利用自然资源。自然资源和自然环境的退化、破坏，甚至枯竭、灭绝，一方面是由于过度开发利用（包括不合理利用资源和浪费资源）造成的非污染生态破坏；另一方面是环境污染导致的自然资源与自然环境的破坏。所以，自然保护与环境污染是密切相关的，是环境保护一个问题的两个方面。[2]

防治环境污染，内含"防"与"治"即"预防"与"治理"两个方面，

---

[1] 《环境科学大辞典》编辑委员会编《环境科学大辞典》，中国环境科学出版社，1991，第283 页。

[2] 林肇信等主编《环境保护概论》（修订版），高等教育出版社，2011，第45 页。

一是预防和治理由生产和生活活动引起的环境污染，二是防止由建设和开发活动引起的环境破坏。另外，防止臭氧层破坏、防止气候变暖、国土整治、城乡规划、植树造林、控制水土流失和荒漠化、控制人口增长和分布、合理配置生产力等，也都属于环境保护的内容。[1]

鉴于上述分析，本书认为，环境保护史的研究与梳理应该主要围绕自然生态环境的保护与环境污染的预防治理两大方面来进行考证与评述。

二 环境保护涉及的主要概念

环境保护是一项复杂的系统工程，包括制定环境保护战略、环境保护规划、环境制度、环境政策、加强环境管理等多方面内容，还涉及经济社会发展的方方面面。

（一）环境

《中华人民共和国环境保护法》所称的环境，是指"人类生存和发展的各种天然的和经过人工改造的自然因素的总体，包括大气、水、海洋、土地、矿藏、森林、草原、湿地、野生生物、自然遗迹、人文遗迹、自然保护区、风景名胜区、城市和乡村等"。[2]

"'环境'一词在最普遍的意义上，是指与某一中心事物发生关联的周围事物。相对于人类而言的环境，则是指人类的生存及生活空间，即与人类相互作用及相互关联的周围世界。"[3]由于研究学科与研究对象的不同，不同的学科对于环境概念的解释存在一定的差异。

在生态学的理论视野中，环境"是指生物环境和非生物环境，包括生物

---

[1] 章庆民：《关于我国生态环境保护的综述研究》，《科技咨询导报》2007年第6期。
[2] 《中华人民共和国环境保护法注解与配套》，中国法制出版社，2017，第3页。
[3] 林兵：《环境社会学理论与方法》，中国社会科学出版社，2012，第2页。

体周围的其他生物和一切非生物因素"。[1] "他们与作为主体的生物之间存在着种种客观的生存、营养关系和因果关系。"[2] "这些关系表达着自然界中存在着的本然的、复杂的、生物性的关系性质。"[3]

在环境科学中，环境是"指以人类为主体的外部世界，主要是地球表面与人类发生相互作用的自然要素及其总体。它是人类生存发展的基础，也是人类开发利用的对象。中国以及世界上其他国家颁布的环境保护法规中，对环境一词所作的明确具体的界定，是从环境的科学含义出发所规定的法律适用对象或适用范围，目的是保证法律的准确实施，它不需要也不可能包括环境的全部含义"。"环境是以人类为主体的客观物质体系。"[4] 所以，"环境科学研究的环境，是以人类为主体的外部世界，即人类赖以生存和发展的物质条件的综合体，包括自然环境和社会环境。自然环境是直接或间接影响到人类的一切自然形成的物质及其能量的总体。社会环境是人类物质文明和精神文明发展的标志，并随着人类社会的发展不断丰富和演变"。[5]

在社会科学领域，"'环境'是指与人类的生存和发展有关的一切自然和社会的总和性关系。社会科学的研究主要侧重于环境与社会的关系性质，既关注人类的行为与活动所导致的环境与社会关系的变化，也探讨环境的变化对人类社会的影响"。[6] 其中，"环境社会学在探讨环境与社会关系的基础上，通过对各行为主体的环境行为的社会学阐释，力图分析环境问题的社会根源和社会影响，并提出解决环境问题的社会对策"。[7]

---

[1] 林兵:《环境社会学理论与方法》，中国社会科学出版社，2012，第 2 页。
[2] 陈静生等:《人类——环境系统及其可持续性》，商务印书馆，2001，第 33 页。
[3] 林兵:《环境社会学理论与方法》，中国社会科学出版社，2012，第 2 页。
[4] 《环境科学大辞典》编辑委员会编《环境科学大辞典》，中国环境科学出版社，1991，第 283 页。
[5] 张光忠主编《社会科学学科辞典》，中国青外出版社，1990，第 31~33 页。
[6] 林兵:《环境社会学理论与方法》，中国社会科学出版社，2012，第 2 页。
[7] 崔凤、唐建国:《环境社会学》，北京师范大学出版社，2010，第 2 页。

（二）环境保护战略

战略是重大的、带全局性的或决定全局的谋划。[①]环境保护战略，是一个国家或地区对其环境保护与生态建设的具有全局性的、长远的谋划，目的在于有效地保护人类生存环境，并与经济和社会发展保持协调。环境保护战略可以区分为部门、地区、国家乃至全球等不同层次，因而亦有不同的内容。一般应根据经济发展的实际水平和具体环境状况来确定战略目标、战略重点、战略步骤乃至方针政策等。战略重点通常是依据环境问题的危害程度来确定的，如工业污染控制战略，常以化工、冶金等企业为重点。战略步骤可以按经济条件和环境保护效果来确定，如优先改进能源技术，既可以节省燃料，又可以有效地减少大气污染。制定环境保护战略需要从必要性程度、可能性程度以及长远利益和近期利益等多方面来进行考察，采用系统分析方法来确定相对优化的方案，国家制定的环境保护方针政策，本身就具有战略意义。人口政策、资源利用方式、经济发展模式、能源结构等，都与环境保护战略有密切关系。[②]

中国环境保护的历史就是不断探索中国环境保护新道路的历史。20 世纪 70 年代，我国开始探索避免走"先污染，后治理"的环境保护道路。原环境保护部部长周生贤概括了近 40 年中国环境保护的发展道路与战略转型。1973 年 8 月，第一次全国环境保护会议上提出了"全面规划、合理布局、综合利用、化害为利、依靠群众、大家动手、保护环境、造福人类"32 字环境保护方针。20 世纪 80 年代，我国确立了环境保护的基本国策地位，明确了"预防为主防治结合，谁污染谁治理，强化环境管理"的三大政策体系，制定了八项环境管理制度，开始向环境管理要效益，通过环境管理推进环境保护工作的全面发展。周生贤认为，"进入 20 世纪 90 年代，中国环境保护的战略

---

① 《辞海》（缩印本），上海辞书出版社，1989，第 1351 页。
② 《环境科学大辞典》编辑委员会编《环境科学大辞典》，中国环境科学出版社，1991，第 286 页。

思路发生重大转型，提出由污染防治为主转向污染防治和生态保护并重；由末端治理转向源头和全过程控制，实行清洁生产，推动循环经济；由分散的点源治理转向区域流域环境综合治理和依靠产业结构调整；由浓度控制转向浓度控制与总量控制相结合，开始集中治理流域性区域性环境污染。步入'十一五'时期以后，确立了全面推进、重点突破的工作思路，提出从国家宏观战略层面解决环境问题，从再生产全过程制定环境经济政策，让不堪重负的江河湖泊休养生息，努力促进环境与经济的高度融合，积极实践以保护环境优化经济增长的路子"。[①] 这一系列重大决策和战略部署，大大推进和加快了我国的环境保护进程。

（三）环境保护规划

王金南等认为："环境规划是我国一项重要的环境保护制度。环境保护规划作为环境保护管理领域的基本制度之一，是综合体现环境保护战略和政策的总体框架，也是国民经济和社会发展规划体系的重要组成部分。"[②]

陈湘静认为："环境保护作为最复杂的社会发展命题，最需要通过规划来进行统筹兼顾、全面部署。而环保规划也最能反映一个时期环境保护工作的理念、方法。以环保规划的演进来梳理环境保护在经济社会中地位的历史变迁，应该是可行的一个坐标系。"[③]我国的环境规划工作不仅是伴随着环保事业的发展而发展，而且在环境保护工作中的作用越来越突出。

环境保护规划是经济和社会发展规划或城市总体规划的组成部分，它是应用各种科学技术信息，在预测发展对环境的影响及环境质量变化趋势的基础上，为了达到预期的环境目标，进行综合分析进而做出的带有指令性的最佳方案。其目的是在发展的同时保护环境，维护生态平衡。环境规划具有综

① 《河北省环境保护丛书》编委会编《河北环境管理》，中国环境科学出版社，2011，第 ii 页。
② 王金南、刘年磊、蒋洪强：《新〈环境保护法〉下的环境规划制度创新》，《环境保护》2014 年第 13 期。
③ 陈湘静：《环境保护发展之地位篇　走向高度融合》，《中国环境报》2008 年 12 月 16 日。

合性、区域性、长期性、政策性等特点。[①]

　　环境保护规划在环境保护中起着至关重要的作用，主要表现在：（1）环境保护规划是协调经济社会发展与环境保护的重要手段；（2）是体现环境保护以预防为主的最重要的、最高层次的手段；（3）是各级政府环境保护部门开展环境保护工作的依据；（4）为制定国民经济和社会发展规划、国土规划、区域（流域）规划及城市总体规划提供科学依据。[②]

　　1973年8月5日至20日，由国务院委托国家计委在北京组织召开了中国第一次环境保护会议，会上正式提出"要对环境保护和经济建设实行全面规划、合理布局"。从此，我国的"环境规划工作经历了从无到有、从简单到复杂、从局部到全面开展的发展历程，从内容上一改过去以防治为主的单一局面，着眼于环境保护、生态建设事业的各个方面予以全面推进；已经从当年国民经济发展规划中的寥寥数语，成为由国务院第一个印发的行业规划"。[③]

　　20世纪80年代，我国及各省开始制定实施"六五""七五"环境保护计划，90年代制定实施了环境保护"八五""九五"计划。进入21世纪以来，"我国以编制和实施环境保护五年规划为主线的规划体系逐步建立，由国家、省（自治区、直辖市）、市、县（区）不同行政级别的'纵向'的环境保护总体规划和水、大气、土壤、生态保护等不同领域的'横向'的环境保护专项规划构成了自上而下、功能清晰、衔接协调的具有中国特色的环境保护规划体系"，[④] 即我国形成了由国家、省（自治区、直辖市）、市、县（区）四级环境保护的总体规划和不同领域的环境保护专项规划相互结合的环境保护规划体系。"在这个规划体系中，国家层面的环境保护规划是核心，包括两个方面：一是国家环境保护总体规划，如国家环境保护五年规划，旨在阐明国家

[①] 《环境科学大辞典》编辑委员会编《环境科学大辞典》，中国环境科学出版社，1991，第295页。

[②] 《环境科学大辞典》编辑委员会编《环境科学大辞典》，中国环境科学出版社，1991，第295页。

[③] 陈湘静：《环境保护发展之地位篇　走向高度融合》，《中国环境报》2008年12月16日。

[④] 孙荣庆：《环境保护规划的十年跨越》，《环境经济》2012年第12期。

在五年规划期间提出的环境保护目标和任务、投资重点和政策措施的统筹安排，明确各级人民政府和各部门承担的环境保护任务与责任，同时引导企业、动员全社会共同参与环境保护工作。环境保护总体规划在各类环境保护规划中处于'龙头'地位，是编制环境保护专项规划，制定各项政策措施的依据。二是国家环境保护专项规划，如重点流域、区域的污染防治规划和生态保护规划等是总体规划的支撑性规划，是在特定环境保护领域的延伸和细化，是决定该领域重大污染治理项目和生态保护项目、安排环境保护投资的依据。环境保护专项规划按照国家环境保护的总体战略，解决总体规划确定的重点流域、区域的突出环境问题，保障总体规划目标和任务的顺利实现。"[1]

环境保护规划是组织开展环境保护的依据和准则，是一个起指导作用的因素。"环境保护规划是一种约束性规划，一旦制定并通过，就具有法规的效力，要严格执行。"环境保护规划是各级政府促进国民经济与环境保护协调发展的主要手段，"也是环境保护的一项基础性工作、核心工作"，[2]对环境保护发挥着引领和导向作用。因此，在研究我国或某个省域环境保护与生态建设的历史时，应该对所研究区域的环境规划的制定与实施过程、实施效果等，有个历史的、动态的考察和认识。

（四）环境政策

"环境政策是国家（而不仅指政府）为保护环境所采取的一系列控制、管理、调节措施的总和。"[3]也有学者认为，环境政策是"为了改善和保护生态环境、防治环境污染而实施的行动与计划、规则与措施和其他各种对策的总称。是一个社会中以生态环境保护为目标的一系列制度性安排"。[4]从内容上看，"环境政策是指最终目的是保护环境的，包括国家颁布的法律、条例，中央政府各

---

[1] 孙荣庆:《环境保护规划的十年跨越》,《环境经济》2012 年第 12 期。
[2] 孙荣庆:《环境保护规划的十年跨越》,《环境经济》2012 年第 12 期。
[3] 宋国君等:《环境政策分析》,化学工业出版社,2008,第 7~8 页。
[4] 何劭玥:《党的十八大以来中国环境政策新发展探析》,《思想战线》2017 年第 1 期。

部门发布的部门规章等和省人大颁布的地方条例、办法的总和。体现为国家为了保护环境而做出的各种制度安排"。① 环境政策本身的"利益相关性或者利益牵动性决定了环境政策也是一种利益调整和平衡的工具，只不过环境政策作为公共政策的一部分，它所调控的利益主要是与环境保护相关的成本和效益"。② 环境政策具有现实性与有效性、稳定性与可变性、原则性与灵活性、层次性与相关性相结合等特点，"环境政策体现了国家对环境保护的基本态度、目标和措施，而且已成为各国最重要的社会公共政策之一"。③

环境政策的内涵十分宽泛。"广义的环境政策包括有关环境与资源保护的法律法规、中国共产党制定的有关环境和资源保护的政策文件、国家机关和中国共产党联合发布的有关环境资源保护的文件、中国国家机关制定的有关环境和资源保护的政策、有关环境和资源保护的国际法律和政策文件以及党和国家领导人在重大会议上的讲话、报告、指示等。"何劭玥认为，"一般所说的环境政策，是指狭义的环境政策，即有关环境与资源保护的法律法规、部门规章和地方性法规等规范性文件"。④

环境政策上承环境法，下接环境管理，是环境保护工作的核心内容。环境政策是环境保护工作的重要依据，也是协调经济发展与资源环境关系的重要手段。

（五）环境管理

狭义的环境管理是指"管理者为了实现预期的环境目标，对经济、社会发展过程中施加给环境的污染和破坏性影响进行调节和控制，实现经济、社会和环境效益的统一。环境管理的目的是协调社会经济发展与保护环境的关

① 宋国君、马中、姜妮：《环境政策评估及对中国环境保护的意义》，《环境保护》2003年第12期。
② 宋国君等：《环境政策分析》，化学工业出版社，2008，第7~8页。
③ 《环境科学大辞典》编辑委员会编《环境科学大辞典》，中国环境科学出版社，1991，第321页。
④ 何劭玥：《党的十八大以来中国环境政策新发展探析》，《思想战线》2017年第1期。

系，使人类具有一个良好的生活、劳动环境，使经济得到长期稳定的增长"。[①]环境管理具有综合性、区域性和适应性的特点。

环境管理的基本职能主要有三个：一是编制环境保护规划；二是组织环境保护工作的协调；三是进行环境保护的监督。[②]

三 环境保护历史的四大主线

前面简要介绍了环境保护涉及的四个主要概念：环境保护战略、环境保护规划、环境政策和环境管理。这四个概念不仅是环境保护的主要概念，而且这四个概念构成了环境保护的四个主要领域，环境保护在这四个领域的历史变化，就形成了一部丰富多彩的环境保护的历史，形成了环境保护历史的四大主线。

因此，研究环境保护与生态建设发展的历史，应该围绕上述四大主线，研究各个历史时期环境保护在四个领域的演变情况。另外，环境保护在每个时期都有环境保护与环境治理的重点，在研究各个时期环境保护的进展时，还应该突出每个时期环境保护的工作重点与环境保护的成效。

第三节 中国环境保护与生态建设的历史分期

人类对环境保护的认识和相应的实践活动源远流长并逐步深化。当代环境保护的兴起和发展是从治理污染、消灭公害开始的。1972 年联合国人类环境会议以后，"环境保护"这一术语才被广泛应用，其内涵也日渐丰富和明确。在长期的历史发展中，随着人类对物质需要量的不断增长，对自然资源

---

① 《环境科学大辞典》编辑委员会编《环境科学大辞典》，中国环境科学出版社，1991，第294页。
② 曲格平：《试论环境管理的基本职能》，《管理现代化》1982 年第 2 期。

开发利用的广度与深度在逐渐增加，即人类社会的经济发展、人口增长、自然资源利用与环境状态、结构的变化之间的相互作用、相应影响日益加强，矛盾日益尖锐。这样，环境保护就逐渐从传统的自然环境保护演变发展为今日内涵极为丰富的环境保护。

20 世纪 60 年代末，国务院总理周恩来了解到部分工业发达国家出现了环境污染公害事件，要求各级领导注意环境保护问题。70 年代初，他多次告诫国务院有关部门领导，要贯彻预防为主的方针，开展综合利用，化害为利；在搞经济建设的同时就要抓紧解决环境污染，绝对不做贻害子孙后代的事。1972 年，周恩来总理指示出席联合国第一次人类环境会议的中国代表团，"要通过会议了解世界的环境状况及对经济、社会发展的重大影响，并以此作为镜子，认识中国的环境问题"。经周恩来总理审查的环境保护工作"32 字方针"（具体内容见前文），在联合国第一次人类环境会议上受到各国与会代表的高度评价。1973 年 8 月，国务院组织召开第一次全国环境保护会议，公布环境保护工作"32 字方针"，"自此开创了中国的环境保护事业"。[①] 这次会议被认为是中国环保事业的开始。

1972~1976 年，"党和政府自上而下调动相关省市、部委、科研单位对官厅水库污染进行了成功治理。它是新中国最早的水域污染治理，更是在国家层面上开展的第一次实质性环境治理综合行动"。[②]

1978 年 3 月，第五届全国人民代表大会第一次会议上正式通过并颁布实施的《中华人民共和国宪法》，首次将"国家保护环境和自然资源，防止污染和公害"列入其中，为环境保护法制建设奠定了基础。1979 年 9 月 13 日，第五届全国人大常委会原则通过并公布实施《中华人民共和国环境保护法（试行）》，标志着中国的环境保护工作开始走上法制化管理的轨道。1981 年 2 月 24 日，国务院发布的《关于在国民经济调整时期加强环境保护工作的决定》

---

① 北京市地方志编纂委员会编《北京志（市政卷）·环境保护志》，北京出版社，2004，第 6~13 页。

② 段蕾：《新中国环保事业的起步：1970 年代初官厅水库污染治理的历史考察》，《河北学刊》2015 年第 5 期。

为国民经济调整时期的环境保护工作，作了三个方面的规定：一是严格防止新污染的发展；二是抓紧解决突出的污染问题；三是制止对自然环境的破坏。1983 年底第二次全国环境保护会议，制定了"经济建设、城乡建设、环境建设同步规划、同步实施、同步发展"（"三同步"）的战略方针，明确环境保护是国家的一项基本国策，确立了环境保护在社会经济发展中的重要地位。1989 年召开的第三次全国环境保护会议，又推广了八项环境管理制度和措施。《中华人民共和国水污染防治法》《中华人民共和国大气污染防治法》等一批法律、法规、规章的颁布实施，使环境保护工作有法可依，有章可循。[①] 中国的环境保护事业进入新的发展阶段。

一 环境保护的历史分期问题

当代环境保护大体上经历了三个阶段：（1）以单纯运用工程技术措施治理污染为特征的第一阶段；（2）以污染防治结合为核心的第二阶段；（3）以环境系统规划与综合管理为主要标志的第三阶段。"现时的环境保护正处在第二阶段向第三阶段的过渡时期"，它有以下一些特点：（1）环境保护已成为世界各国政府和人民共同的行动；（2）"预防为主"已取代"尾部治理"而成为环境保护的主体思想；（3）环境保护由内容的多样性开始向综合性、系统性转变；（4）环境保护不再只关注污染问题，而是进入寻求社会与环境协调发展的新阶段，[②] 即在全面地综合考虑人口、文化、经济发展、资源与环境承载能力的基础上，积极寻求人口、经济与资源环境的协调发展和可持续发展。随着环境保护的不断深入，我国的环境保护逐渐加大生态文明与生态环境建设力度，已开始步入生态文明建设的新时代、新时期。

---

① 北京市地方志编纂委员会编《北京志（市政卷）·环境保护志》，北京出版社，2004，第6~13 页。
② 《环境科学大辞典》编辑委员会编《环境科学大辞典》，中国环境科学出版社，1991，第283 页。

"环境保护是我国最早受国际影响的领域之一。"中国的环境保护，从环境保护理念、环境保护战略、环境保护规划，到环境政策、防治措施、发展阶段与发展转型等，都走上了"一条受国际影响的、政府主导（自上而下）的颇具中国特色的道路"。[①]中国共产党作为执政党，在长期领导环境保护工作的过程中，立足于中国的具体国情，通过制定正确的环境政策、法规促进环境保护事业的健康发展，提出了许多具有针对性的举措，在环境保护工作中既取得了明显的成效，也形成了具有中国特色的经验。[②]

周生贤认为，我国推进环境保护的鲜明做法，就是"统筹国际国内两个大局，既参与国际环发领域的合作与治理，又根据国内新形势新任务及时出台加强环境保护的战略举措"。[③]1972年联合国首次人类环境会议、1992年联合国环境与发展大会、2002年可持续发展世界首脑会议和2012年联合国可持续发展大会，是国际环境保护史上四次具有里程碑性质的大会，"为我国加强环境保护提供了重要借鉴和外部条件"。[④]

我国的环境保护，受到国际国内多重因素的影响，其历史分期的划分也就成为一个十分复杂的事情。如果按照大事件，或国际环境保护的四个里程碑（四次重大的国际环境会议所属年份：1972年、1992年、2002年、2012年）来分期，就存在资料运用的困难，如许多环境统计资料是以五年规划为基础进行的，环境保护规划也都是"五年"规划。如果把发生在五年规划之间的一些大事件，作为某一阶段的起点或标志，一些统计数据就比较难查找；如果按"五年"规划进行分期，统计数据好找一些，但又不能突出各个时期环境保护的特色或特点。

为了历史地呈现不同省域（或地区）的环境保护的特色，本书认为，研

① 周宏春、季曦：《改革开放三十年中国环境保护政策演变》，《南京大学学报》（哲学·人文科学·社会科学）2009年第1期。
② 刘起军：《中国共产党环境保护工作的实践与经验》，《当代世界与社会主义（双月刊）》2008年第2期。
③ 周生贤：《我国环境保护的发展历程与探索》，《人民论坛》2014年3月下。
④ 周生贤：《我国环境保护的发展历程与探索》，《人民论坛》2014年3月下。

究地方环境保护史，应依据中国环境保护历史分期的框架，结合本省域（或地区）的经济社会发展战略的演变、经济发展的阶段性特征、环境保护状况及发展特色，给出符合本省域（或地区）的环境保护的历史分期。

二 关于环境保护历史分期的不同观点

关于中国环境保护事业起步的时间及标志性事件有两种观点，其一，学术界大多数学者认为，1973 年召开的第一次全国环境保护会议是中国环境保护事业起步的标志性事件，"自此开创了中国的环境保护事业"，[①]并将注意力多集中于这次会议及其之后的环保政策与举措。代表性研究参见王瑞芳《从"三废"利用到污染治理：新中国环保事业的起步》（《安徽史学》2012 年第 1 期），翟亚柳《中国环境保护事业的初创——兼述第一次全国环境保护会议及其历史贡献》（《中共党史研究》2012 年第 8 期），张连辉、赵凌云《新中国成立以来环境观与人地关系的历史互动》（《中国经济史研究》2010 年第 1 期）等。但另一观点认为，始于 1972 年的官厅水库污染的治理，是在第一次全国环境保护会议之前不多见的全方位环境治理，具有典型的个案意义，是中国环境保护事业起步的标志性事件。"官厅水库的有效治理，是中国共产党在环境执政能力方面的一次成功实践，开启中国民众'环境保护'之启蒙，为中国治理环境污染树立了样板，奠定了中国环境保护尤其是水污染治理的模式。""官厅水库污染治理为第一次全国环境保护会议的召开提供了实践和思想认识基础。""当然，作为新中国成立以来第一次国家层面的治理行动，官厅水库的治理过程其实殊为复杂，并不如现今一样提前就有周密的污染治理方案，而是经历了一个边发现问题边进行治理的过程。"[②]

---

① 北京市地方志编纂委员会编《北京志（市政卷）·环境保护志》，北京出版社，2004，第 6~13 页。
② 段蕾:《新中国环保事业的起步：1970 年代初官厅水库污染治理的历史考察》，《河北学刊》2015 年第 5 期。

关于我国环境保护史的分期，不同的学者由于研究角度的不同，划分的结果就不同。

原国家环境保护局局长曲格平依据时间线索将 1972 年至 2012 年我国环境保护事业发展划分为四个阶段：第一阶段（1972～1978 年）是环境保护意识启蒙阶段；第二阶段（1979～1992 年）是环境污染蔓延和环境保护制度建设阶段；第三阶段（1993～2001 年）是环境污染加剧和环境规模化治理阶段；第四阶段（2002～2012 年）是环境保护综合治理阶段。[①]

原环境保护部部长周生贤将我国环境保护大致分为五个阶段。[②] 第一阶段：从 20 世纪 70 年代初到党的十一届三中全会。1972 年中国代表团出席了联合国首次人类环境会议，1973 年第一次全国环境保护会议提出了环境保护工作的"32 字方针"。第二阶段：从党的十一届三中全会到 1992 年，我国环境保护逐渐步入正轨。1983 年第二次全国环境保护会议把保护环境确立为基本国策，1984 年环境保护开始纳入国民经济和社会发展计划，1989 年第三次全国环境保护会议提出要积极推行"8 项"环境管理制度；同时，环境法规体系初步建立。第三阶段：从 1992 年到 2002 年。这一阶段，确立可持续发展为国家战略，制定实施《中国 21 世纪议程》，发布《关于环境保护若干问题的决定》，大力推进"一控双达标"工作，全面开展"33211"污染防治工程等。第四阶段：从 2002 年到 2012 年。2002 年、2006 年和 2011 年国务院先后召开第五次、第六次、第七次全国环境保护会议，做出一系列新的重大决策部署。把主要污染物减排作为经济社会发展的约束性指标，完善环境法制和经济政策，强化重点流域区域污染防治，提高环境执法监管能力。第五阶段：党的十八大以来。把生态文明建设放在突出地位，开始走向社会主义生态文明新时代，开始从建设生态文明的战略高度来认识和解决我国的环境问题。

周生贤对我国环境保护的历史分期，将环境保护的重大国际会议与中国共产党召开的重要会议结合起来，统筹了国际社会环境保护的历史进程与国

---

① 曲格平：《中国环境保护四十年回顾及思考》，《环境保护》2013 年第 10 期。
② 周生贤：《我国环境保护的发展历程与探索》，《人民论坛》2014 年 3 月下。

内环境保护工作的开展、转型。

周宏春、季曦以环境政策演变为视角，将中国环境保护史分为四个阶段：（1）中国环境保护的开创阶段，改革开放前，我国开始逐渐重视环境保护；（2）中国环境保护的发展时期（1979~1991 年），随着国家发展战略转变，环境保护法规和政策等制度建设也开始进入发展阶段；（3）环境保护的加快发展阶段（1992~2002 年），中国环境保护进入加快发展阶段。（4）环境保护的深化发展阶段，即 2003 年至今。[①]

在时间节点上，上述两种划分方法基本一致，只是周生贤的划分方法将"十八大"以来的环境保护又单独划分了出来。

张连辉、赵凌云以发展战略演替和环境政策演变为主线，对 1953~2003 年中国制定并实施的环境保护政策的演变进行了历史的考察，并将环境政策的发展分为三个时期。（1）1953~1978 年：实施重工业优先发展战略时期的中国环境保护政策。"1972 年之前，我国并未制定和实施系统的环境保护政策"，1973~1978 年就构成了中国环境保护的起步阶段。重工业优先发展战略是一种高污染型的发展战略，1978 年之后，重工业优先发展战略逐渐被现代化战略所取代。（2)1979~1991 年：实施现代化战略时期的中国环境保护政策。"1979~1991 年就构成了中国环境保护的发展阶段。"（3）1992~2003 年：实施可持续发展战略时期的中国环境保护政策。1992 年之后，可持续发展战略的实施，标志着中国环境保护政策转入一个新的演进阶段、进入完善阶段。[②]

俞海滨从环境治理的角度，将改革开放以来我国的环境治理分为三个阶段。他认为，改革开放以来，伴随着我国经济持续快速发展，环境治理先后大致经历了"污染控制、综合利用"阶段（1978~1992 年）、"控制转型、协调发展"阶段（1992~2002 年）和"资源节约、环境友好"发展阶段（2002

---

① 周宏春、季曦：《改革开放三十年中国环境保护政策演变》，《南京大学学报》（哲学·人文科学·社会科学）2009 年第 1 期。

② 张连辉、赵凌云：《1953—2003 年间中国环境保护政策的历史演变》，《中国经济史研究》2007 年第 4 期。

年至今）。[1] 其划分方法，也是以 1992 年在巴西里约热内卢召开的联合国环境与发展会议和 2002 年 8 月在南非约翰内斯堡召开的可持续发展世界首脑会议为重要的时间节点进行划分的。

纵观各家之言，可以看出，多数研究者都是以重大事件（四次重大的国际环境会议）为时间节点和标志来进行我国环境保护历史时期划分的。

参考有关环境保护历史分期的各种观点，本书认为，我国的环境保护事业大的历史分期（或阶段划分），应该以改革开放（1978 年）为重要分界线：改革开放前，是我国环境保护的起步阶段；改革开放后，是我国环境保护全面推进纵深发展的阶段。改革开放后，我国的环境保护又可分为四个时期：（1）1978~1991 年，是环境保护全面发展时期；（2）1992~2002 年，是实施可持续发展战略时期；（3）2003~2012 年，是建设环境友好型社会时期；（4）2013 年至今，是生态文明建设新时期。

第四节　河北省环境保护与生态建设的历史分期

总结和借鉴各界对我国环境保护及其相关领域的历史阶段的划分方法和划分标准，本书将改革开放（1978 年）之后的河北省的环境保护与生态建设历程划分为四个历史时期。

河北省是全国开展环境保护工作最早的省份之一。河北省的环境保护工作起步于 20 世纪 70 年代初。1972 年官厅水库污染，引起中央领导高度重视，中国的环境保护事业自此开始起步。1972 年 7 月，河北省成立了"三废"管理办公室，这在全国是较早的省级环境保护工作机构，也是河北省第一个环境保护机构，标志着河北省环境保护事业正式起步。1975 年在保定市进行了

---

① 俞海滨：《改革开放以来我国环境治理历程与展望》，《毛泽东邓小平理论研究》2010 年第 12 期。

排污收费试点，河北省成为全国最早开展排污收费的省份之一。[①]1972 年至 1977 年，是河北省环境保护事业的起步阶段，环境保护工作的重点是防治官厅水库水源和白洋淀水质污染。

河北省因内环京津的特殊地理位置，其环境状况直接影响到京津的环境质量与广大居民的日常生活和身体健康，故中央领导十分关注和重视河北省的环境问题与生态建设，这就为河北省的环境保护提供了契机和挑战，也促使河北省的环境保护起步早、发展快。1978 年之后，河北省的环境保护与生态建设不断向纵深发展，其发展与变迁大致分为四个时期。

（1）1978~1991 年：环境保护快速发展时期。1979 年河北省环境保护局成立，标志着河北省环境保护工作进入一个新的时期，即进入环境保护事业快速发展的时期。1978~1991 年，河北省不断调整环境保护机构，建立健全环境保护的法律法规，进行全面的环境管理，建立起环境保护的科学管理制度，进行工业污染和重点流域水污染的调查与治理，全省的环境保护工作进入全面快速的发展时期。这一时期，河北省加强了环境保护规划（计划）的制定与落实工作，制定和实施了"六五""七五"环境保护计划，环境保护计划开始与国民经济发展计划相结合。

（2）1992~2002 年：实施可持续发展战略时期。这一时期，可持续发展战略上升为河北省经济发展的主体战略，"可持续发展"与"科教兴冀""两环开放带动"并列为河北省经济发展的三大主体战略，提升了环境保护的地位。实施了"碧水、蓝天、绿地"计划和中国 21 世纪议程河北省行动计划，加强了环境法制、生态环境与可持续发展能力建设，深入开展了重点流域与重点区域的污染防治，环境保护与生态建设的成效明显。1994 年颁布实施的《河北省环境保护条例》，是中国第一部地方环境保护条例。

（3）2003~2012 年：实施生态立省战略时期。这一时期，河北省在继续推进可持续发展战略的同时，制定和实施了"生态立省"战略，制定和实施

---

① 《河北省环境保护丛书》编委会编《河北环境污染防治》，中国环境科学出版社，2011，第 1 页。

了河北省环境保护"十一五""十二五"规划，环境保护战略与环境保护规划对环境保护工作的引领和指导作用更加明显。这一时期，河北省加强了环境法制与环境制度建设，2007年创造性地在全国首先提出和实施"双三十"节能减排工程，开启了节能减排的新模式。2009年5月，河北省颁布的《河北省减少污染物排放条例》是中国第一部污染物减排相关法律，填补了污染减排专项立法的空白。

（4）2013~2018年：京津冀环境协同治理时期。2013~2018年，河北省进入京津冀生态环境协同保护时期。2014年国家提出京津冀协同发展战略，并将河北定位为京津冀生态环境支撑区。河北省加强了京津冀生态环境支撑区建设，加快了生态文明建设。习近平高度赞扬和倡导"塞罕坝精神"，为河北的生态文明建设再添新内容。这一时期，河北省以打赢环境治理三大攻坚战为核心，积极开展大气污染、水污染、土壤污染和农村环境治理，积极开展白洋淀和雄安新区的生态环境建设，环境保护与生态建设的力度再上新台阶。

在1978~2018年的四十年间，河北省各个时期的环境政策、环境制度、环境法规建设基本走在了全国的前列，其出台的一些地方性环境保护法规具有较大的创新性、开拓性和影响力。本书将以环境史与社会史研究相结合的角度和研究方法，以各个时期的环境保护战略、环境保护规划、环境政策、环境制度、环境治理、环境状况等方面的变迁为主线，阐述分析改革开放四十年河北省环境保护与生态建设的发展进程与历史演变，总结各个时期环境保护与生态建设的特色、成效、经验与教训，探寻河北省环境保护与生态建设的路径，以促进今后环境保护事业更好更快地发展，推进京津冀环境协同保护与协同共治。

1978年之后，河北省的环境保护与生态建设不断向纵深发展，走出了一条具有地方特色的环境保护之路。四十年来，河北省的环境保护与生态建设，既紧跟国家环境保护的发展步伐，严格执行落实国家的环境政策与制度安排，又创造了自己的特色，具有典型性和地方经验性。认真探索河北省四十年的环境保护之路，对探索中国特色的环境保护道路具有一定的借鉴意义和参考价值。

第二章 环境保护快速发展时期（1978~1991年）

　　1978~1991年，是中国环境保护事业快速发展时期，也是河北省环境保护事业快速发展时期。1979年，河北省环境保护局成立，标志着河北省环境保护事业进入一个新的时期。1978~1991年，河北省不断调整环境保护机构，建立健全环境保护的法律法规，进行全面的环境管理，建立起环境保护的科学管理制度，进行工业污染和重点流域水污染的调查与治理，全省的环境保护进入全面的快速发展时期。这一时期，河北省加强了环境保护规划（计划）的制定与落实工作，制定和实施了"六五""七五"环境保护计划，环境保护计划开始与国民经济发展计划相结合。

第一节　河北省环境保护的起步过程

　　1949~1970年，是河北省国民经济恢复和建设时期。这一时期全省的经济和社会发展有了长足的进步，人们生活得到极大改善，人口数量急剧增长。但在这一时期，人们缺乏环境保护意识，没有明确的环境保护概念，各级政府也没有明确的环境保护目标和策略，致使环境保护工作被忽视、淡忘。随着资源开发速度的不断加快和工业化的迅速发展，环境污染和环境问题开始显现和加剧。20世纪50年代的"大跃进"特别是1958年的"大炼钢铁"时期，20世纪60年代的"文化大革命"时期，全省工业建设大搞土法上马，工业布局缺乏科学规划与合理布局，不少建设项目没有配套的环保设施和控制污染的措施，工业"三废"随意排放，无人监管。不合理的工业布局加剧了环境污染。环境污染的日趋严重，直接影响到经济发展和广大居民的日常生活，河北省的环境保护工作就是在这种情况下起步的。

河北省的环境保护始于对官厅水库污染的治理。1972年，官厅水库由于上游工厂大量排放污水发生了死鱼事件，震惊全国，官厅水库污染告急，国务院多次发文，要求"尽快组织力量，进行检查，做出规划，认真治理"。根据国务院的指示，成立了由河北省、山西省、北京市以及国家有关部委和中国科学院等领导同志参加的官厅水系水源保护领导小组，下设办公室，以治理官厅水库上游的工业废水为主，开展了水源保护工作。1972年7月，河北省革命委员会决定，成立河北省"三废"（废水、废气、废渣）管理办公室，负责全省的环保工作，隶属河北省计划委员会，受河北省革命委员会和河北省计划委员会双重领导，从此有了河北省的环境保护机构。①这在全国是较早的省级环境保护工作机构，也是河北省第一个环境保护机构，标志着河北省环境保护工作正式起步。

1972年12月11日，河北省革命委员会召开常委办事会议，讨论了《河北省革命委员会批转省计委、省卫生局关于"三废"污染情况和解决意见的报告》。议定:（1）强调各级领导对这项工作要高度重视，在综合利用和治理"三废"工作中，应当从思想上明确除害是主要的，积极搞好综合利用;（2）对张家口和宣化的污水治理工作，强调要在1973年汛期前务必做出成效;（3）省不另建"三废"中心监测化验站，"三废"监测化验工作由省防疫站承担，可给省防疫站适当增加几名化验人员和补充必要的设备。1972年以后，河北省革命委员会根据国务院关于搞好官厅水库水源保护的指示，开展了以

---

① 河北省地方志编纂委员会编《河北省志·第11卷·环境保护志》，方志出版社，1997，第2~3页。

张家口地区为重点的污水治理工作，使官厅水库的水质初步得到了改善。各地卫生防疫等部门积极进行对河流、水库以及重点厂矿的"三废"污染情况的调查工作，为治理工作提供了数据。[①]

1973年8月，国务院组织召开第一次全国环境保护会议，审议通过了环境保护工作"32字方针"和中国第一个环境保护文件——《关于保护和改善环境的若干规定》，中国环境保护事业自此开始正式起步。由此带动了全国各地各省域环境保护工作的起步与发展。

"1973年12月18日至27日，河北省革命委员会召开了全省第一次环境保护会议，传达贯彻全国环境保护会议精神。"[②]会议决定将"三废"管理办公室改称为河北省革命委员会环境保护办公室，隶属河北省基本建设委员会。[③]会议还强调必须认真做好以下几项工作。（1）以路线为纲，认真解决思想认识问题，要把环境保护作为一项严肃的政治任务来抓，全心全意地做好这项工作。（2）全面规划，合理布局。（3）放手发动群众，大搞群众运动。（4）大力开展综合利用，变废为宝、化害为利。在"三废"治理中，对现有企业的污染，要迅速做出治理规划，分期分批加以解决。首先要做好有毒废水的回收、净化或循环使用。对废气治理，重点是抓好锅炉改造、消烟除尘工作，力争在两三年内，做到烟囱不冒黑烟。水泥厂要逐步解决粉尘的回收问题，制止粉尘污染。对于二氧化硫、氟化氢、氯化氢等有毒气体，要加强科学实验，尽可能回收利用。对于废渣处理要广辟出路，重点是搞钢、铁渣和电厂粉煤灰的利用。对于暂时不能进行综合利用的"三废"，要采取净化措施，消除危害。要加强企业管理，改革工艺，改革配方，尽量减少跑、冒、滴、漏。对于危害特别严重、威胁人民身体健康而又暂时没有有效解决办法

---

① 河北省地方志编纂委员会编《河北省志·第62卷·政府志》，人民出版社，2000，第615~616页。

② 河北省地方志编纂委员会《河北省志·第11卷·环境保护志》，方志出版社，1997，第3页。

③ 河北省地方志编纂委员会《河北省志·第11卷·环境保护志》，方志出版社，1997，第3页。

的单位和产品，报经批准，可以停产解决。（5）加强基本建设管理，坚决堵塞新污染源的产生。今后凡是排放有毒"三废"的新建、扩建、改建的企业都要在安排基本建设计划的同时，安排"三废"治理和综合利用项目，做到"三废"治理工作与主体工程同时设计，同时施工，同时投产。否则，计划部门不批准设计任务书，施工部门不准施工，建成后不准投产。这要作为一条基本建设的规章执行。各市要从城市三税收入中拨出一定数量的经费，用于有关环境保护的城市建设项目和"三废"监测化验。（6）建立健全环境保护和监测机构，加强科学研究工作。根据国务院指示精神，河北省革命委员会成立由各委、办、局和省工会负责同志参加的环境保护领导小组，充实加强环境保护办公室（即原"三废"管理办公室）。各地区都要有专人管这项工作，各市按省的办法建立领导小组和办公室，工业较多的县、镇各有关工业管理部门和污染严重的企业，均应根据任务，配备专（兼）职人员。环境监测机构有权监督和检查各企业、事业单位执行国家卫生标准和污染物排放标准的情况，检查水系等环境污染情况并及时向当地党、政领导部门和环境保护部门做报告。要加强环境保护的科学研究工作。科研、卫生、农林、公交部门、有关大专院校应与有关企业结合，把保护和改善环境、消除污染作为科学试验的一个重要内容。（7）加强领导。[1]会议之后，张家口、保定等地、市围绕白洋淀的水质保护，进行了污染治理工作。由此，拉开了全省环境保护工作的序幕。[2]

1974年白洋淀污染加剧，引起中央领导的重视。[3]"从1972年开始以至到1974年以后，防治官厅水库水源和白洋淀水质污染成了河北省环境保护工作的重点。"[4]"1975年在保定市进行了排污收费试点，河北省成为全国最

---

[1] 河北省地方志编纂委员会编《河北省志·第62卷·政府志》，人民出版社，2000，第615~616页。

[2] 河北省地方志编纂委员会编《河北省志·第11卷·环境保护志》，方志出版社，1997，第3页。

[3] 《河北省环境保护丛书》编委会编《河北环境管理》，中国环境科学出版社，2011，第1页。

[4] 河北省地方志编纂委员会编《河北省志·第11卷·环境保护志》，方志出版社，1997，第3页。

早开展排污收费的省份之一。"[1] "这为在全省范围内开展排污收费工作提供了经验。"[2] "随着环境保护工作的开展，环境科研和环境监测工作提到了日程。1975年11月，河北省成立了'环境保护研究所'，至此，河北省有了专门的环境保护科研、检测机构和人员。"[3]

1972~1977年，在河北省环境保护工作的起步阶段，河北省环境保护工作的重点是防治官厅水库水源和白洋淀水质污染。"河北省的环境保护工作逐步加强，突出的环境矛盾有所缓解。"但这一时期，"全省范围的环境保护和污染治理还未全面开展，新的环境污染还在不断增加，环境污染状况继续扩大，突出的污染矛盾尚未得到根本的解决"。[4]

第二节　环境保护快速发展时期概述

1978~1991年，是中国环境保护事业的快速发展阶段。1978年颁布的《中华人民共和国宪法》第十一条规定："国家保护环境和自然资源，防治污染和其他公害。"[5]

1979年9月13日，中华人民共和国第五届全国人民代表大会常务委员会第11次会议原则通过了《中华人民共和国环境保护法（试行）》，这标志着"中国的环境保护工作开始走上法制化轨道，并进入快速发展时期。这一时期，明确了环境保护是基本国策，初步形成了环境管理政策、法律体系，确

---

① 《河北省环境保护丛书》编委会编《河北环境污染防治》，中国环境科学出版社，2011，第1页。
② 河北省地方志编纂委员会编《河北省志·第11卷·环境保护志》，方志出版社，1997，第3页。
③ 河北省地方志编纂委员会编《河北省志·第11卷·环境保护志》，方志出版社，1997，第3~4页。
④ 河北省地方志编纂委员会编《河北省志·第11卷·环境保护志》，方志出版社，1997，第4页。
⑤ 河北省地方志编纂委员会编《河北省志·第11卷·环境保护志》，方志出版社，1997，第325页。

定了具有中国特色的八项环境管理制度等"。①

1978~1991 年，河北省不断调整环境保护机构，建立健全环境保护的法律法规，进行全面的环境管理，开始建立起环境保护的科学管理制度，进行工业污染和重点流域水污染的调查与治理，全省的环境保护工作进入快速全面发展时期。

1978~1991 年，是全省环境保护全面稳定的发展阶段，中间虽有挫折，但在全国环境保护日益升温的大局下，河北省的环境保护工作还是不断发展。然而，这期间，河北省环境保护工作的机构建设还不稳定，机构规格偏低，人员偏少，波动较大，对开展环境保护工作产生了不利影响。1979 年 7 月 6 日，河北省革命委员会发出通知，"决定将环境保护办公室改为河北省环境保护局，隶属河北省革命委员会，定行政编制 40 人。河北省环境保护局的成立，标志着河北省环境保护工作进入一个新的时期"。②此后，各地、市（县）的环境管理、监测机构也先后建立起来，形成了省、地、市三级环境管理体系。1983 年 7 月，在河北省机构改革时，河北省环境保护局被降格为处级局，定为"河北省城乡建设环境保护厅环境保护局"，直属"河北省城乡建设环境保护厅"，定编 30 人。之后，除邯郸、石家庄、唐山、秦皇岛市环保局没有降格外，各地、市环境保护局都有不同程度的削弱，使全省已经日趋完善的环保机构受到了严重削弱。好在从事环境保护工作的基本力量没有大的变动，环境保护工作得以继续开展。在实践中，经多方努力，部分地、市的环境保护机构状况有所改善。③1986 年 12 月，调整成立了河北省环境保护局，然而其机构规格偏低，不适应环境保护工作的需要，这种情况一直延续到 1991 年。1989 年，为了适应日益重要的环境科研和环境监测工作，河北省环境保护研究所与河北省环境监测中心站分离，单独建

① 《河北省环境保护丛书》编委会编《河北环境管理》，中国环境科学出版社，2011，第 2 页。
② 《河北省环境保护丛书》编委会编《河北环境管理》，中国环境科学出版社，2011，第 2 页。
③ 河北省地方志编纂委员会编《河北省志·第 11 卷·环境保护志》，方志出版社，1997，第 4 页。

所建站。①

1978~1988 年，河北省先后制定和颁布了一系列环境保护的规定办法。1978 年 10 月 27 日，河北省革命委员会出台《河北省革命委员会关于新建、扩建、改建工程执行"三同时"的暂行规定》。1979 年河北省印发了《河北省工业污染源调查工作要点》《河北省国民经济调整时期环境保护规划要点》等重要文件，环境保护工作迈上新台阶。1979 年颁布了"关于对排放有毒有害污水实行收费的暂行规定"，在全省建立了对有污染企业单位征收超标排污费制度、建设项目环境管理制度、重点污染源限期治理制度、环境污染纠纷处理制度、环境统计年报制度等。②1980 年后，编制、实施了河北省第一个环境保护长期规划——《河北省环境保护"六五计划"及"七五"设想》。之后陆续颁布实施了一系列的地方性法规、政策，包括《河北省征收排污费暂行办法实施细则》（1982 年）③、《官厅水系水源保护管理办法》（1984 年）、《河北省水资源管理条例》（1985 年）、《河北省〈建设项目环境保护管理办法〉实施细则》（1986 年）、《河北省环境监察员条例》（1987 年）等。

这一时期，开展了河北省工业污染源调查和重点流域环境污染的治理工作。1979~1987 年，完成了全省工业污染源调查与评价，建立了档案库，以企业污染治理为重点工作领域。环保机构逐步健全，行政管理内部机构设置办公室、管理科、综合计划科、科技监测教育科、人事科，建立了事业单位——河北省环境保护研究所和环境监测站，这两家单位开展了环境保护重点领域的研究并承担了省级重点区域环境质量的监测任务。④

根据河北省水资源匮乏、浪费严重和工农业用水日益增长的实际情况，为了合理利用和统一管理全省水资源，1985 年 12 月 21 日，河北省制定了《河

---

① 《河北省环境保护丛书》编委会编《河北环境污染防治》，中国环境科学出版社，2011，第 1~2 页。

② 河北省地方志编纂委员会编《河北省志·第 11 卷·环境保护志》，方志出版社，1997，第 4 页。

③ 《河北省征收排污费暂行办法实施细则》（冀政〔1982〕170 号），1982 年 1 月 1 日。

④ 《河北省环境保护丛书》编委会编《河北环境管理》，中国环境科学出版社，2011，第 2 页。

北省水资源管理条例》，该条例明确规定，水资源管理必须贯彻统一规划、合理开发、科学利用、节约用水、防止污染的原则，将水资源管理列入法律的范畴。①

这一时期，河北省加强了环境保护规划（计划）的制定与落实工作，环境保护规划开始与国民经济发展规划相结合。1979年11月6日，河北省第二次环境保护会议在石家庄市召开。会议传达了中央〔1978〕79号文件和《中华人民共和国环境保护法（试行）》，以及贯彻落实的具体措施和办法，讨论通过了全省国民经济调整时期环境保护规划及用经济手段推动环境保护工作的两个具体决定。1979年12月7日，河北省革委会颁发了冀革〔1979〕229号文件，其中包含《河北省国民经济调整时期环境保护规划要点》、《河北省革命委员会关于对综合利用工业"三废"的产品实行奖励的暂行规定》和《河北省革命委员会关于对排放有害污水实行收费的暂行规定》②三个文件。1982年3月，河北省环境保护局在给河北省计划委员会《关于报送"六五"计划及"七五"设想（草案）的函》中，提出全省"六五"环境总的目标。1986年7月28日，河北省环境保护委员会向国务院环境保护委员会上报了《河北省环境保护"七五"计划》，同时下发各地、市。1986年10月3日，省环保局发出《关于编制环保长远规划的通知》，成立了河北省环保规划编制领导小组。

为了加强环境保护工作，河北省政府于1989年10月在石家庄召开全省第四次环境保护会议。会上，10个省辖市的副市长及衡水地区行署副专员分别代表各自的市长、专员与时任省长岳岐峰签订了"环境保护目标责任状"。大会向环境保护工作先进单位和个人颁发了奖。时任副省长宋叔华着重从6个方面讲了意见：一是加强环境保护工作刻不容缓；二是河北省环境保护工

① 河北省地方志编纂委员会编《河北省志·第11卷·环境保护志》，方志出版社，1997，第205页。
② 河北省地方志编纂委员会编《河北省志·第11卷·环境保护志》，方志出版社，1997，第314页。

作的目标和任务；三是强化环境管理，建立环保工作新秩序；四是大力开展环境保护科学技术研究；五是努力发展环保产业，为治理环境污染提供物质基础；六是发挥社会舆论的宣传和监督作用，动员全社会关注环境保护。时任省长岳岐峰在会议结束时就如何进一步做好全省的环境保护工作做了讲话，他指出："保护环境是我国的一项基本国策，治理整顿和发展国民经济必须认真搞好环境保护。""要强化环境管理，依靠法律、政策和制度实现环境目标。各级政府要切实加强对环境保护工作的领导。要教育广大干部自觉地遵守环保法律，教育广大人民群众自觉地保护环境。"①

1978~1991 年，河北省进行了全面的环境管理，开始建立起环境保护科学管理制度，先后制定和颁布了环境保护的规定、办法等共计 23 种；各地、市结合当地的实际情况先后制定了环境保护的规定、管理办法 41 种。同期，全省环境污染治理有了较大进展，在废水污染治理、城市大气污染防治等方面有了较大改善，为建设良好的投资环境、生产和生活环境奠定了初步基础。环境保护科学研究、环境监测、环境宣传教育成果明显。但这一时期由于环保机构规格偏低，制约着全省环境保护工作的组织协调，以及污染治理投资不足，"六五"计划期间控制环境污染的目标没有完全实现，大气、水质环境质量指标达不到国家规定标准。特别是水资源环境污染，给工农业生产和人民身体健康带来严重损失和危害。污染和破坏生态环境的现象仍未得到解决。

第三节　制定和实施环境保护计划

20 世纪 70 年代至 80 年代，河北省的环境保护规划工作滞后于环境治理工作，在"八五"以前，环境保护规划并不普及，环境保护规划也没有从制度上加以保障和推进。"九五"以后，环境保护规划和环境规划制度才得

---

① 河北省地方志编纂委员会编《河北省志·第 62 卷·政府志》，人民出版社，2000，第 807 页。

到快速发展。[①]

编制环境保护规划（计划）是环境管理部门的基础职能之一。河北省自 1975 年开始与国民经济及社会发展五年计划相对应，相继组织编制"五五""六五""七五"环境保护规划，以及区域性规划和专业性计划。同时，个别城市编制了长远规划。环境保护规划和计划的编制，使环境管理有所遵循，促进了环境污染的防治与治理，同时收到了经济效益、社会效益和环境效益。长远规划是较高层次的、侧重战略方面的内容，它为编制年度计划和专业性计划提出总的纲领和目标。1886 年 10 月 3 日，河北省环保局发出《关于编制环保长远规划的通知》，要求各地、市环保部门制订环保长远发展规划，成立了河北省环境保护规划编制领导小组。[②]截至 1988 年底，河北尚未做出综合性环境保护长期规划，只在个别城市进行了编制长期规划的试点。[③]

一 制定和实施环境保护"六五"计划

1982 年 3 月，河北省环境保护局给河北省计划委员会《关于报送"六五"计划及"七五"设想（草案）的函》中，列举了河北省地表水、地下水、大气、自然资源等方面污染破坏情况及污染损失情况，提出全省"六五"环境总的目标为[④]：（1）"六五"期间，全省新增加生产能力时，基本不增加对环境的污染（即按国家规定的标准排放工业"三废"）；（2）区域环境如河流、淀库、地下水、城镇大气中主要污染物年监测平均值不超过 1979 年水平；（3）在自然资源开发利用中，不发生严重破坏生态平衡情况；（4）处于半水区

---

① 《河北省环境保护丛书》编委会编《河北环境管理》，中国环境科学出版社，2011，第 94~95 页。

② 河北省地方志编纂委员会编《河北省志·第 11 卷·环境保护志》，方志出版社，1997，第 321 页。

③ 河北省地方志编纂委员会编《河北省志·第 11 卷·环境保护志》，方志出版社，1997，第 180 页。

④ 河北省地方志编纂委员会编《河北省志·第 11 卷·环境保护志》，方志出版社，1997，第 182 页。

城市地下水水位下降趋势要有所缓和；（5）森林、草场总面积要不断增加，市区、工矿区的绿化面积要逐年提高占有比例；（6）省会石家庄市的环境面貌力争在"六五"期间有明显改善。

"六五"期间（1981~1985年），河北省环境保护的主要规划目标包括：全省污水总处理量达到7.31亿吨，五年净增处理量达到5.5亿吨，年均净增处理率为7.17%；全省有害气体总处理量达到464亿标立方米，平均年增92.8亿标立方米，年均处理率递增2.2%；固体废弃物五年减少1450万吨，年均减少290万吨，年均递减5.67%。

"六五"计划中污水治理项目所需资金共计1071万元，计划安排环保基金750万元、企业自筹321万元。大气污染治理与固体废弃物综合利用项目资金主要是企业自筹。上述"三废"治理项目每年安排的投资在1500万元左右。

二 制定和实施环境保护"七五"计划

1973年8月，"国务院召开了第一次全国环境保护工作会议，审议通过了环境保护'32字方针'和第一个环境保护文件《关于保护和改善环境的若干决定》。1983年全国第二次环境保护大会提出环境保护是基本国策。但在这一时期，环境保护规划的编制仍处于'想做而不知如何去做'的起步阶段"[1]。

河北省在这一阶段制定了"七五"环境保护计划，并将环境保护计划纳入国民经济和社会发展计划，在一定程度上保障了环境保护计划的实施，为后续环境保护规划的编制和实施提供了一个基础和平台。但这一阶段环境规划的技术方法还在不断规范，环境规划的制度建设还在不断完善，环境规划无论是编制方面还是实施方面均未普及。[2]

---

[1] 王金南、刘年磊、蒋洪强：《新〈环境保护法〉下的环境规划制度创新》，《环境保护》2014年第13期。

[2] 《河北省环境保护丛书》编委会编《河北环境管理》，中国环境科学出版社，2011，第95页。

1986 年 4 月 25 日，时任副省长李锋在省第六届人民代表大会第四次会议上所做的《关于河北省国民经济和社会发展第七个五年计划的报告》强调："要加强环境保护工作，严格执行《环境保护法》和省制定的有关环境保护条例，改善城乡环境卫生状况。"1988 年 4 月 25 日，时任省长解峰在河北省第七届人民代表大会第一次会议上所做的《政府工作报告》中指出："加强环境保护是我国的另一项基本国策，必须认真贯彻执行。搞经济建设和开发自然资源，要特别注意保护生态环境，坚持经济建设、城乡建设和环境建设同步规划、同步实施、同步发展。严厉制止乱占耕地和破坏森林的行为，大力提倡种草种树、绿化城乡的有益活动。要积极防治环境污染，开展环境综合治理，重点控制大气烟尘污染，积极治理水污染和噪声，把经济效益、社会效益和环境效益结合起来，严防新的污染源产生。"[1]

1986 年 7 月 28 日，河北省环境保护委员会向国务院环境保护委员会上报了《河北省环境保护"七五"计划》，同时下发各地、市。[2]

（一）"七五"环境保护计划的主要内容

河北省"七五"环境保护计划提出的基本目标是：在"六五"工作的基础上，基本控制全省城乡环境污染的继续发展、自然生态继续恶化和土地、水体资源遭受破坏的趋势；各项重点控制的环境要素要在 1985 年底的基础上得到一定改善；省内国家环境保护重点城市环境质量状况要达到国家"七五"计划规定的标准，其他城市要采取积极措施，力争达到较高水平；全省通过强化环境管理，特别是加强对乡镇企业环境管理，实行综合治理，开展综合利用；大力开发、引进和推广环境污染治理新技术，逐步使全省工农业生产布局合理，资源得到充分利用，城乡环境舒适宜人，自然生态得到良好保护，

---

[1] 河北省地方志编纂委员会编《河北省志·第 62 卷·政府志》，人民出版社，2000，第 806 页。

[2] 河北省地方志编纂委员会编《河北省志·第 11 卷·环境保护志》，方志出版社，1997，第 183 页。

环境质量状况能与国民经济与社会发展的要求相适应。

"七五"环境保护计划内容包括：全省大气、水中主要污染物削减，"三废"综合利用以及大气、水、城市环境综合治理计划，河北省主要河流、湖泊、近海海域水环境保护计划，大、中型建设项目计划等13类。其中城市环境综合整治安排23项，投资总额2.07亿元。项目内容包括污水处理厂、氧化塘、垃圾无害化处理、煤气厂集中供热、噪声治理等。污染物削减计划到1990年，全省废水排放污染物COD减少到15.5万吨、酚114.8吨、氰387吨、铅31.9吨，废气中排放二氧化硫（SO_2）51.1万吨、烟尘78.9万吨、工业粉尘53.1万吨。[①]

具体计划指标包括：工业废水达标量年递增10%以上，其中工业废水处理量年增12%，废气达标量年增13%，锅炉改造达标量年增11%，固体废弃物综合利用和处理量年递增10%以上。计划到1990年底，全省工业重复用水率在80%以上，万元工业产值废水排放量控制在230吨以下，锅炉除尘率在90%以上，高炉渣、钢渣的综合利用率在85%以上，矸石、粉煤灰综合利用率在30%以上。[②]

（二）"七五"环境保护计划（1986~1989年）执行情况[③]

"七五"期间，河北省经济保持了较快的增长势头，按已有统计结果，全省国民经济生产总值按可比口径计算平均递增为9.3%，工农业总产值年均递增13.1%，各项统计的国民经济主要指标都超过了"七五"计划的增长速度。工业生产到1989年实现总产值508.34亿元（按1980年不变价计，下同），居全国第九位。与1985年相比，年均递增率为11.11%。

---

① 河北省地方志编纂委员会编《河北省志·第11卷·环境保护志》，方志出版社，1997，第183页。

② 河北省地方志编纂委员会编《河北省志·第11卷·环境保护志》，方志出版社，1997，第183页。

③ 河北省地方志编纂委员会编《河北省志·第11卷·环境保护志》，方志出版社，1997，第183~184页。

"七五"期间，河北省经济发展的突出特点表现为，国民经济持续增长，经济实力大大增强；人均占有的国民生产总值和国民收入有较多增加。一大批基本建设和技改项目相继投产，国民经济薄弱环节得到加强。但与沿海省市相比，河北省工业发展还处于落后状态，主要问题是：产业结构落后，产品加工深度差，原料型的初级产品占较大比例；工业技术水平低，能耗高，污染重，劳动密集型产业比重较大；新兴产业发展缓慢。环境保护事业虽然经过"七五"期间的努力，取得一定成绩，但一些指标并未达到国家的要求。

截至 1989 年，河北省"七五"环境总量控制指标前四年完成情况为：当年工业总产值实现 508.34 亿元，与 1985 年相比，年均递增 11.11%；工业用煤量为 4408.56 万吨，废气排放总量为 4911.84 亿标立方米，年均递增 10.37%；废气排放处理量为 3682.22 亿标立方米，年均递增 11.80%，废气排放处理率达到 74.97%；工业废水排放总量 1989 年达到 97526 万吨，工业废水处理量为 30595 万吨，年均递增 4.54%；万元工业产值废水排放量为 287 吨，年均递减 9.98%；废水排放总量为 137066 万吨，废水排放达标量为 60117 万吨，废水排放达标率为 61.64%；工业固体废物产生量 1989 年为 495.56 万吨，综合利用量达 1190.17 万吨，综合利用率 24.04%。[①]

对照河北省"七五"环保计划提出的主要目标指标，从上述情况看，完成较好（达到或接近）的指标主要是：废水排放总量、工业废水排放量、工业用水重复利用率、外排废气总量、工业固体废物综合利用量年均递增率等。其余指标，诸如万元产值工业废水排放量、工业废水处理量及各控制河段水质目标等，均由于目标指标偏高，而实际未能达到。[②]

---

① 河北省地方志编纂委员会编《河北省志·第 11 卷·环境保护志》，方志出版社，1997，第 184 页。

② 河北省地方志编纂委员会编《河北省志·第 11 卷·环境保护志》，方志出版社，1997，第 184 页。

"七五"环境保护计划指标完成情况的特点主要有以下几点。[①]

（1）"目标责任管理"收到明显成效，即几项总量指标均控制在计划指标以内，表明全省环保系统推行八项制度与措施，强化环境目标责任管理，实行层层分解，各企业事业单位积极贯彻落实。

（2）全省企事业单位抓水的重复利用与节水以及固体废物综合利用效果突出。1985年，全省环境统计范围企业用水的重复利用率仅为72%（均含电力行业），到1989年，即达到84%；工业固体废物综合利用量，1985年为798万吨，1989年达到1190万吨，年均递增率保持在"七五"计划要求的10%。

（3）几项计划指标完成不好，主要原因为：一些计划指标制定偏高，脱离河北省现实经济、技术能力。比如工业废水处理量及几项城市环境质量指标，均需要较大的资金支持，但因环境投入受经济发展水平制约，难以保证原定计划的完成。

（三）"七五"环境治理工程计划完成情况

"七五"期间，河北省列入环境保护计划的城市环境综合整治工程有23项，截至1989年底，已完成11项，在建5项，由于种种原因未建或中途停工的有7项。在完工的项目中，包括有秦皇岛海港区日处理4万吨城市二级污水处理厂、张家口清水河整治工程、石家庄东明渠清污分流工程、石家庄两个集中电镀中心以及邯郸、邢台的焦炉煤气工程等。在建的项目中包括邯郸市东郊氧化沟一期工程，日处理6.6万吨污水的项目，唐山新区日处理3.3万吨污水的二级处理厂，邯郸、秦皇岛的集中供热工程及秦皇岛民用煤气厂。7项未上马或中途下马工程，主要原因是资金不落实，虽然"七五"初期列入计划，终因财力不足未能实施。此外，"七五"后期，承德、保定等城市也分别安排实施了一批城市环境综合整治项目，包括烟尘控制区及集中供热和城

市煤气项目等。[①]

在污染源治理计划项目中，"七五"前四年累计竣工项目 3751 个，累计完成投资 5.43 亿元，每年增加废水处理能力 3.64 亿吨、废气处理能力 1619.28 亿标立方米，增加固体废物的处理与利用量 540 万吨。在竣工项目中，治理废水项目 955 项，占 25.5%；治理废气 1926 项，占 5.9%；治理噪声 431 项，占 11.5%；治理固体废物 221 项，占 5.9%；其他治理项目 218 项。[②]

三　制定环境保护"八五"计划

在环境保护"七五"工作的基础上，制定了河北省环境保护"八五"（1991~1995 年）计划。主要内容包括以下几个方面。[③]

河北省环境保护"八五"计划的总目标是：努力控制工业污染的发展和生态环境恶化的趋势，通过强化环境监督管理和增加环境投入，部分水系河段和区域的环境质量有所好转；重点城市（工业区）和旅游区的环境质量有所改善。

"八五"时期，河北省环境保护的基本任务是：突出城市环境综合治理，抓好重点工业污染源的治理，大气污染控制要从改善能源结构、改进燃煤方式、提高热效率和努力节约能源入手，控制烟尘排放。水污染控制以污染源控制为中心，结合发展集中控制措施，努力控制万元产值工业废水排放量，保护好饮用水水源，各城市和重点工业区河段水质要在"八五"期末有所改善。

"八五"时期，河北省环境保护的主要指标是：工业废水排放总量，1991

---

① 河北省地方志编纂委员会编《河北省志·第 11 卷·环境保护志》，方志出版社，1997，第 185 页。
② 河北省地方志编纂委员会编《河北省志·第 11 卷·环境保护志》，方志出版社，1997，第 185 页。
③ 《河北省环境保护丛书》编委会编《河北环境发展规划》，中国环境科学出版社，2011，第 30~36 页。

年控制在 9.8 亿吨左右，1995 年控制在 10 亿吨左右；工业废水处理率，1991年达到 55.18%，1995 年达到 59.14%；废水排放达标率，1995 年达到 62.4%；万元产值工业废水排放量，1995 年争取达到 188 吨；废气排放处理量，1995年达到 6000 亿立方米左右，废气排放处理率争取达到 80%。

"八五"时期，河北省环境保护的主要任务与措施包括以下几点。（1）加强城市环境综合治理。全省重点城镇计划安排综合整治项目 47 项，全省总投资预计为 15.3 亿元。主要措施是重点城市建设各类污水集中处理设施。大气污染控制措施，主要包括各类集中供热、煤气及型煤工程、焦炉改造、液化气设施建设等。（2）加强水环境保护。大中型水库和滦河水系，到 1995 年，达到国家地表水 Ⅱ～Ⅲ类标准；白洋淀恢复到国家地表水Ⅲ类标准；对于一般地表水要求达到国家Ⅲ～Ⅳ类标准。主要措施：一是对向水环境排污严重的重点企业进行单项治理，把污染物消灭在厂区内，这是河北省水污染防治的主要手段；二是强化管理，防治结合，以防为主，逐步形成一套完整的、科学的水环境保护与水污染防治管理机制。（3）加强乡镇企业污染防治和自然生态保护。合理布局，全面规划，做好农村的建设与发展规划。调整乡镇企业的产品方向，杜绝生产有严重污染的产品。加强乡镇环境保护管理工作，健全乡镇企业环保机构。

四 制定专项污染防治规划

（一）水资源保护规划工作会议

为了贯彻落实水利电力部、国家环保局〔86〕环水字第 294 号文"关于组织制定海河流域水资源保护规划的通知"和水利部海河水利委员会召开的"海河流域水资源保护规划工作会议"精神，1987 年 6 月 9 日至 11 日，河北省环保局与河北省水利厅联合在石家庄召开了河北省水资源保护规划工作会议，会议讨论了《河北省水资源保护规划任务书》和规划的《技术提纲》；成立了河北省水资源保护规划领导小组和技术工作组；部署了全省各地开展此项工作的具体任务和进度要求。会议形成的纪要指出，河北省水资源短缺、水质污染严重，是全省社会经济发展中亟须解决的关键性问题。会议认为科学地制定和有效实施水资源保护规划是一项十分迫切的任务。该纪要提出，河北省水资源保护规划要根据国家环境保护和水污染防治的有关方针政策，从全省的整体利益和长远利益出发，全面规划，统筹安排，重点保护，兼顾一般。规划方案和措施要符合本地实际，以较少的投资达到较好的效果，做到经济效益、社会效益、环境效益"三统一"。为此，确定河北省水资源保护规划取 1990 年和 2000 年两个规划水平年。规划内容包括水资源污染和水质现状调查及评价，水资源、污染源和水质预测，提出控制污染物总量和浓度目标，制定综合治理方案及管理对策，并提出分期实施意见。会议要求全省应在 1988 年 1 月前完成各地、市及重点水域的规划，同时，到 1988 年 3 月前完成全省规划（初稿）。①

（二）河北省水资源保护规划②

1988 年 12 月，由省环保局、省水利厅共同组成的河北省水资源保护规划技术工作组，完成了《河北省水资源保护规划》，包括全省总报告和省辖海河流域 7 条分水系（滦河及冀东沿海、北三河、永定河、大清河、子牙河、黑龙港及运东、漳卫南运河）的分报告。总报告提出的规划指导思想是：根据河北省经济发展的宏观战略目标和重点，贯彻国家环境保护和水污染防治的方针政策，保护与合理利用水资源，维护和改善生态环境质量，保障人体健康。坚持以防为主，防治结合，谁污染谁治理，谁开发谁保护的原则。通过落实规划，使全省有目标、有措施、有步骤地解决水资源污染问题，使水质状况逐步改善，促进全省城乡经济发展。

---

① 河北省地方志编纂委员会编《河北省志·第 11 卷·环境保护志》，方志出版社，1997，第 188~189 页。

② 河北省地方志编纂委员会编《河北省志·第 11 卷·环境保护志》，方志出版社，1997，第 189~190 页。

　　规划遵循的基本原则有以下三点。（1）贯彻全面规划突出重点的原则制定规划方案，保证重点水域的环境质量和主要污染物的削减与控制，以城市水环境保护为这次规划的重心。确定全省重点规划6大水系的38条河流、56个规划河段（库、淀），10个重点城镇，规划河段总长度1319.1公里。（2）方案从宏观管理的需要出发，水系的上、下游结合控制与行政辖区控制相结合，贯彻时空控制的阶段性、地域分布的协调性和控制布局的统一性。规划以1985年为基准年，选取1990年和2000年两个规划水平年。（3）规划方案立足于经济、技术现实与远期发展，兼顾需要与可能、眼前与长远、局部与整体、地方与国家等诸方面的关系及利益，因地制宜，统筹安排。

　　该规划提出的水质规划目标为：1990年，对于大型水库及城市饮用水源地水质，要求达到国家《地面水环境质量标准》Ⅱ级标准；对于污染严重的河段水质，争取不低于1985年水平，严格控制水污染的继续发展和局部地区水质的恶化。

　　该规划提出的水污染防治综合规划方案是：从"七五"时期到20世纪末，新增废水处理能力733.71万吨/日（含重复计算量）；加上"七五"已有能力，到2000年，全省废污水日处理能力预计达到833万吨，占预测废水排放总量的60%。规划方案安排治理项目393个，处理能力270.25万吨/日；集中处理项目69项，包括氧化塘（沟）31项，一、二级污水处理厂30项，土地处理系统及其他集中治理措施8项，达到集中处理能力463万吨/日。安排水污染治理总投资19.47亿元，其中，"七五"时期安排4.05亿元、"八五"时期安排5.20亿元、"九五"时期安排10.27亿元。加上同期工程运行费用5.65亿元，总共规划用于水污染治理费用25.17亿元。

（三）渤海污染治理规划

　　1979年2月21日，河北省革命委员会环境保护办公室以冀革环办〔1979〕3号文件印发了"关于渤海污染治理规划的说明"。文中指出：根据国务院国发〔77〕128号文件，秦皇岛等有关地、市编制了《渤海污染治理规划》，经省市审核汇编了 1980~1982 年渤海污染治理规划。规划中共安排秦皇岛市、唐山地、市，沧州地、市以及廊坊地区污染严重的 18 个企业的 33 个治理项目，安排总投资 1322 万元。此外，还有列入补充规划的 26 个企业的 29 个项目，总投资 352.9 万元。[①]

第四节　环境政策法规的制定和实施

行政规章是调整本行政区域内一定社会关系并具有普遍约束力的规范性文件。凡属于政府行政管理职权范围内的事项，可制定行政规章。[②]

1980~1989 年，河北省的地方环境立法"主要以国家立法思路为指导，配合国家立法制定更为具体的地方环境保护和管理的法规、规章，覆盖领域涉及排污收费、自然资源管理与保护、大气污染防治、建设项目环境管理等"。[③]

1978 年 10 月 27 日，河北省革命委员会出台《河北省革命委员会关于新建、扩建、改建工程执行"三同时"的暂行规定》。该规定从总则、计划、厂址选择、设计与审批、施工、投产、监督检查、责任追究、规定适用范围九个方面对执行"三同时"制度做了明确的规定。该规定在"总则"中要求"凡有污染的新建、扩建、改建和挖潜、改造项目，都必须坚决执行主体工程同防止污染设施同时设计、同时施工、同时投产（简称'三同时'）的规定"。[④]在"计划"中要求"建设单位和计划部门申报和编制的年度基本建设

① 河北省地方志编纂委员会编《河北省志·第 11 卷·环境保护志》，方志出版社，1997，第195 页。
② 《河北省环境保护丛书》编委会编《河北环境管理》，中国环境科学出版社，2011，第39 页。
③ 杨莉英：《河北省地方环境立法的现状、问题与对策》，《河北科技大学学报》（社会科学版）2010 年第 4 期。
④ 河北省地方志编纂委员会编《河北省志·环境保护志》，方志出版社，1997，第 325 页。

计划，以及挖潜改造和新产品研制计划，都要包括防止污染设施计划"。在"施工"中要求"所有施工部门和单位，在接受有污染建设项目的施工任务时，要同时接受防治污染设施的施工任务，否则不准接受施工"。①

1981 年 5 月 16 日，河北省人民政府印发了《关于认证贯彻执行国发〔1981〕27 号文件的通知》，开河北省地方环境保护行政规章之先河。该通知对贯彻执行《国务院关于国民经济调整时期加强环境保护工作的决定》（国发〔1981〕27 号）提出了以下几点具体要求。（1）各级政府、各有关部门要抓紧制定国民经济调整时期环境保护规划。各市县在这一时期的环境保护规划目标首先是区域环境中（包括河流、水库、地下水）主要污染物的监测年平均值不超过 1979 年水平。其次，开发和利用自然资源不能破坏生态平衡；城市地下水因开采过量造成的下降问题要逐年得到缓和；森林、草原的总面积要不断增加。最后，城市市区和工矿企业的绿化面积要逐年增加，全省环境面貌在三、五年内要有明显的改善。（2）各级政府要加强对大气、土地、水、水生生物、名胜古迹、风景游览区、疗养区、自然保护区及生活居住区等自然和社会环境的全面管理工作。（3）抓住重点，限期解决一批污染严重的问题，如官厅水库、白洋淀、绵河、邵村排干渠及渤海的污染治理项目。（4）加强环境监测、科研和环境科学普及工作。（5）加强对环境工作的领导。各级政府及有关部门要把环境保护工作列入议事日程，并明确一位领导分管这项工作。这一通知成为河北省环境管理的指导性文件，为加强环境保护法制建设起了导向作用。②

为了改善环境，治理环境污染，促进社会各界节约资源与合理利用资源，1982 年 1 月 1 日，河北省政府公布实施《河北省征收排污费暂行办法实施细则》（冀政〔1982〕170 号）。该细则包括 18 条实施细则，对征收的责任单位、

---

① 河北省地方志编纂委员会编《河北省志·环境保护志》，方志出版社，1997，第 325~326 页。
② 《河北省环境保护丛书》编委会编《河北环境管理》，中国环境科学出版社，2011，第 39 页。

配合单位，征收标准和范围，征收费用的使用方式、使用范围，监督和审批单位进行了详细的规定。①

官厅水系是官厅流域工农业用水和生活用水的重要水源，为了保障首都生产生活的用水安全和流域居民的饮用水安全，预防和治理水污染，1984年12月11日，北京、河北、山西联合出台《官厅水系水源保护管理办法》。该办法将官厅水系流域划分为三级保护区，并分别规定了三级保护区的保护范围、保护要求、保护措施和监督管理要求。该办法规定："各级人民政府，要加强水源保护的领导"，"要切实采取有效对策和措施，防治水污染"。要加强水质监测，组成官厅水系水源保护监测协作组，形成监测网，进行水质监测工作。该办法自1985年1月1日起施行。②

1988年9月22日，河北省政府颁布《河北省乡镇、街道企业环境保护管理实施办法》。该办法规定各级政府应该全面规划、合理布局、统筹安排乡镇、街道企业的发展，加强对其环境保护的管理，支持和鼓励"发展无污染和少污染的行业"。该办法规定了乡镇、街道企业不得从事生产的产品，明确规定不能生产联苯胺、铅制品、汞制品、放射性制品、砷制品及其他含有剧毒污染物或强致癌物成分的产品。该办法还规定了乡镇、街道企业的固体废弃物和其他污染物不允许贮存堆放的地点、方式。要求"乡镇、街道企业不得利用渗坑、渗井和废井等方式排放含有毒有害物质的废水"。③

为了加强建设项目的环境保护管理，1988年4月9日，省政府发布了《河北省建设项目环境保护管理实施办法》，规定凡河北省境内对环境有影响的基本建设、技术改造、区域开发等建设项目建成后，其污染物的排放必须达到国家或地方规定的标准。排入城镇污水处理场的废水，应符合污水处理场接

---

① 《河北省征收排污费暂行办法实施细则》（冀政〔1982〕170号），发布日期：1982年1月1日，生效日期：1982年1月1日。
② 《官厅水系水源保护管理办法》（1984年12月11日京政发〔1984〕140号、冀政发〔1984〕151号、晋政发〔1984〕116号），发布日期：1984年12月11日，生效日期：1984年12月11日。
③ 河北省人民政府：《河北省乡镇、街道企业环境保护管理实施办法》。

纳废水的指标。该实施办法规定：新建项目的布局应该服从城市总体规划或服从区域规划，不准在水源保护区、城镇生活居住区、自然保护区等区域建设污染和破坏环境的工程项目。"建设项目的规划和选址，应该征得环境保护部门的同意"，"违反有关环境保护规定的建设项目，必须停建或搬迁"。"建设项目应在可行性研究阶段，编制环境影响报告书或填报环境影响报告表。建设单位将环境影响报告书或环境影响报告表报项目主管部门预审后，再报具有相应审批权限的环境保护部门审批。""建设项目防治污染和其他公害的设施"必须执行"三同时"制度。对违反该实施办法者根据情节轻重给予处罚。①

为了保障人体健康，改善大气环境，1988年6月21日，河北省政府发布《河北省炉窑烟尘防治管理办法（试行）》，要求本省境内"所有炉窑必须符合国家或地方规定的烟尘排放标准。国家或地方未规定现行排放标准的，按排放浓度不得超过400毫克/标准立方米，林格曼黑度不得超过一级标准执行。超过排放标准的单位和个人，应按照有关规定，向当地环保部门缴纳排污费"②。

1990年1月11日，河北省政府发出《关于在治理整顿中加强环境保护工作的通知》。该通知提出：(1)加强建设项目环境管理，一切建设项目都应遵守环境影响评价制度和"三同时"管理制度；(2)积极治理环境污染，对现有企业的污染，按照"谁污染谁治理"的原则，制定计划，限期治理；(3)加强乡镇企业的环境管理；(4)多方筹集资金，加快环境污染治理步伐。③

第五节　建立健全环境管理制度

20世纪80年代，中国的环境保护事业进入环境政策与环境制度建设的

① 河北省人民政府：《河北省建设项目环境保护管理实施办法》，载《河北省志·环境保护志》，方志出版社，1997，第335~337页。
② 河北省地方志编纂委员会编《河北省志·环境保护志》，方志出版社，1997，第338页。
③ 河北省地方志编纂委员会编《河北省志·第62卷·政府志》，人民出版社，2000，第807页。

快速发展时期，环境保护不仅被确立为中国的基本国策，而且逐步形成了以"三项政策"和"八项制度"为中心的环境保护体系。随着国家环境制度的建立健全，河北省在 1978~1991 年也加速了环境管理制度的建设。

一 环境影响评价制度

1978~1988 年，河北省环境影响评价工作开始起步并有了长足的进步。

这一时期，河北省环境影响评价工作的主要内容是制定环境影响评价制度，在建设项目中逐步开展环境影响评价工作。1988 年发布实施了《河北省建设项目环境管理实施办法》。在大、中型企业和污染较重的建设项目中逐步开展环境影响评价工作，河北省环保局批复的第一个环境影响报告书是 1981 年 2 月批复的河北省电力勘测设计研究院编制的邯郸热电厂扩建研究环境影响报告书。据统计，从 1979 年到 1988 年，全省共有 129 项大中型基本建设项目和限额以上的技术改造项目执行了环境影响报告书的审批制度。其中，在项目可行性研究阶段进行环境影响评价的有 71 项，在设计阶段进行环境影响评价的有 41 项，在施工阶段完成的有 17 项。在 129 项办理环评手续的项目中，79 项编报了环境影响报告书，50 项填报了环境影响报告表。[①]

二 "三同时"制度

"三同时"制度是关于"建设项目的环境保护设施（包括防治污染和其他公害的设施及防止生态破坏的设施）必须与主体工程同时设计、同时施工、同时投产使用的各项法律规定"。[②]"三同时"制度是中国在环境保护的实践

---

① 《河北省环境保护丛书》编委会编《河北环境管理》，中国环境科学出版社，2011，第112~113 页。
② 《环境科学大辞典》编辑委员会编《环境科学大辞典》，中国环境科学出版社，1991，第546 页。

中总结出来的具有中国特色的防止产生新的环境污染和破坏的主要环境管理制度。这项制度要求"建设单位在编制建设项目的设计任务时应有环境保护篇章，具体落实环境影响报告书（表）及其审批意见所确定的各项环境保护措施，并在施工中切实付诸实施；建设项目在投产前，其环境保护设施必须经过负责审批的环境保护部门验收合格，并发给'环境保护设施验收合格证'后，才能正式投入生产和使用"。[1] 因此，"三同时"制度可以从根本上、根源上保障城乡建设、经济建设与环境建设的协调发展。

河北省对建设项目执行"三同时"制度较早。1978 年 10 月 27 日，河北省革命委员会颁布了《关于新建、扩建、改建工程执行"三同时"的暂行规定》，对建设项目执行"三同时"制度做出了明确规定。[2]

1980 年 11 月 12 日，河北省计划委员会、建设委员会、经济委员会、环境保护局转发国家计划委员会等部门《关于基建项目、技改项目要严格执行"三同时"的通知》，并要求各地、市要成立检查组，在全省范围内对所有在建、已建的大中小型基本建设和技改等新增生产能力的项目进行一次全面检查。凡有污染的项目，都要按"三同时"规定进行验收。对于不符合"三同时"要求的，要求做好补救措施，对于有污染而未建"三废"处理设施的要坚决停下来进行补建，经验收合格方批准投产。[3]

1988 年 4 月 11 日，河北省颁布《河北省建设项目环境保护管理实施办法》，规定建设项目防治污染和其他公害的设施，必须坚持与主体工程"三同时"建设。该办法增强了"三同时"制度强制执行效力。[4]

① 《环境科学大辞典》编辑委员会编《环境科学大辞典》，中国环境科学出版社，1991，第546 页。
② 河北省地方志编纂委员会编《河北省志·第 11 卷·环境保护志》，方志出版社，1997，第203 页。
③ 河北省地方志编纂委员会编《河北省志·第 11 卷·环境保护志》，方志出版社，1997，第203~204 页。
④ 《河北省环境保护丛书》编委会编《河北环境管理》，中国环境科学出版社，2011，第117 页。

三 排污收费制度

排污收费制度是"国家对排放污染物的组织和个人（即污染者），实行征收排污费的一种制度"。这是"污染者付费"原则的体现。"排污收费是控制污染的一项重要的环境政策，它运用经济手段要求污染者承担对社会损害的责任，把外部不经济性内部化，以促进污染者经济治理污染。"[①]实施排污收费制度，可以促进企事业单位增强环保意识，提高保护环境的自觉性，提高资源的综合利用率和环境效益，有利于污染防治和控制环境的恶化。

1978 年 12 月 31 日，中共中央批转了《环境保护工作汇报要点》的通知，在中国工业发展史上首次明确了"工业企业要大力节约用水，尽量采取循环用水，减少排放工业污水。实行排放污物的收费制度"。[②]

1981~1983 年，是河北省排污收费制度的形成和确立阶段。河北省排污收费是随着中国环境保护工作的兴起和发展而发展的。1981 年 6 月，河北省出台了《河北省对排放有毒有害污水单位征收污水费和污水费管理使用的暂行规定》（冀政〔1981〕169 号），对污水排污费的征收较系统地提出了不同排放污染物的不同收费标准，规定了减免、加倍收费及污染罚款的情形等内容。1982 年 8 月，《河北省人民政府关于发布〈河北省征收排污费暂行办法实施细则〉的通知》提出了"征收排污费是用经济手段加强环境管理的一项好的办法"，统一了县以上环保部门印制的《污染物排放量登记表》，规定了排污费收缴设置专（兼）职收费、会计人员，定期向上一级环保部门报送收费报表等制度，并正式提出了"地、市、县环保部门从本级隶属单位直接征收来的排污费，以征收总额的百分之八十用于补助排污单位的污染源治理，百

---

① 《环境科学大辞典》编辑委员会编《环境科学大辞典》，中国环境科学出版社，1991，第481 页。
② 《河北省环境保护丛书》编委会编《河北环境管理》，中国环境科学出版社，2011，第713 页。

分之二十用于环境污染综合性治理措施以及补助环保部门"，奠定了排污费使用的范围和原则，使排污费的征收、管理、使用逐渐走上了规范化、制度化、法制化的轨道。[①]

　　1984~1990年，是河北省排污收费制度的发展阶段。随着环境保护工作的开展，污染源的排污收费工作和排污费的作用日益凸显，为适应排污收费工作的需要和经济社会的不断发展，河北省环保部门与其他部门联合出台的多项法规、文件逐步形成了一整套排污收费的操作性的方法程序。其中下发文件包括：《河北省城乡建设环境保护厅、河北省财政厅关于改革排污费使用办法的通知》（冀建环字〔1984〕261号）、《河北省城乡建设环境保护厅、河北省计划委员会、河北省经济委员会、河北省财政厅关于征收使用排污费几个问题的通知》（冀建环〔1985〕7号）等。进入20世纪90年代后，河北省排污收费工作开始进入全新的领域，至1990年，河北省已建立省级环境监理机构1个、地（市）环境监理机构11个、县（区）级环境监理机构54个，环境监理执法人数达到了696人。同时加强了排污费的征收使用和管理，至1990年，全省共征收排污费2.83亿元，投入环境治理资金1.46亿元，排污收费工作朝着环境治理的良性循环有序发展。[②]

　　1991~1995年，河北省排污收费制度逐步完善与成熟。1991年颁布的《环境监理工作暂行办法》（国发〔1990〕65号文）为环境监理提供了工作依据，制作、颁发的全国统一环境监理执法标志也增加了环境监理执法职能。这期间全省累计征收排污费4.98亿元，比"七五"期间增长了72.79%，征收户由11488户增长到25034户；这一期间共投入环境治理资金近3亿元，用于污染治理项目700多个，同时能力建设不断得到加强，用排污费购置的固定资产达0.7亿元，建立了省、市、县三级环境监理体系，共有环境监理站78个，环境监理人员1556人。

---

① 《河北省环境保护丛书》编委会编《河北环境管理》，中国环境科学出版社，2011，第123页。
② 《河北省环境保护丛书》编委会编《河北环境管理》，中国环境科学出版社，2011，第123~124页。

第六节 环境污染的调查与治理

20世纪80年代，河北省进行了两次全省性工业污染源调查，为掌握全省工业污染源实际情况提供了翔实数据。

一 全省性工业污染源调查

1973年，在环境保护机构建立前，河北省个别地、市级的卫生防疫、城市建设等部门做过一些零星的污染源监测和调查工作。为确切掌握全省工业污染源的情况，便于开展环境治理工作，河北省先后于1980~1982年和1986~1987年进行了两次全省性工业污染源调查。

（一）全省第一次工业污染源调查

1979年6月7日，河北省经济委员会、河北省革命委员会环境保护领导小组联合下发了《关于进行工业污染源调查工作的通知》（冀革环字〔1979〕1号），并印发了《河北省工业污染源调查工作要点》。[1] 各地、市根据此通知精神，开始了河北省第一次较为完整的工业污染源调查工作。这样的全省性工业污染源调查在全国尚属首次。调查按《河北省工业污染源调查工作要点》和《河北省工业污染源调查方法》进行，分详查和普查两大类。要求详查厂数占有污染工厂的40%。1980~1982年，全省普查工厂1900余个，详查1100余个，监测项目30余项，获得监测数据10万余个。[2]

---

① 河北省地方志编纂委员会编《河北省志·第11卷·环境保护志》，方志出版社，1997，第313页。
② 河北省地方志编纂委员会编《河北省志·第11卷·环境保护志》，方志出版社，1997，第66页。

（二）全省第二次工业污染源调查 [①]

1986 年，环境保护局、国家经济委员会、国家统计局、国家科学技术委员会、财政部以〔86〕环监字第 081 号文件做出《关于加强全国工业污染源调查工作的决定》。1986 年 5 月 26 日，河北省城乡建设环境保护厅、河北省计划经济委员会、河北省统计局、河北省科学技术委员会、河北省财政厅以冀建环宇〔1986〕163 文件下发了《关于转发国家五部、委、局〈关于加强全国工业污染源调查工作的决定〉的通知》。由此，开始了全省第二次工业污染源调查。

为了使河北省工业污染源调查工作与全国协调一致，河北省环境保护局根据国家的要求和河北省的实际情况，制定了《河北省工业污染源调查及建档实施办法》。这次工业污染源调查以 1985 年为基准年，全国统一布置、统一方法、统一时间，是全国第一次大规模的调查。河北省成立了工业污染源调查领导小组，下设办公室，办公地点在河北省环境保护局。河北省第二次工业污染源调查工作自 1986 年 5 月开始，至 1987 年 7 月底结束。此次共调查并建档的工厂企业 5796 个，含县（区）级医院 272 家。被调查企业 1985年的工业总产值占当年全省工业总产值的 86.13%。

此次调查，共填写工业污染源调查表 2064 册、工业污染源调查卡片 3732份；对详查的 2064 个企业绘制了生产工艺流程图、厂区功能区域图和排污状况分布图，共计 6192 张。通过调查，第一次在全省范围内建立了内容完整、比较系统的省、地、市、县（区）、工业主管部门、企业五级工业污染源档案，建立了河北省工业污染源微机数据库和全省工业污染源信息网络。省建立了数据信息中心，12 个地、市建立了工业污染源微机数据库，共存入 3012个企业的工业污染源调查数据。建立了占全省污染负荷 80% 的 506 个重点污染源资料档案。编写了省、地、市、县（区）和部分工业部门的工业污染源

[①] 河北省地方志编纂委员会编《河北省志·第 11 卷·环境保护志》，方志出版社，1997，第66~67 页。

调查与评价技术报告 86 份。编写了《河北省工业污染源调查与评价报告》，报告分为总报告和废水、废气、工业固体废弃物三个分报告。编绘了全省、各地、市及部分县（区）工业污染源分布及评价图集共 35 套，计 376 张。此外，还完成各种专项调查和专题技术报告共 12 篇。调查数据表明了以下几点。[1]

（1）1985 年，"全省废水排放总量为 13.8984 亿吨。万元产值工业废水排放量为 487 吨。工业废水中污染物排放总量为 91 万吨。排放工业废水重要行业为造纸、化工等 8 个行业"[2]。

（2）1985 年，全省工业废气总排放量为 6262 亿标立方米。其中燃料燃烧废气为 2697 亿标立方米、工艺废气为 3565 亿标立方米，分别占总废气量的 43.1% 和 56.9%。全省废气中污染物排放量为 247.75 万吨，其中烟尘为 82.75 万吨、二氧化硫为 58.49 万吨、氮氧化物为 25.54 万吨、一氧化碳 80.30 万吨。这 4 项占污染物排放量的 99.7%。主要排污行业为电力、建材、化工、黑色金属冶炼。

（3）1985 年，全省工业固体废弃物排放总量为 1909.6 万吨，主要为煤矸石、尾矿、粉煤灰、高炉渣等。全省有害固体废弃物年排放量为 45.2 万吨，主要是冶炼废渣和化工废渣。截至 1985 年，工业固体废弃物堆存量为 51 亿吨，占地面积达 79594 亩；有害固体废弃物堆存量为 941 万吨，占地面积达 2423 亩。

（4）1985 年，全省有 A 声级强度大于 90 分贝的主要噪声设备 39607 台。噪声设备主要是纺织机、鼓风机、球磨机、破碎机、空气压缩机等，主要分布在纺织、建材、黑色冶金和机械工业，其中纺织机噪声均在 100 分贝以上。

---

① 河北省地方志编纂委员会编《河北省志·第 11 卷·环境保护志》，方志出版社，1997，第 66~67 页。
② 河北省地方志编纂委员会编《河北省志·第 11 卷·环境保护志》，方志出版社，1997，第 66~67 页。

二 重点流域水污染限期治理

对重点污染源实行限期治理是河北省强化环境管理的一项重要措施。自1972年开展官厅水系水源保护工作起，河北省先后对张家口洋河流域、保定白洋淀水系、渤黄海（渤海）秦皇岛近海海域、滦河流域、清漳河等水环境区域污染源加强了点源治理和限期治理工作。[①]

1973年以后，河北省环境保护局开展了官厅水库、白洋淀、清漳河、引滦入津重点水域水质保护工作。

（一）官厅水系污染治理

自1972年始，对官厅水库污染问题，国务院就多次发文要求做出规划，认真治理，并成立了官厅水系水源保护领导小组，以治理工业为主，开展了水源保护工作。1972年6月23日至7月3日，国家建委副主任万里主持召开了解决官厅水库污染问题会议，河北省计委副主任张振川带队参加。1972年7月8日，河北省计委、工办主持召开官厅水库水源保护会议，研究议定先解决张家口地区六个厂的治理等问题。[②]1978年，河北省政府领导多次对官厅水库污染治理工作进行批示，要求"张家口市对官厅水库水源上游有关企业要限期治理，否则要停产治理，并追究责任"。河北省政府将官厅水系水源保护列入了国家成套项目中，进行重点治理。"从1973年开始，张家口市加强了对工业废水的治理。国家和地方共筹集资金2571.38万元，先后治理了40个单位的污水，共建成各种废水治理设施63台（套）。到1988年底，形成实际处理1855万吨废水的能力，使全市工业废水处理率达30%。"[③]这些废水治理设施的建成运行，对控制和减轻官厅水库的水质污染起到了重要作用。

---

① 河北省地方志编纂委员会编《河北省志·第11卷·环境保护志》，方志出版社，1997，第213~218页。
② 张同乐：《试论20世纪60—70年代的河北环境保护》，《当代中国史研究》2002年第1期。
③ 河北省地方志编纂委员会编《河北省志·第11卷·环境保护志》，方志出版社，1997，第213~214页。

（二）白洋淀污染治理

1. 20世纪70年代白洋淀水污染的调查与治理

白洋淀是华北地区最大的淡水湖和最大的湿地，对保护华北地区的自然生态环境和生物多样性具有重要价值，对于维持冀中平原地区生态平衡起着重要作用。20世纪70年代初，由于其上游保定市工业废水未经处理便直接排放，白洋淀水质受到严重污染，引起国务院和省政府高度重视，并给予积极的调查与治理。

历史上的白洋淀水域辽阔、水质优良、适于饮用，盛产鱼、虾和苇席。1965~1973年，由于天气炎热，气候干燥，白洋淀曾连续发生三次天旱干淀，造成水产品大量减产，生物物种减少，水环境与生态环境被破坏。20世纪70年代以后，白洋淀上游兴建93座水库和保定等地工业的快速发展，造成入淀水量减少和入淀污水增加，使淀区生态受到严重破坏。[①]

1973~1974年，按照中共中央的指示精神，河北省对官厅水库和白洋淀进行了两次较大规模的水污染调查和区域性工业污染源调查。到1974年，白洋淀的污染已经相当严重，绝大部分淀水呈黑色，并且散发着臭味。同年10月23日，国家建委基本建设简报增刊73号刊发了《白洋淀污染严重急需治理》的消息。获悉白洋淀污染情况后，李先念副总理于10月27日做出指示："这个问题必须解决，否则工厂应停，因为这是关系到人民生活的大事，决不能小看。"[②]1974年10月，国家建委会同国务院九个有关部门与河北省革委会有关部门组成联合工作组，深入保定地区，协助地、市委调查白洋淀水域的污染和部分工厂排放污水情况。12月28日，省革委向国务院报送了中共保定地委、保定市委《关于迅速解决白洋淀污染问题的紧急请示报告》，提出了厂外污水治理和市外排污灌溉工程计划。1975年1月29日，国务院批复并原则同意上述报告，并指示"白洋淀污染严重，必须迅速治理"，"要求10个大厂

---

① 叶连松主编《河北经济事典》，人民出版社，1998，第596页。
② 张同乐：《试论20世纪60—70年代的河北环境保护》，《当代中国史研究》2002年第1期。

及保定市区的污水处理工程，一定要限期完成"。治理费用，分期分批纳入有关部门和河北省1975年计划和长远规划。为解决治理费用问题，国务院决定从1975年国家基本建设投资中拿出2000万元，作为治理污染的补助投资。[①]

1975~1978年，河北省组织开展白洋淀水污染与控制研究。白洋淀污染调查的结果显示：白洋淀上游的工业污染是白洋淀的主要污染源。[②]

2. 20世纪80年代白洋淀的污染治理

1980年以后，省、地、市和各工厂自筹资金，对保定市14家工厂进行了治理。截至1988年，保定市已有39家工厂拥有67套污水处理设施。保定市工厂每年排放超过国家规定标准的污水4365万立方米，经过处理后，有1292万立方米达到国家标准，1765万立方米接近国家标准，两项合计3057万立方米，占应处理量的70%。污水通过处理后，基本上消除了重金属和难降解的污染物对白洋淀的污染。[③]

自1984年开始，白洋淀连续5年因天旱干淀，到1988年夏季，连日大雨又蓄满淀泊，使白洋淀污染加剧，再次引起国家和省政府的重视。

1988年，国务院总理李鹏、国务委员宋健对白洋淀污染问题批示后，时任省长岳岐峰主持召开了省政府常务会，研究议定了治理白洋淀污染的目标、措施、步骤，并决定组成由省建委、水利厅、环保局等7个部门参加的白洋淀污染防治调查组，协助保定地区行署、市政府共同研究制定了白洋淀污染防治方案。1988年，时任省委书记邢崇智专程赴现场调查了白洋淀污染情况。为加强对白洋淀污染防治工作的领导，省政府成立了白洋淀管理领导小组，设立理白洋淀管理处作为常设办事机构，对白洋淀统一管理、统一规划、统一开发。[④]

---

① 河北省地方志编纂委员会编《河北省志·第62卷·政府志》，人民出版社，2000，第616页。

② 刘宏焘：《20世纪70年代的环境污染调查与中国环保事业的起步》，《当代中国史研究》2015年第4期。

③ 河北省地方志编纂委员会编《河北省志·环境保护志》，方志出版社，1997，第215页。

④ 河北省地方志编纂委员会编《河北省志·环境保护志》，方志出版社，1997，第215页。

为防止白洋淀污染的加重，河北省在防治工作上采取了一系列应急措施：一是由省政府拨专款 300 万元，加固了唐河污水水库，以防止溃堤污水进淀；二是利用市郊沟渠坑洼地带修筑蓄污工程存放污水，防止污水超蓄后高浓度污染没有出路；三是狠抓了保定市有关工厂污水处理设施的运行管理及改造完善工作；四是开展冬季污灌，以充分利用田园土地消化污水；五是为从根本上解决白洋淀的污染，实现根治的目的，1988 年，省建委会同保定市政府主持召开了"保定市排水工程可行性研究论证会"，经论证认为，为最有效地解决白洋淀污染问题，必须建设城市污水处理厂，对污水进行深度处理。[①]

为治理白洋淀污染，保定市政府从 1984 年起，对保定市排污大户强化行政管理手段，对老污染源治理采用"限期治理通知书"的办法，加速排污企业的治理工作。从 1985 年起，保定市对重大污染治理项目采取与污染单位签订限期责任书制度，有效地减少了污水的排放，促进了污染的治理，减轻了白洋淀的污染。

到 1989 年，保定市处理后的废水有 3057 万立方米达到和接近排放标准，占应处理量的 70%，废水经处理后排放，使酚、氰、硫、石油类和重金属等污染物的排放量下降了 94%，减至 180 吨。但是，随着保定的城市发展，污水排放量继续增加，白洋淀受污染情况仍较严重，再次引起国务院和省政府的重视。1989 年 2 月 7 日，国务委员宋健带领国家计委、科委、环保局等部门人员赴保定市研究解决白洋淀污染问题。在对白洋淀做了大量考察后，制定了《白洋淀综合治理方案》，推动了白洋淀污染防治工作的开展。1989 年 6 月 24 日，时任省长岳岐峰、副省长张润身又在保定召开了有保定地、市和省直有关部门负责人参加的省长办公会，专题研究白洋淀污染治理问题。会议对白洋淀污染和治理情况进行了现场考察，听取了保定地、市和省直有关部门的意见，并就如何搞好白洋淀污染的治理，做了具体安排。第一，治理白洋淀污染，在采取一些临时应急措施的同时，要下决心根治，要尽快上二

---

① 河北省地方志编纂委员会编《河北省志·环境保护志》，方志出版社，1997，第215~216 页。

级污水处理厂。第二，在二级污水处理厂建设期间，如何减少污水的含毒量和排放量，关键是从工厂根治。因此决定：凡有污水处理设备的厂，一律把设备开动起来；没有污水处理设备的厂要限期配备；污染严重而又难以处理的厂要下决心停产或转产，在排污渠、污水库两旁，要调整种植结构。可以开发稻田，发展苇田，在污水中种植一些水生植物，用生物净化污水。第三，白洋淀的水必须根据水质和其他条件，做到分区开发使用。要抓紧白洋淀不同淀区的功能划分工作。第四，要对淀内外污染区的饮用水质进行调查鉴定，防止影响水质。第五，要采取有效措施，防汛度汛。[1]

1992 年 8 月，国务委员宋健又在白洋淀主持召开第二次现场办公会，规划部署了白洋淀污染治理工作。在中央和省级各方面的共同努力下，白洋淀污染综合治理取得较大进展。1995 年，河北省政府颁布了《白洋淀地区环境保护管理规划》，加强了白洋淀环境管理。到 1996 年，《白洋淀污染综合治理方案》所确定任务已基本完成。[2]

（三）滦河流域污染治理[3]

滦河水质保护一直是河北省环境保护工作的重点。自 20 世纪 70 年代开始，特别是 1983 年引滦入津工程竣工以后，河北省不断对滦河进行综合治理。1984~1988 年，国家计划委员会安排资金 500 万元，河北省财政安排资金 100 万元，承德地市和遵化县自筹资金 757 万元，共计 1357 万元，用于滦河污染源治理。治理工作共安排 48 个重点企业污染源治理项目，年处理废水能力 3000 多万吨；有 5 个企业由于污染严重，分别转产或停产。1988 年，引滦水资源保护领导小组对引滦水质保护工作进行了验收。通过治理，引滦入津水

[1]　河北省地方志编纂委员会编《河北省志·第 62 卷·政府志》，人民出版社，2000，第 807~808 页。
[2]　叶连松主编《河北经济事典》，人民出版社，1998，第 596~597 页。
[3]　河北省地方志编纂委员会编《河北省志·第 11 卷·环境保护志》，方志出版社，1997，第 217~218 页。

质保持在地面水Ⅱ级标准以内。①

引滦水资源是天津市、唐山市和承德地、市人民生活和工农业生产的重要水源。为防治引滦水体污染，保障引滦水质良好，缓解城市居民和工业用水的紧张局面，1972~1979 年，河北省加强了滦河沿岸及承德市工业污染源的监督管理工作，1980 年以后对滦河沿线污染源进行了综合治理。1984 年，经国务院批准，又决定对引滦沿线污染源进行限期治理，要求 1986 年底达到工业"三废"排放标准，否则要停产治理。同年，河北省政府为落实李鹏副总理关于引滦水质的批示和国务院的决定，批准河北省城乡建设环境保护厅环境保护局下达"关于对廊坊钨钼材料厂等单位污染引滦水质实行限期治理的通知"。该通知对河北省辖区引滦沿线工业污染，提出了 48 个重点污染源限期治理项目，其中：承德地区有 22 项、承德市有 22 项、遵化县有 4 项。总投资 1493.74 万元，其中国家补助 500 万元、省补助 100 万元、企业自筹893.74 万元。限期 1986 年底完成治理任务，并达到工业"三废"排放标准，逾期达不到标准，停产治理或转产。

针对国务院和河北省下达的引滦沿线 48 个限期治理项目，河北省有关部门和承德、唐山地、市都做了极大的努力。在城乡建设环境保护部、水利电力部的大力支持下，对工艺落后、设备简陋、污染严重的 5 个限期治理项目实行了关停转产，其余 43 个限期治理项目，经过两年的努力，均达到了验收水平。1988 年，经环境保护局、水利部和天津市、河北省环境保护局组成的验收小组，按设计与施工、运转率、处理后水质达标率、监测、管理等标准进行评定、验收后，河北省 43 项限期治理工程项目中的 13 项被评为先进治理工程，其余 30 项均为合格治理工程，按国家要求完成了限期治理任务。这些项目的建成与运行，每年减少废水排放量约 1030 万吨，废水中主要污染物每年减少 5570 吨。有的企业通过综合利用和节约用水，每年回收和节约资金410 万元。

---

① 河北省地方志编纂委员会编《河北省志·第 11 卷·环境保护志》，方志出版社，1997，第75 页。

引滦入津工程是中国大型供水工程，工程于1982年5月11日动工，于1983年9月11日完成。引滦工程建成通水六年，向天津市输水共计30多亿立方米。1988年滦河干支流大部分水质符合国家《地面水环境质量标准》Ⅲ级标准，潘家口、大黑汀水库水质基本符合Ⅱ级标准。引滦入津沿线据大部分监测数据分析，水质符合Ⅱ级标准。

为治理和减轻环境污染，国家计划委员会、国家经济委员会、国务院环境保护领导小组，针对冶金、石油、化工、轻工、纺织、建材等污染较重的工矿企业的污染状况，1978年以〔78〕国环字20号文件下达了167个严重污染环境的工矿企业为第一批限期治理项目，其中河北省辖区内有9项。为加强河北省环境污染治理工作，1978年河北省计划委员会、河北省经济委员会、河北省革委会环境保护领导小组，根据河北省几年来官厅水库，白洋淀，渤、黄海污染治理进展情况和国家要求，批准下达了沙城农药厂等44个工厂为河北省第一批限期治理污染项目。河北省各地、市根据国家和省政府下达的限期治理项目，从1984年开始，分别对本辖区重点污染的工矿企业下达了限期治理污染的项目，促进了各辖区环境污染的治理工作。[1]

随着工业的迅速发展，河北省"七五"期间下达的限期治理项目较多，据统计，共有1321项。各地在限期治理工作中，为促进企业污染治理，以地、市政府，区和县级政府两种形式下达限期治理项目。采取限期治理通知书和与工矿企业负责人签订限期治理责任状的方施，并且把城市环境污染治理的需要与污染源治理技术和投资结合起来，科学、合理地提出限期治理项目，并通过市长常务会议和市人大常委会严格审定的方式，促进了限期治理工作的开展。[2]

① 河北省地方志编纂委员会编《河北省志·第11卷·环境保护志》，方志出版社，1997，第218页。
② 河北省地方志编纂委员会编《河北省志·第11卷·环境保护志》，方志出版社，1997，第218页。

三　大气污染与防治

据河北省环境保护局统计资料，1981～1988 年，河北省年平均排放废气 32710313 标立方米，二氧化硫 67.4 万吨、烟尘 83.12 万吨、工业粉尘 65.54 万吨。据河北省工业污染源调查资料，1986 年全省工业排放烟尘 82.72 万吨、一氧化碳 80.30. 万吨、二氧化硫 58.49 万吨、氮氧化物 25.54 万吨、硫化氢 4693.74 吨、氨 257.35 吨。废气污染物排放到大气中，污染了环境。河北省大气污染以城市最为突出。[①]

从 1986 年开始，河北省对 11 个设区市普遍开展了大气环境监测。监测结果显示，河北省各大气污染物污染程度由重到轻依次为：颗粒物、降尘、二氧化硫、氮氧化物。[②]

河北省工业污染源调查资料表明，燃料燃烧过程中排放的废气约占废气排放总量的 70%，工艺生产过程中排放的废气约占废气排放总量的 30%。河北省的大气污染主要是燃料燃烧造成的。从 1985 年河北省燃料构成看，煤炭占 57.2%，石油、天然气等占 42.8%，河北省的大气污染基本属于煤烟型污染。[③]

1981～1988 年，河北省对全省大气污染进行了防治，且大气污染防治主要是针对煤烟型污染进行治理的，采取的主要措施包括以下几个方面。（1）炉窑改造。1988 年，全省共有采暖锅炉 18719 台，其中改造 11565 台，改造率为 61.7%；全省共有工业炉窑 3282 座，改造 1245 座，改造率为 37.9%。（2）集中供热联片采暖。截止到 1988 年，全省城市集中供热联片采暖面积已达 585 万平方米，消灭烟囱 615 个。（3）建设无黑烟控制区。据 1988 年统计，全省

---

① 河北省地方志编纂委员会编《河北省志·第 11 卷·环境保护志》，方志出版社，1997，第 77 页。

② 河北省地方志编纂委员会编《河北省志·第 11 卷·环境保护志》，方志出版社，1997，第 79 页。

③ 河北省地方志编纂委员会编《河北省志·第 11 卷·环境保护志》，方志出版社，1997，第 79～83 页。

城市共建设无黑烟街 18 条、无黑烟区 55 个，控制面积达 234 平方公里。（4）推广型煤。主要针对茶炉和炉灶推广煤球和蜂窝煤。截止到 1988 年，全省城市新增型煤生产线 40 条。（5）推广气化燃料。截止到 1988 年，全省城市燃用气化燃料面积达 745419.1 万平方米。（6）研制新型炉具。主要是针对炉灶烧型煤进行炉具改造，截止到 1988 年，全省研制出新型炉具 56 种。（7）关停并转迁。这项措施主要是针对位于城市居民稠密区，大气污染严重又不好治理的工厂进行的。截止到 1988 年，全省关、停、并、转、迁 468 个工厂。（8）控制汽车尾气排放。为控制汽车尾气污染，河北省研制出了汽车尾气净化器，但未强行推广使用。[①]

　　河北省在治理现有大气污染源的同时，还加强了对新污染源产生的控制。对新建设项目严格执行"三同时"制度，主体工程与环保工程同时设计、同时施工、同时投产。1979~1988 年，全省共建成投产的建设项目 2082 个，其中执行"三同时"的有 1494 个，"三同时"执行率为 71.76%。新设锅炉严格执行审批制度，不符合环保要求的不予审批。锅炉、汽车生产，不符合环保标准要求的不准出厂。以上措施有效地控制了新污染源的产生。[②]

四　城市环境综合整治[③]

　　河北省城市环境综合整治工作，是河北省在对城市工业污染源进行综合治理的基础上开展的。河北省自 1972 年开展官厅水系水源保护工作起，就对张家口地市洋河流域工业污染源，保定地市自洋淀水系工业污染源，渤、黄海秦皇岛市近海海域工业污染源和承德地市滦河沿线工业污染源等进行了监

① 河北省地方志编纂委员会编《河北省志·第 11 卷·环境保护志》，方志出版社，1997，第 83~86 页。

② 河北省地方志编纂委员会编《河北省志·第 11 卷·环境保护志》，方志出版社，1997，第 86~87 页。

③ 河北省地方志编纂委员会编《河北省志·第 11 卷·环境保护志》，方志出版社，1997，第 218~224 页。

督管理工作。在监督管理的基础上，对城市工业污染源开展了综合治理。到
1984年，重点抓了城市点源治理、锅炉改造、消烟除尘、控制大气点源污染、
开展工业"三废"综合利用、主要污染物净化处理和保护饮用水源的工作，
在抓好城市点源治理的基础上，逐步由单项治理转向集中治理。在全省各城
市贯彻和实施了"以防为主、防治结合""以管促治、管冶结合"的措施。①

20世纪80年代，河北省在城市工业污染源综合治理中，从保护和节约
水资源入手，综合治理了城市水源和水系污染源。1984年投资1493.74万元，
对排入滦河水系的承德地、市，遵化县48个工业污染源进行了限期治理。此
外，对全省各有关地、市排入滏阳河、石津渠、汤河和陡河的工业污染源也
按城市规划进行了综合治理。在此基础上，全省结合企业技术改造和资源的
综合利用，开展了防治工业污染的综合治理工作。主要是从节约能源和改变
城市燃料结构入手，综合防治煤烟型大气污染，进行锅炉改造、消烟除尘、
集中供热、推广型煤和固硫技术以及建设"无黑烟"一条街活动。同时，从
管理入手，加强了城市噪声控制；从健全法制入手，搞好宣传，发动群众，
使城市环境管理逐步走上法制管理的轨道。

1981~1985年，全省各地、市的城市综合治理工作已初见成效。石家庄、
邯郸、保定、秦皇岛四市建设了"无黑烟"一条街；北戴河区建设了噪声控
制区。石家庄投资6650万元，治理了215个污染项目；城市内限用高音喇叭，
使交通噪声控制在73分贝，已接近国家标准；该市把30个电镀厂点集中建
设了两个电镀中心；从改变燃料结构入手，在普及型煤的基础上，积极发展
煤气和石油液化气，铺设煤气管道35公里，供应煤气68万立方米；1986年
底建成了中山路、解放路、长安路"无黑烟"一条街；为使石津渠还清，将
沿岸23家企业的排污口关闭了21家，大大改善了渠水水质。邯郸市投资
3650万元，综合治理了城市水源和滏阳河水系污染。1984年，河北省环境保
护局在邯郸市召开了现场会，推动全省锅炉改造、消烟除尘工作的开展。邯

---

① 河北省地方志编纂委员会编《河北省志·第11卷·环境保护志》，方志出版社，1997，第
218页。

郸市还投资 146 万元整治了流经市内的沁河，限期治理了沿河两岸工业污染源。上游建起了污水氧化塘，对河道进行了清淤、疏通、石砌护坡，两岸建成了带状公园，使多年的臭河沟两岸变成了游乐场所。唐山市综合整治了陡河，使陡河基本还清。①

1985 年 10 月，河南省洛阳召开了"全国城市环境保护工作会议"，会议原则通过了《关于加强城市环境综合整治的决定》。自此之后，城市环境综合整治工作便在全国各省市广泛开展，表明了我国的城市环境保护工作，已开始由单项治理转入综合整治的轨道。为贯彻落实这次会议精神，河北省结合城市建设、环境建设和经济建设，在抓好单项治理的基础上，将城市环境综合整治工作正式列入了城市环境建设的重要议事日程。

1980~1988 年，河北省城市环境治理主要抓了三个方面的工作。（1）在污染治理上，重点抓了废水污染治理和大气污染防治工作。1980~1988 年，共安排治理资金 68700 万元，建成治理工程 6275 项，其中城市综合整治项目 600 多项。在城市大气污染防治工作中，除抓了锅炉消烟除尘、联片采暖、集中供热以外，重点抓了推广型煤、研制炉具、建设烟尘控制区、扩大和巩固"无黑烟"一条街和建设噪声控制区等各项工作。1980~1988 年，全省建设"无黑烟"一条街 18 条，建设烟尘控制区 55 个，集中供热面积达 585 万平方米，占采暖面积的 14%；推广型煤年产达到 55.3 万吨，研制型煤炉具 56 种；建立噪声控制区 8 个，控制面积达 734.4 万平方米；城市民用煤气、液化气普及率达 25%，型煤普及率达 50%。（2）在调整城市工业产品结构方面，石家庄市集中力量调整了全市 170 家污染严重的电镀企业，关停了 135 家。投资 1200 万元改造了 35 家远离水源、基础条件好的厂点，实现了无污水排放、无粉尘排放、无渗漏的"三无"企业，摄制了题为"为子孙后代留下一片净土"的录像片；与市有关单位联合议定关停了群众意见很大的桥西焦化厂、市农药厂和市油毡厂，使所在区域环境质量有所改善。（3）在城市污水集中处理方面，唐山

---

① 河北省地方志编纂委员会编《河北省志·第 11 卷·环境保护志》，方志出版社，1997，第 222 页。

市、秦皇岛市共建成了污水处理厂3座，使城市环境质量得到了初步的改善。[1]

为了推动城市环境综合整治的深入开展，使城市环境保护工作逐步由定性管理转向定量化管理，1988年9月，国务院环境保护委员会发布了《关于城市环境综合整治定量考核的决定》，并提出全国32个重点城市由国家直接考核。城市环境综合整治定量考核，是城市环境目标管理的重要内容，也是推动城市环境综合整治的有效措施。它以规划为前提，以环境综合整治工作为基础，把城市各行各业组织起来，落实改善城市环境的各项措施。根据国家要求，河北省省会石家庄市被列入国家32个重点考核城市之一；其他9个省辖市均进行了城市环境综合整治定量考核的准备工作。为搞好这项工作，河北省环境保护局和省监测中心站，按环境保护局和国家环境监测总站的要求，对全省各市调整了监测布点，配备了监测仪器，统一监测技术，进行了优化布点，并通过了省环境保护局验收，为各市开展城市环境综合整治定量考核工作创造了良好的条件。

城市环境综合整治工作的开展，使城市环境质量和面貌有了较大的改善。在河北省综合整治项目中，经环境保护局评选，全省有三项被评为国家城市综合整治优秀项目，即"石家庄市电镀行业综合整治项目""唐山市陡河污染综合整治项目""邯郸市氧化沟污水处理项目"。1980~1988年，通过城市环境综合整治工作的开展，全省工业总产值翻了一番，而废水排放量由1980年的14.75亿吨减少到1988年的12.84亿吨；工业废水处理率由1980年的9%上升到1988年的48%，排放达标率由20.8%上升到50%；烟尘排放量由1982年的97.42万吨减少到1988年的88.72万吨。1988年，燃料燃烧废气消烟除尘率达74%，工艺过程废气净化处理率达72%，全省城市大气环境质量有了明显改善。[2]

---

[1] 河北省地方志编纂委员会编《河北省志·第11卷·环境保护志》，方志出版社，1997，第223页。

[2] 河北省地方志编纂委员会编《河北省志·第11卷·环境保护志》，方志出版社，1997，第224页。

五　固体废物污染与防治

固体废物主要指工业废物、矿业废物和生活废物。从河北省工业固体废物排放种类来看，第一位是尾矿，其余依次是粉煤灰、炉渣和冶炼废渣。采矿业、电力、冶金行业是工业固体废物的主要污染源。

据统计，1980~1988 年河北省共产生工业固体废物 34724.1 万吨。产生工业固体废物最多的是唐山市和邯郸市，两市产生工业固体废物量分别占全省的 46.4% 和 15.3%。[①]

20 世纪 80 年代，由于河北省工业固体废物处理率较低，废渣堆存量逐年增加。1984 年全省废渣堆存 37342 万吨，到 1988 年增加到 48490 万吨，4 年增加 11148 万吨，增幅 30%。废渣占地面积由 1984 年的 1828 公顷，增加到 1988 年的 4053 公顷，1988 年比 1984 年多占地 2225 公顷，其中 1988 年比 1985 年多占农田 493 公顷，[②] 给农业生产造成了一定损失。

1984 年之后，河北省逐步加强了对工业固体废物的治理和综合利用。据统计，1980~1988 年共投资 7310 万元，治理 217 个，竣工 160 个，罚款 234.1 万元。1980~1988 年河北省通过开展工业废渣的综合利用，平均每年创产值 8958 万元。河北省在工业固体废物的防治和综合利用方面取得了一定的成绩，但总体上说，综合利用率比较低，1988 年万元产值工业固体废物产生量为 15.4 万吨，除冶炼废渣综合利用率为 79%、炉渣利用率为 73.2% 外，粉煤灰的利用率只有 15.5%、煤矸石为 21.5%，化工废渣利用率则更低，尾矿基本上未得到利用。[③]

---

① 河北省地方志编纂委员会编《河北省志·第 11 卷·环境保护志》，方志出版社，1997，第 95 页。

② 河北省地方志编纂委员会编《河北省志·第 11 卷·环境保护志》，方志出版社，1997，第 96 页。

③ 河北省地方志编纂委员会编《河北省志·第 11 卷·环境保护志》，方志出版社，1997，第 96~98 页。

六 农业环境污染与防治

根据 1988 年的统计资料，河北省年排放废水 128404 万吨、废气 45962712 万标立方米、废渣 50345034 万吨，年平均使用化肥 577.6 万吨、农药 3.46 万吨、农膜 0.66 万吨。河北省的区域性污染主要表现在污灌区和工矿区；普遍性污染主要是乡镇企业污染、化肥污染、农药污染和农膜污染。农业环境污染导致了农业减产和农产品质量下降，进而影响了人体健康。截至 1988 年，河北省农业环境污染防治工作尚未开展。[①]

河北省的农业环境污染源主要来自六个方面。（1）污灌污染。截止到 1988 年，河北省污水灌溉面积有 50 多万亩，主要集中在石家庄市、保定市、张家口市、邯郸市和邢台市。其中，石家庄灌溉区是我国最大污灌区之一。由于污灌用水都是以工业废水为主，其化学需氧量、生化需氧量、挥发酚、硫化物、氰化物、三氯乙醛、砷、镉、汞、铅等污染物含量较高，污灌造成土壤和农田的重金属的积累和超标。（2）工业污染。如任丘油田的石油开采是造成任丘市的土壤与水污染的主要因素；峰峰矿务局在洗选煤的过程中排出的废水、废渣，对其周边农田土壤和农作物造成严重污染。（3）乡镇企业污染。20 世纪 80 年代，河北省乡镇企业发展迅速。据统计，1985 年全省有乡镇企业 93932 家，产值 182 亿元；到 1988 年，全省乡镇企业发展到 145 万家，产值 416.3 亿元。根据 1988 年的调查，全省乡镇企业有污染的企业有 22007 家，其中含有强致癌和在自然环境中不分解物质的企业有 36 家，严重污染的电镀厂有 792 家、造纸制浆厂有 81 家、土炼焦有 744 家、土炼油有 262 家、土硫黄有 86 家、制革有 601 家、漂染有 71 家、染料有 41 家、有色金属冶炼有 402 家、铬酸酐有 7 家、小化工有 1184 家，还有小水泥、砖瓦厂、小油毡、岩棉制品厂等 16621 家。乡镇企业中以小造纸、小化工、小电镀、小印染等行业排污量较多，污染面积较大。据 1987 年统计，河北省因乡

---

① 河北省地方志编纂委员会编《河北省志・第 11 卷・环境保护志》，方志出版社，1997，第 98~99 页。

镇企业污染造成的农业经济损失有几百万元，经济赔偿有 100 多万元，来信来访反映污染问题有 500 多件。[①]（4）农药污染。1982 年以前，河北省使用的农药以有机氯农药为主，滴滴涕和六六六的使用量占全省用药量的 60%。1982 年之后，有机氯农药逐渐被有机磷、菊酯、氨基甲酸酯等类农药取代。另外，一些伪劣农药流入市场，对农村环境和农民人身安全影响更大。如，仅 1988 年河北农村就购进伪劣农药 2000 吨，使河北省遭受 1 亿多元的经济损失。（5）化肥污染。随着农业生产的发展，河北省化肥使用量连年增加。1988 年平均亩施量是 1949 年的 310 多倍，1988 年与 1978 年相比也增加两倍多。（6）农膜污染。据统计，1987 年农用塑料薄膜的覆盖面积是 924956 亩，用量 6474.69 吨；1988 年覆盖面积为 917320 亩，用量 6421.24 吨，每亩平均用量为 7 公斤左右。农用塑料薄膜的残膜不易回收，且在自然条件下很难分解，长期的日积月累，必然会对土壤造成污染。有资料显示，当时河北省的残膜回收率为 80%，每亩残留量近 1.4 公斤，全省每年地膜残留量为 1300 多吨，对土壤和农作物造成了一定的影响。[②]

第七节　环境保护工作的成效与不足

1978~1988 年，河北省先后制定和颁布有关环境保护方面的通知、规定和办法共计 18 种；各地、市结合当地环境保护的实际情况先后颁布和制定了有关环境保护的规定和管理办法 37 种。通过认真贯彻这些地方法规，河北省明确了各时期的环境保护目标，制定了环境保护规划和计划，加强了对环境污染的治理。20 世纪 80 年代末到 90 年代初期，河北省人大常委会制定和批

① 河北省地方志编纂委员会编《河北省志·第 11 卷·环境保护志》，方志出版社，1997，第 99~104 页。
② 河北省地方志编纂委员会编《河北省志·第 11 卷·环境保护志》，方志出版社，1997，第 104~109 页。

准有关环境保护方面的法规等有 10 余件，省政府颁发了一批环境保护行政规章。①

一 环境保护工作的成效

1978~1988 年，全省环境污染治理有了较大进展。"三同时"执行率由 1979 年的 53%，上升到 1988 年的 89.22%；在污染治理上，重点是废水污染治理和城市大气污染防治。1980~1988 年，共安排治理资金 86700 万元，建成 6275 项治理工程。全省废水排放量由 1980 年的 14.75 亿吨，减少到 1988 年的 12.84 亿吨；工业废水处理率由 1980 年的 9%，上升到 1988 年的 48%，排放达标率由 20.8% 上升到 50%；烟尘排放量从 1982 年的 97.42 万吨，减少到 1988 年的 88.72 万吨；1988 年，燃料燃烧废气消烟除尘率达 74%，工艺过程废气净化处理率达 72%。20 世纪 80 年代，河北省在建立烟尘控制区、集中供热、民用燃料气化、推广型煤等城市环境综合整治上取得了较明显的成效。到 1988 年，全省建成烟尘控制街 18 条，烟尘控制区 55 个；集中供热面积达 585 万平方米，占采暖面积的 14%；城市民用煤气、液化气普及率达 25%；型煤普及率达 50%。这些都对改善城市大气环境质量起到了重要作用，为建设良好的投资环境、生产和生活环境奠定了初步基础。环境保护科学研究、环境监测、环境宣传教育成效明显。1984 年建立了雾灵山森林生态系统综合利用自然保护区（国家级），1982 年建立了小五台山资源综合利用自然保护区（省级），总面积 56 万亩，占全省土地面积的 0.0019%。②

1989 年，在第三次全国环境保护工作会议的推动下，河北省召开了第四次全省环境保护工作会议，这对推进全省环境管理、贯彻环境管理目标责任制、推动新老"八项制度"落实、使全省环保工作上新台阶，都具有非常深

---

① 叶连松主编《河北经济事典》，人民出版社，1998，第 597 页。
② 河北省地方志编纂委员会编《河北省志·第 11 卷·环境保护志》，方志出版社，1997，第 4~5 页。

远的意义。1986~1990 年的五年间，河北省的环境管理取得以下四个方面的进展。①

（1）全社会特别是各级领导的环境保护意识有一定提高，贯彻基本国策的自觉性有所增强。全省第四次环保会议召开，会议除做出了进一步加强全省环保工作的决定外，省长同 11 个市（地）市长、专员签订了环保目标责任状，引起了全省上下对环境保护工作普遍的重视。截至 1990 年底，全省已有石家庄、唐山、邯郸、秦皇岛、保定、邢台、廊坊、张家口、沧州市，石家庄地区、邢台地区、衡水地区、张家口地区 13 个地市相继召开全市（区）环境保护会议，并强调要把环境保护放在基本国策位置上，强化环境监督管理，协调好经济发展与环境建设的关系。与此同时，全省的一些重点行业也先后召开了本系统的环境保护会议，标志着全社会在贯彻基本国策、提高环境意识方面，在"七五"期间取得长足进展。

（2）以环境目标责任制为核心的环境管理"八项制度"的落实得到逐步深化，环境监督管理进一步加强。"七五"期间，在原定"七五"计划目标的基础上，全省各地于 1988 年又分别制定了本届政府到 1992 年的环境责任目标，省政府亦提出全省 1988 年至 1992 年的环境保护目标，这些目标与相应措施，经过层层分解落实到基层企事业单位与相应责任部门，并制定与实施了相应的检查与考核程序。排污许可证制度在保定、承德、邯郸、石家庄、秦皇岛五市先行试点，在完成污水排放申报登记的基础上，保定、承德发放了第一批污水排放许可证。对污染源的限期治理，在国家下达河北省的第二批九个限期治理项目后，1990 年各地市又相继安排限期治理项目 171 个。这对全省环境状况的改善起到了切实的推动作用。

（3）全省环境保护重点城市的城市环境综合整治定量考核工作在"七五"期间逐步推开。按照这项工作的统一部署和环保局的要求，各城市按照统一颁发的二十项考核指标进行了认真的工作，同时深化了考核的基本程序与方

---

① 河北省地方志编纂委员会编《河北省志·第 11 卷·环境保护志》，方志出版社，1997，第 185~187 页。

法，进行了监测布点的优化和考核评分的标准化工作。通过这项工作，石家庄、唐山、邯郸等9个城市的环境质量得到较大改善，特别是大气环境质量，以TSP年日均值为例，以1985年为基准计算，至1989年，全省各城市下降程度分别为：石家庄38%、唐山9.3%、邯郸32%、秦皇岛52.7%、张家口25%、邢台38%，承德、保定、沧州也均有不同程度的改善。截至1990年10月，各城市建设烟尘控制区已达10746万平方米，噪声控制区已达3276万平方米，联片采暖面积已达1209万平方米。其中烟尘控制区覆盖率进展较快的城市有石家庄、邯郸、秦皇岛、邢台、唐山等市。

（4）环境法制建设得到不断完善与加强。"七五"期间，河北省各地相继出台了一批环境保护地方法规、条例、标准，这对提高环境管理依法行政的政策水准与法制水平，使管理工作走上科学化、法制化的轨道，都具有深刻意义。据统计，"七五"前四年，全省市级以上人大、政府颁布出台各类法规、条例等共34项，是"六五"时期的2倍多，其中诸如由省长令签发的《河北省污染源治理专项资金有偿使用办法》，以及《河北省建设项目环境管理办法》，邯郸地区、石家庄地区行署等颁发的《乡镇企业排污费实施办法》等，对促进污染治理、加强新老污染源和乡镇企业环境管理起到了积极作用。

在河北省政府高度重视环境保护的情况下，截至1990年底，全省下达限期治理污染源项目171个，已完成140个，全省环境质量取得一定改善。在大气环境方面，大气总悬浮颗粒物率日均值，1990年初各城市和1985年相比下降程度分别为：石家庄38%、唐山9.3%、邯郸3.3%、秦皇岛52.7%、张家口25%、邢台38%。[①]

二 环境保护存在的不足

1981~1990年的河北省环境状况与存在的主要问题有以下几点。

---

① 河北省地方志编纂委员会编《河北省志·第62卷·政府志》，人民出版社，2000，第807页。

（1）环保机构规格偏低。1981~1985年，由于环保机构规格偏低，制约着对全省环境保护工作的组织协调；污染治理投资不足，"六五"计划期间控制环境污染的目标没有完全实现，大气、水质环境质量指标达不到国家规定标准，特别是水资源环境污染，给工农业生产和人民身体健康带来严重损失和危害。从1981年至1985年，全省由于水污染造成的经济损失就达1515.2万元。乡镇企事业的发展促进了经济、社会的发展，但其造成的环境污染基本处于失控状况，缺乏有效的控制管理措施，执法不到位成为这一时期一个新的环境问题。污染和破坏生态环境的现象仍未得到解决。[①]

（2）城市环境问题突出。1986~1990年，虽然经过"七五"时期的努力，城市环境质量得到相当程度的改善；但总体来说，河北省突出的环境问题仍表现在城市。城市普遍而突出的问题仍是大气环境的污染，主要污染特征仍是以烟尘和二氧化硫（SO_2）为代表的煤烟型污染，各城市大气中总悬浮颗粒物年日均值大多还未达到国家对北方城市（小于500微克/立方米）的要求。石家庄、邯郸、唐山、保定、承德等城市治理大气环境的任务仍很艰巨。城市汽车尾气污染防治基本还未起步。此外，重点城市和水域水环境污染防治的任务亦相当艰巨，白洋淀水质保护问题引起中央领导的高度重视，时任总理李鹏曾多次亲自批示，1989年春节，国务委员宋健按李鹏总理批示亲赴保定现场办公，落实解决白洋淀污染的具体方案措施。滏阳河、泜河、洋河、沧浪渠、衡水湖、武烈河、陡河以及近海海域等水系（域）的城市河段水污染问题仍相当突出。各河段水质几乎全部超过国家地表水V类标准。城市固体废弃物问题在唐山、邯郸等重工业城市仍未得到很好解决；城市工业与交通噪声治理还需做出大的努力。"七五"期间，全省的环境投入较"六五"阶段有较大发展，但距离环境目标的要求，仍存有较大的差距，1989年，河北省污染治理投资仅占当年国民生产总值的0.22%，远远低于全国0.67%的平

---

① 河北省地方志编纂委员会编《河北省志·第11卷·环境保护志》，方志出版社，1997，第5页。

均水平。①

（3）城市生活垃圾处理率偏低。截止到 1988 年，河北省的垃圾无害化处理厂只有唐山市一座，日处理垃圾约 20 吨，后增至 50 吨。河北省的垃圾粪便处理量很低，一般每年处理 1 万吨左右，只占清运量的 0.2%~1%。其中1983 年的处理量略高，也只有 14 万吨，占清运量的 4.3%。垃圾清运后，除少部分填埋，大部分露天堆放，占用土地和农田的情况日趋严重，是环境污染的一大隐患。②

上述突出环境问题的存在，除管理、技术与资金投入方面的原因外，政策方面的原因即环境保护计划未能很好地纳入国民经济与社会发展计划之中，则是河北省各地不同程度普遍存在的重要制约因素。环保机构建设薄弱，与其所担负的任务不相适应，也是造成环境污染日趋严重的局面难以控制的重要原因。

---

① 河北省地方志编纂委员会会编《河北省志·第 11 卷·环境保护志》，方志出版社，1997，第 98 页。
② 河北省地方志编纂委员会会编《河北省志·第 11 卷·环境保护志》，方志出版社，1997，第 98 页。

第三章　实施可持续发展战略时期
（1992~2002 年）

进入 20 世纪 90 年代，中国开始大力倡导经济、社会、环境的可持续发展，可持续发展战略上升为国家的重大发展战略。随后，国家环境保护的工作思路与战略方针发生重大转型，环境污染的治理模式逐步实现"三大转型"，即由末端治理向全过程治理转变、由分散的点源治理向集中的区域性流域性治理转变、由单纯的浓度控制向总量与浓度共同控制转变。

1992~2002 年，是河北省环境保护实施可持续发展战略时期。这一时期，可持续发展战略上升为河北省经济发展的主体战略，"可持续发展"与"科教兴冀""两环开放带动"战略并列为河北省经济发展的三大主体战略，提升了环境保护的地位。河北省实施了"碧水、蓝天、绿地"计划和中国 21 世纪议程河北省行动计划，加强了环境法制、生态环境与可持续发展能力建设，进行了重点流域与重点区域的污染防治，环境保护与生态建设成效明显。1994年颁布实施的《河北省环境保护条例》，是中国第一部地方环境保护条例。

第一节　可持续发展上升为主体发展战略

环境保护与可持续发展是辩证统一的关系。环境保护不仅是可持续发展的有机组成部分和重要内容之一，也是实现可持续发展的基础、手段和有效途径。而实施可持续发展战略，是对环境保护工作的全局性、根本性谋划和导向性引领，是搞好环境保护的根本之路和关键所在。

可持续发展的内涵极其丰富，"可持续发展既不是单纯指经济发展或社会发展，也不是单指生态持续，而是指以人为中心的自然—社会—经济复合系统的可持续。因此，从三维结构复合系统出发，定义可持续发展是能动地调控自然—社会—经济复合系统，使人类在不超越资源与环境承载能力的条件下，促进经济发展、保持资源永续利用和提高生活质量"。[①] 可持续发展"既是目标，又是手段；既强调保护，又强调发展"。可持续发展与环境保护的根本目的都是要通过多种途径，促使人类活动不超过环境可以承受的水平，从而保护环境资源、保障人体健康和促进经济社会的可持续发展。可持续发展有三个内涵特征：一是可持续发展鼓励积极增长，重视经济发展的质量；二是可持续发展要以保护自然为基础，与资源和环境的承载能力相协调；三是可持续发展要以改善和提高生活质量为目的，与社会进步相适应。[②]

可持续发展，是20世纪80年代国际社会提出的一个新的科学的发展观，也是全世界必须积极应对的共同问题。人类对可持续发展的认识有个逐步深化的过程。我国第一个国家级可持续发展战略是1994年3月25日经国务院批准的《中国21世纪人口、环境与发展白皮书》。1997年9月，中国共产党第十五次全国代表大会明确提出"实施可持续发展战略"，将可持续发展上升到国家战略的高度。

一　坚持走可持续发展道路

1992年6月3~14日，联合国在巴西里约热内卢召开联合国环境与发展会议，这是环境与发展领域中又一次规模空前的最高级别的国际会议。102个

---

① 北京市科技委员会编《可持续发展词语释义》，学苑出版社，1997，第6页。
② 北京市科技委员会编《可持续发展词语释义》，学苑出版社，1997，第6页。

国家的政府首脑出席会议并讲话。时任国务院总理李鹏出席了首脑会议，并发表了十分重要的讲话。会议围绕环境与发展这一重要主题开展了艰苦的谈判。这次会议的主要成果是最后通过了三项重要文件即《21世纪议程》、《关于环境与发展的里约热内卢宣言》和《关于森林问题的原则声明》。1992年8月，中共中央、国务院正式发表《中国环境与发展十大对策》，提出"转变发展战略，走持续发展道路，是加速我国经济发展、解决环境问题的正确选择"。1994年3月，国务院制定实施《中国21世纪议程》，这是全球第一部国家级的《21世纪议程》，[①]是国际环发大会以后最重大的进展。与此同时，国务院还制定发布了《中国21世纪议程优先项目计划》，以作为《中国21世纪议程》的配套具体实施方案，促进《中国21世纪议程》的执行落实。此后，各部委、各省域、各地方也纷纷制定了各自的《21世纪议程》。

1997年9月，党的十五大在北京召开。江泽民做了《高举邓小平理论伟大旗帜，把建设有中国特色社会主义事业全面推向二十一世纪》的大会报告，报告正式提出："实施科教兴国战略和可持续发展战略"，可持续发展战略被上升到国家战略的高度。自此，可持续发展被纳入国民经济和社会发展计划中，国家、各部门及各地方制定了不同层次的可持续发展战略。

随着国家环境保护的战略性转型，河北省的环境保护事业也发生了战略性转型与巨大变化。紧跟国家发展战略的转变，河北省也把可持续发展逐步融入改革发展大局之中。1996年，河北省政府颁布实施《国民经济和社会发展"九五"计划和2010年远景目标纲要》，该目标纲要虽然没有正式提出实施"可持续发展"战略，但已明确提出"坚持走可持续发展的道路"，提出把"实现经济建设与人口、资源、环境的协调发展，作为经济建设的一条指导方针"，[②]并将可持续发展作为今后15年国民经济和社会发展的指导思想和方针之一。该目标纲要重点论述了合理开发利用和保护自然资源的问题，强调加强对土地、水、气候、生物、矿产、能源、海洋、旅游八大类自然资源的依

---

①　张坤民：《中国的环境战略及展望》，《生态经济》2000年第3期。
②　田翠琴、赵乃诗：《河北经济发展战略史》，中共党史出版社，2016，第107页。

法开发与合理开发，并分别对八大类自然资源的开发重点、开发方式和保护措施进行了具体的阐述，强调"坚持不懈地搞好环境污染的治理和生态环境的整治与保护。强化环保宣传教育，增强全民特别是各级领导干部的环保国策意识，认真实施'碧水、蓝天、绿地'计划。着力加强工业污染控制和治理，对污染严重又无有效治理措施的企业限期关、停、并、转"，"建立可持续的生产发展和消费模式，大力发展生态农业、清洁生产、绿色产品和环保产业"。1997年12月，《〈河北省国民经济和社会发展"九五"计划和2010年远景目标纲要〉修订完善意见》将"可持续发展"与"科教兴冀""两环开放带动"并列为河北省经济发展的三大主体战略，提高了可持续发展的战略地位。

二 可持续发展战略上升为主体发展战略

可持续发展战略，被普遍认为是"改善和保护人类美好生活及其生态系统的计划和行动的过程，是多个领域的发展战略的总称，它要使各方面的发展目标，尤其是经济、社会与资源、环境的目标相协调"。[1]"一个国家或区域的可持续发展战略，应当是为实现其经济、社会、生态和环境的发展目标而制定的一系列国家政策、计划或行动方案。"[2]在此应该说明的是，实施可持续发展战略是一个动态的行动过程，而不仅仅是一项计划或一个文件。它应该建立在现行的各项合理的经济、社会、生态环境政策及计划的基础之上，并与之协调一致。

可持续发展战略主要有四个特征：（1）可持续发展战略是一个行动过程，它的实施是一项综合的系统工程，涉及经济、社会、环境、科技等各个领域的各个层面；（2）推进可持续发展战略必须正确处理好多种关系，如短期利益与长远利益、经济核算与自然资源存量、物质文明建设和精神文明建设等方

① 田翠琴、赵乃诗：《河北经济发展战略史》，中共党史出版社，2016，第108页。
② 田翠琴、赵乃诗：《河北经济发展战略史》，中共党史出版社，2016，第108页。

面的关系；（3）可持续发展战略要求建立真正的全球伙伴关系；（4）可持续发展战略要遵循人类发展的基本规律。各个国家或区域在制定可持续发展战略的时候，必须从实际情况出发，把经济、社会、环境的可持续发展有机地结合起来，否则任何一种可持续发展的战略都无法真正实现。①

1995年8月4日，为认真贯彻实施可持续发展战略，切实改善全省环境质量，河北省政府宣布实施"碧水、蓝天、绿地"计划，即《河北省环境保护与社会经济协调发展的对策纲要（1995~2010年）》（冀政办〔1995〕44号）。此计划确定了从1995年到2010年河北省环境保护分三步走的战略目标及主要对策措施。

1995年9月19日，省环保局印发《关于"碧水、蓝天、绿地"计划重点工程项目的通知》。该通知明确提出：1995~2010年，全省城市环境综合整治项目共30项，其中污水处理工程10项、大气综合整治工程20项；自然生态保护项目共5项；区域、流域综合整治工程共5项；工业污染防治项目共23项。②

1996年11月15日，河北省出台了《中国21世纪议程河北省行动计划》，明确了河北省可持续发展战略的基本要求和基本内容。

中共十五大以后，河北省委、省政府根据国内外经济形势的变化，按照十五大提出的"在现代化建设中必须实施可持续发展战略"的要求，在对《"九五"计划和2010年远景目标纲要》进行修订完善时，不仅将"可持续发展"提升到战略高度，而且将其明确为全省经济发展的三大主体战略之一。

1997年12月23日，河北省八届人大常委会第31次会议通过《〈河北省国民经济和社会发展"九五"计划和2010年远景目标纲要〉的修订完善意见》（以下简称《修订完善意见》）。《修订完善意见》明确提出"妥善处理好经济

---

① 史忠良：《经济发展战略与布局》，经济管理出版社，1999，第128~130页。
② 《河北省志·环境保护志》编委会编《河北省志·环境保护志（1979~2005）》（内审稿），2013，第774页。

发展同人口、资源、环境的关系，实施可持续发展战略"，"要把可持续发展战略作为我省主体战略之一"。第一次明确提出"实施'科教兴冀'、'两环开放带动'和'可持续发展'三大主体战略"，[①] 并对河北省可持续发展战略的内容进行了高度概括和基本定义。这是可持续发展战略首次在河北省国民经济和社会发展规划纲要中被上升为经济和社会的主体发展战略，由此形成了河北省的第三大主体战略。[②]

《修订完善意见》与原纲要是统一的整体，它们在指导思想、指导方针、奋斗目标和战略重点等方面都是一致的。但不同之处主要是，《修订完善意见》对重大发展问题的表述更加全面，尤其在经济发展战略的定位与表述上有较大突破，如在经济发展主体战略上，明确提出实施三大主体战略。河北省《"九五"计划和2010年远景目标纲要》提出实施"科教兴冀"和"两环开放带动"两大主体战略，虽然也提到"坚定不移地走可持续发展道路，把控制人口、保护环境、节约资源放到重要位置"，但还没有把"可持续发展"上升到经济发展战略的高度。《修订完善意见》则进一步提出实施"科教兴冀"、"两环开放带动"和"可持续发展"三大主体战略，非常明确地把可持续发展战略与"科教兴冀"战略和"两环开放带动"战略并列为河北省三大主体战略，并阐明了"可持续发展"战略的主要内容。[③]

《修订完善意见》把抓好《中国21世纪议程河北省行动计划》和《河北省"九五"可持续发展规划》的实施作为"九五"期间直到2010年的重点，提出了到2010年河北省可持续发展的建设目标。要求各级政府加强领导，各部门积极配合，逐步形成高效的决策系统和部门之间的互相支持。要加快可持续发展的规划与相关政策制度的制定，加快可持续发展能力的建设，奠定可持续发展的社会管理基础，通过多种方式引导全省人民积极参与到可持续

---

① 《河北省国民经济和社会发展"九五"计划和2010年远景目标纲要》的修订完善意见，1997年12月23日。
② 田翠琴、赵乃诗：《河北经济发展战略史》，中共党史出版社，2016，第111~112页。
③ 田翠琴、赵乃诗：《河北经济发展战略史》，中共党史出版社，2016，第108~114页。

发展的行动之中。

《修订完善意见》将"可持续发展"与"科教兴冀""两环开放带动"并列为河北省经济社会发展的三大主体战略，是河北省经济发展战略的重大战略转型，也是河北省社会发展战略史的一个重大突破。[①]同时，这也是河北省环境保护和生态建设史的一个重大突破，将环境保护纳入经济社会发展的主体战略之中，提升了环境保护的地位和重要性。

第二节　出台系列综合性环境保护规划

1992~2002 年，包括"八五"的后三年、"九五"五年和"十五"的前两年。河北省各级政府领导进一步重视环境规划问题，加强了环境规划工作，制定了《河北省环境保护"九五"计划和 2010 年远景规划》、"碧水、蓝天、绿地"计划、《"九五"后三年和 2010 年河北省环保产业发展规划》等一系列综合性环保规划。从此，环境保护被正式纳入全省国民经济和社会发展规划之中，[②]提高了环境保护的经济社会地位，也加强了环境保护规划与其他经济发展规划、社会发展规划的协调性。

1992~2002 年，河北省编制完成了"九五"计划和 2010 年远景目标，明确提出了实施可持续发展主体战略，并要求实现"一控双达标"。"九五"期间的环境保护规划成为政府投资与污染治理项目的重要行政文件。"十五"期间，河北省环境保护规划的强制性作用进一步加强，除了指导投资和项目以外，对环境质量、排放总量等领域的约束性越来越强，对经济社会的发展也起到了一定的调控和指导作用。这一时期环境规划的种类越来越完善，不仅有综合性五年规划还有具体环境领域的专项规划；环境规划制度虽然没有系

---

① 田翠琴、赵乃诗：《河北经济发展战略史》，中共党史出版社，2016，第 108~121 页。
② 田翠琴、赵乃诗、赵志林：《京津冀环境保护历史、现状和对策》，北京时代华文书局，2018，第 129~130 页。

统建立，但"九五""十五"规划无论是对政府投资、项目的引导方面还是对环境领域的强制性约束方面都有了较大的进步，间接起到了制度的实施保障作用，因此规划执行力有了大幅提高。[1]

一 "碧水、蓝天、绿地"计划

为认真贯彻实施可持续发展战略，切实改善全省环境质量，1995 年 8 月，河北省政府颁布实施"碧水、蓝天、绿地"计划，即《河北省环境保护与社会经济协调发展的对策纲要》（1995~2010 年）。此计划确定了从 1995 年到 2010 年河北省环境保护分三步走的战略目标及主要对策措施。其中提出，今后 15 年（1995~2010 年），河北省环境保护工作总的战略目标为：到 2010 年，全省环境污染基本得到控制，环境质量有所改善；紧紧抓住水、大气污染防治和绿化三个重点，带动全局，使水转清、天变蓝、大地披绿，努力建设清洁、优美、舒适的城乡环境，适应全省人民高质量生活水平的要求。实现上述战略目标，大体分以下三步走。[2]

第一步，到 1997 年，环境达到初步小康标准。城市饮用水源水库水质达到国家规定的标准；亟须还清的 9 条（段）河渠和白洋淀基本还清，达到水环境功能区划的要求；城市大气环境质量明显改善，秦、廊两市大气总悬浮微粒、降尘达到 II 级标准，其他城市达到 III 级标准；占全省总污染负荷 65%的 300 家重点污染企业 25% 得到治理；全省工业固体废弃物综合利用率达到 42%，城市垃圾集中处理率达到 70%；省辖市环境噪声达标区面积占建成区面积的 45%；全省森林覆盖率达到 17%，自然生态破坏现象得到遏制；乡镇企业环境管理失控问题基本得到解决。

第二步，到 20 世纪末，环境达到基本小康标准。全省城乡居民饮用水源保持和达到国家规定标准：滦河、洋河、滏阳河衡水段、戴河、石河 5 河

---

[1] 《河北省环境保护丛书》编委会：《河北环境管理》，中国环境科学出版社，2011，第 96 页。

[2] 叶连松主编《河北经济事典》，人民出版社，1998，第 598~599 页。

（段）还清，达到水功能区划要求；石、秦两市城市污水处理率达到60%，其他省辖市污水处理率达到40%，县级市达到20%；全部城市大气总悬浮微粒、降尘达到Ⅱ级标准；占全省总污染负荷60%的300家重点污染企业60%得到治理；全省工业固体废弃物综合利用率达到45%，城市垃圾集中处理率达到90%；城市环境噪声达标区面积占建成区面积的50%；全省森林覆盖率达到22%，自然保护区面积占国土面积的2%，自然生态环境明显改善。

第三步，到2010年，环境达到小康标准。全省环境污染和生态破坏基本得到控制；城市污水基本得到集中处理；所有河渠淀库水质达到水功能区划的要求；城市大气环境质量基本达到国家Ⅱ级标准；工业固体废弃物和垃圾基本进行无害化处理；城市环境噪声全部达标；全省森林覆盖率及城市建成区绿化覆盖率均达到30%；全省空气干净，山清水秀，农副产品符合食用标准，环境清洁优美。

基于河北经济结构特点和发展现状，15年的时间达到上述各项指标，任务是艰巨的，须有强有力的对策支持。《河北省环境保护与社会经济协调发展的对策纲要》从12个方面提出了对策与要求：（1）真正把环境保护放到基本国策的位置；（2）严格执行环境保护法律法规；（3）严格控制新污染的产生；（4）加快老污染源治理步伐；（5）强化乡镇企业环境管理；（6）狠抓城市环境综合整治；（7）切实加强饮用水和流域水体保护；（8）加强生态环境保护；（9）积极发展环境保护科研和环境保护产业；（10）利用经济手段加强环境保护和积极增加环保投入；（11）加强环境保护宣传教育；（12）切实加强对环境保护工作的领导。

1996年是实施"碧水、蓝天、绿地"计划第一阶段目标的关键一年，重点进行了"碧水、蓝天、绿地"计划的延伸落实和污染治理的一些基础工作。全省11个设区市都制定了实施方案。根据计划目标要求，重新核实确定了占全省污染负荷65%的253家重点工业污染源，并对其下达了限期治理达标规划。对20家企业共计21个污染项目下达了第四批污染限期治理计划。对全省各主要河流的环境功能区划和海河、滦河流域污染治理规划的编制工作进行了安排部署。①

二　中国21世纪议程河北省行动计划

围绕实施可持续发展战略，河北省研究制定了《中国 21 世纪议程河北省行动计划》和《河北省"九五"可持续发展规划》，明确了河北省可持续发展战略的基本要求和基本内容。

1996 年 11 月 15 日，河北省政府批准《中国 21 世纪议程河北省行动计划》（以下简称《省行动计划》）。《省行动计划》是《中国 21 世纪议程》的区域性延伸，是河北省实施可持续发展战略的具体行动计划。其主要内容包括：（1）可持续发展战略与对策；（2）经济可持续发展；（3）社会可持续发展；（4）自然资源的保护与可持续利用；（5）环境保护与整治。可持续发展的总体目标是，到 2000 年形成比较完善的可持续发展管理体系，包括各级政府具有可持续发展的综合决策能力、管理协调能力和较强的可持续发展能力；完善地方与可持续发展有关的立法，提高全体人民的法律意识，加大执法力度；综合开发人力资源，扩大就业容量，开发利用各类人才；大力加强发展各类教育和专业技术人员的继续教育，建立与可持续发展战略相适应的决策管理、科学技术和职工劳动队伍；大力促进科技进步，把国民经济真正转移到依靠科技进步上来；建设和完善可持续发展的信息系统，到 2000 年逐步形成一个可以广泛使用的可持续发展的信息网络；逐步公开环境与发展领域的决策过程，建立公众及社会团体参与的机制和方式；坚持可持续发展的国际合作，不懈地致力于履行中国加入全球环境与发展方面的各项公约中河北省应承担的义务，在资金、技术上广泛争取国际社会的援助和支持，以加快河北省经济发展，尽快消除贫困，走上可持

---

① 叶连松主编《河北经济事典》，人民出版社，1998，第 598~599 页。

续发展道路。

《省行动计划》与《中国 21 世纪议程》一样，具有白皮书的性质。它既是河北省长期实施可持续发展战略的指导性文件，也可以作为河北省在国际交流合作中相互交换的文件，让国际社会了解河北省在实施可持续发展战略方面的态度、决心和行动，促进河北省环境保护、消除贫困、防灾减灾、基础设施建设、农业、教育与培训等各领域与国际社会的合作。还可以通过公开发布，扩大省内外影响，并向全省人民进行宣传，教育和动员社会各界提高可持续发展意识，走可持续发展道路。《省行动计划》是河北省制定国民经济和社会发展中长期计划的指导性文件，并且在《河北省国民经济和社会发展"九五"计划和 2010 年远景目标纲要》中作为重要目标和内容得到了体现。[①]

三　制定和实施环境保护"九五"计划

"九五"时期，河北省制定并实施了环境保护"九五"计划。

环境保护"九五"计划提出的总目标是：全省环境状况初步达到小康标准，即部分亟须还清的河渠淀库全部还清，城市环境质量有所改善，乡镇企业管理步入法制轨道，初步确立与社会主义市场经济相适应的环境管理法制体系的框架，完善现有的环境管理体系，为下一步实施总量控制创造良好条件。力争建立比较完善的环境管理体系和与社会主义市场经济体制相适应的环境法规体系。[②]

为了实现环境保护的目标，"九五"计划提出了四项主要措施。（1）完善地方环保法规体系，建立全省环境地方法规框架和体系，建立统一的执法程序。（2）加强环境监测网络建设，实现全省环境监测微机联网；组建省级各

---

① 河北年鉴编纂委员会编《河北年鉴（1997 年）》，河北年鉴社，1997，第 140 页。
② 《河北省环境保护丛书》编委会编《河北环境发展规划》，中国环境科学出版社，2011，第 36 页。

行业及大、中型企业的环境监测网；建设对突发性污染事故和对污染隐患进行监控和警告的应急响应系统。（3）加强环境监理工作，加强排污收费工作，加强对环境监理人员进行定期业务培训和法制教育；"九五"期间，河北省排污收费总额每年增长10%以上，到2000年河北省征收排污费总额达到2.8亿元。（4）国际环境合作目标，争取"九五"期间环保项目利用外资额度超出"八五"前历年总和，达到3亿美元。①

"九五"期间，河北省环境保护工作取得了重大进展。部分城市和地区的环境质量有所改善，"九五"环境保护计划所确定的目标基本完成。具体表现为以下六个方面。（1）环境保护基本国策地位明显加强。可持续发展战略上升为全省经济发展的主体战略，各级党政领导将环境保护纳入重要议事日程。（2）环境法制建设不断加强。（3）加大了工业污染源治理力度，工业污染防治取得较大进展。城市环境综合整治步伐加快，部分城市区域环境质量有所改善。（4）环保产业快速发展。环保产业逐渐成为河北省新的经济增长点。环境宣传教育工作成效显著。（5）重点区域、流域水污染防治取得阶段性成果。加快了"七河一淀一渠"的治理，加强了陆源和直排海污染源治理。加大了城市饮用水源地保护力度。（6）更加重视自然保护区建设与生态环境建设。加快实施"三北"防护林工程、坝上生态农业工程、太行山绿化工程和植树种草，实施小流域综合治理。②

"九五"期间，河北省的环境保护工作取得了一定进展，但并没有彻底扭转边治理边破坏的局面，"生态环境一方治理多方破坏、点上治理面上破坏、治理赶不上破坏的现象仍没有得到有效控制"。③当时存在的主要问题有以下几点。（1）污染物排放总量仍处于较高水平。（2）城市环境问题突出。全省

① 《河北省环境保护丛书》编委会编《河北环境发展规划》，中国环境科学出版社，2011，第37~38页
② 《河北省环境保护丛书》编委会编《河北环境发展规划》，中国环境科学出版社，2011，第38~40页。
③ 《河北省环境保护丛书》编委会编《河北环境发展规划》，中国环境科学出版社，2011，第41页。

11个设区城市空气环境质量不同程度地超过国家标准，城市空气质量处于较高的污染水平；城市地下水超采严重，绿化覆盖率低，垃圾围城问题依然十分严重。（3）水环境污染问题严重。全省七大水系42条河流，51.6%的监测断面为重污染和严重污染，入海河口及近岸的部分海域污染较重。（4）生态恶化的趋势仍在加重。全省森林覆盖率仅为19.48%，远低于生态系统良性循环所要求的30%的最低水平。全省自然保护区面积仅占全省面积的0.69%，远低于全国7.64%的平均水平。干旱、洪涝和沙尘暴等自然灾害发生频率增加，严重影响了经济发展和居民的正常生活。[①]

四 制定环境保护"十五"计划

2001年2月7日，河北省环保局召开常务会议，审议了《河北省环境保护"十五"计划纲要》《河北省"十五"主要污染物排放总量控制计划》《河北省河北科技发展"十五"计划和2001年规划》《河北省生态环境保护"十五"计划》《河北省固体废物污染防治"十五"计划》等计划或规划。[②]

《河北省生态环境保护"十五"计划》提出，"十五"期间，要努力实现环境保护从说服教育向依法强制、从末端治理向全过程控制、从污染治理向污染防治与生态保护并重的"大环保"转变。总体目标是：到2005年，建立和完善环境与发展综合决策机制，重点城市和地区的环境质量得到改善；到2010年，基本改变生态环境恶化的状况，城乡环境质量有比较明显的改善。

环境保护"十五"计划提出，"十五"时期，河北省环境保护的主要任

---

① 《河北省环境保护丛书》编委会编《河北环境发展规划》，中国环境科学出版社，2011，第42页。

② 《河北省志·环境保护志》编委会编《河北省志·环境保护志（1979~2005）》（内审稿），2013，第796~797页。

务是以下几个。（1）加强工业污染防治。大力推进清洁生产，减少生产过程中污染物的排放。工业污染防治实现由末端治理向源头和全过程控制转变，从点源分散治理向区域集中治理转变，从单纯治理向调整产业产品结构和合理化布局转变。（2）加快改善城市环境质量，高度重视小城镇建设发展中的环境保护工作。对城市空气污染实行综合治理的措施包括：一是实施严格的能源管制政策，着力调整能源结构；二是大力调整城市布局和产业结构，对重点大气污染企业和重点水污染企业有计划地"退二进三"或分期分批搬迁；三是加快城市基础设施和生态建设力度；四是实行企业达标再提高工程；五是对主要大气污染源实行排污总量控制；六是加大对机动车排气污染的控制力度；七是加强对建设施工场地的管理。（3）切实改善全省河流水质状况。进一步明确功能区保护标准，实行分区分类控制，按水体功能进行管理。（4）努力遏制生态环境恶化趋势。重点抓好五大环京津生态圈工程，抓好"三个塞罕坝"林场项目一期工程，初步形成较为完善的环京津绿色生态屏障。启动首都周边地区防沙治沙工程。加强农业和农村生态保护，引导群众发展生态经济和生态农业。（5）规范环保产业市场，促进环保产业发展。建立省政府统一领导的环保产业发展协调机制，建立和完善环保设施运营资质、环境工程设计认可制度。大力发展环境服务，促进环保科技的发展。①

环境保护"十五"计划还提出了保障计划实施的五项措施。一是建立环境与发展综合决策机制。积极探索建立"党委领导，政府负责，人大监督，环保部门统一监管，有关部门分工合作，企业治理，群众参与"的环境保护新体制。二是完善环境保护统一监管机制，加大环境监督管理力度。加快各级环境监测站的标准化建设，全面提高环境监测和污染源监测能力。制定河北省环境保护重点区域更加严格的工业企业污染物排放标准。三是建立有利于环境保护的宏观经济政策机制。四是建立多元化的环境保护投入机制。

---

① 《河北省环境保护丛书》编委会编《河北环境发展规划》，中国环境科学出版社，2011，第47~52页。

"十五"期间，全省环境保护投入占 GDP 的比例在 1.3% 以上。五是加强环境保护宣传教育，建立公众参与机制。①

第三节　加强环境法制与制度建设

环境保护是中国的一项基本国策，是事关国计民生，利在当代、福荫子孙的千秋伟业。保护环境是每个公民的义务。党的十四届五中全会和八届全国人大四次会议明确提出，要实行依法治国。加强环境保护法制建设和法制管理正是依法治国的重要组成部分。实践证明，只有把环境保护建立在法制的基础上，依法规范人们的生产型环境行为与生活型环境行为，积极防治污染，依法保护和改善环境，才能把社会主义现代化建设推向持续协调发展的正确航道。②

1992~2002 年，河北省的环境法制建设逐步得到加强。河北省地方环境保护法规《河北省环境保护条例》于 1994 年发布实施，这是全国首部地方环境保护条例。根据环境保护工作的实际需要，河北省人大和省政府先后制定颁布了《河北省白洋淀水体环境保护管理规定》（1995 年 4 月）、《河北省农业环境保护条例》（1996 年 9 月）、《河北省大气污染防治条例》（1996 年 11 月）等一批地方性环保法规和政府规章共计 19 种；各地、市结合当地实际情况先后制定环境保护的规定、管理办法 10 种，从环境保护的各个领域依法控制污染，加强环境管理。环境执法工作在这一时期也得到了加强，1993 年河北省开始连续六年开展环保执法大检查，全省共实施检查 15962 次，检查企业 17719 家，查处违法案件 3000 多件，解决了一大批环境热点、难点问题，执法不严、违法不究的情况得到明显改善。③

---

① 《河北省环境保护丛书》编委会编《河北环境发展规划》，中国环境科学出版社，2011，第 53~56 页。

② 《河北省环境保护丛书》编委会编《河北环境管理》，中国环境科学出版社，2011，第 19 页。

③ 《河北省环境保护丛书》编委会编《河北环境污染防治》，中国环境科学出版社，2011，第 3 页。

一 加快地方环境立法

1990~2000 年，河北省"地方环境立法获得长足发展，不仅数量大幅增加，类别日渐增多，范围逐渐扩大，而且更有针对性和可操作性，更重视法规的修改工作，特别是三个较大的市和自治地方（自治县）的立法活动突出，逐渐形成了较为系统的地方环境法规、规章体系"。[1]

（一）出台地方性法规

河北省开展地方环境法制建设起步较早，从 1980 年起就进入了环境保护法制建设与管理的强化阶段，"逐渐形成了以国家的环境立法为指针，从实际出发，按照急需先立、原则性与灵活性相结合、突出地方特色、解决实际问题的原则"[2]，陆续制定了一些适应河北自身特点的地方环境保护法规，现行的河北省主要地方性法规包括《河北省环境保护条例》《河北省大气污染防治条例》《河北省水污染防治条例》《河北省建设项目环境保护管理条例》《河北省减少污染物排放条例》等，这些地方性法规使河北的环境管理工作有法可依、有章可循，推动了河北省环境保护事业的发展。随着环境保护工作的快速发展，环境管理对完善法规体系的要求越来越高。河北省在环境保护法律法规建设中，努力抓住健全和完善环境法规体系这个工作重点，"突出地方特色，加快立法步伐，构建衔接紧密、相对完善的地方环境法规体系，为环保执法提供更加有力的法律保障"。[3]

1994 年 11 月 2 日，河北省人大常委会颁布实施《河北省环境保护条例》，这是中国第一部地方环境保护条例。该条例共分为六章五十三条。该条例的

---

[1] 杨莉英：《河北省地方环境立法的现状、问题与对策》，《河北科技大学学报》（社会科学版）2010 年 4 期。

[2] 《河北省环境保护丛书》编委会编《河北环境管理》，中国环境科学出版社，2011，第 19~20 页。

[3] 《河北省环境保护丛书》编委会编《河北环境管理》，中国环境科学出版社，2011，19~20 页。

颁布，为保护和改善生活环境与生态环境，防治污染和其他环境公害，为执行落实环境保护战略的"三同步""三统一"方针提供了法律依据。

1996年9月11日，河北省人大常委会通过并公布《河北省农业环境保护条例》。该条例分为五章四十七条。该条例第四条规定了河北省农业环境保护的原则；第五条强调了农业环境保护规划的重要性，要求各级政府将农业环境保护规划纳入本级的经济社会发展规划之中，明确其目标和任务，统筹协调农业环保工作，强化环境监督管理职能；第十条明确了县级以上主管农业的部门在农业环境保护方面的主要职责。①

1996年11月3日，河北省人大常委会颁布实施《河北省大气污染防治条例》。该条例分为第一章总则，第二章监督管理，第三章燃煤污染的防治，第四章废气、粉尘和恶臭污染的防治，第五章法律责任和第六章附则六个章节，共计三十五条。该条例第三条规定各级政府"必须将大气污染防治工作纳入国民经济和社会发展计划以及城市建设总体规划和村镇建设规划"；第五条规定"各级人民政府环境保护行政主管部门对本行政区域内的大气污染防治实施统一监督管理"。该条例明确了各级政府对大气污染监督管理的职责和管理方式，要求"对大气污染物的排放实行总量控制"。②该条例还对"燃煤污染的防治"和"废气、粉尘和恶臭污染的防治"做了专门的规定。

1996年12月17日，河北省人大常委会发布施行《河北省建设项目环境管理条例》。该条例共分六个章节，共计三十六条。该条例规定，建设项目必须进行环境影响评价，建设项目防治污染设施必须执行"三同时"制度。该条例明确了各级环保部门对建设项目的环境管理职责。该条例第三章、第四章分别对"项目设立阶段环境保护管理"和"项目建设阶段环境保护管理"做出了明文规定。该条例第五章对建设单位、环境影响评价单位、施工单位和各级环境保护行政主管部门及其人员违反本条例的行为做出了具体的处罚

---

① 河北省人大常委会：《河北省农业环境保护条例》，1996年9月11日。
② 河北省人大常委会：《河北省大气污染防治条例》，1996年11月3日。

规定。①

1997 年 10 月 25 日，河北省人大常委会发布施行《河北省水污染防治条例》。该条例从总则、监督管理、污染防治、法律责任和附则五个章节三十六条，规定了水污染防治的办法。该条例提出，保护水环境是每个单位和公民的义务。该条例第二章规定了各级政府和环境监测机构对水污染防治的责任；在水污染防治过程中实行"排放污染物实行总量控制制度"；"城市污水应当进行集中处理"。该条例第三章对超标排放污染物的单位及对水体造成严重污染的排污单位，要求"必须限期治理"。要求排污单位应当"建设和完善排水设施，排放废水实行清污分流"，②还对生活饮用水地表水源一级、二级和三级保护区，分别进行了定义和界线划分，并分别对三类不同级别的水源地保护区内的新建、扩建、改建等建设项目的性质、产业和产品等提出了严格的标准和必须遵守的规定。该条例还明确了对各种违犯本条例的行为的处罚办法。

1999 年 11 月 29 日，河北省第九届人民代表大会常务委员会第十二次会议通过《河北省海域管理条例》③，这是在全国率先颁布出台的有关海域管理的地方性法规。该条例对海域的使用管理、海域的环境保护与管理、法律责任等做出了明确规定。

2001 年 2 月 5 日，河北省环境保护局和河北省建设厅联合印发了《加强小城镇发展中环境保护工作的意见》（冀环〔2001〕1 号）。该意见强调了小城镇环境保护的重要性，要求各级政府要重视小城镇的环境保护工作，并从五个方面对开展小城镇环境保护工作提出了建议：一是制定小城镇环境保护规划；二是明确小城镇环境保护目标；三是加快小城镇环境基础设施建设；四是加强小城镇生态环境保护分类管理与指导；五是提高小城镇环境保护监

---

① 河北省人大常委会：《河北省建设项目环境管理条例》，1996 年 12 月 17 日。
② 河北省人大常委会：《河北省水污染防治条例》，1997 年 10 月 25 日。
③ 河北省人大常委会：《河北省海域管理条例》，1999 年 11 月 29 日。

督管理水平。该意见还明确提出了到2005年河北省的小城镇环境保护目标。①

在省委省政府加快河北省地方环境法制建设的同时，石家庄、唐山和邯郸三市，根据本行政区域的具体情况和实际需要，制定了地市级环境保护法规。包括《唐山市市容环境卫生管理条例》《唐山市粉煤灰综合利用管理条例》《邯郸市粉煤炭综合利用管理条例》《石家庄大气污染防治条例》《石家庄市粉煤灰综合利用管理条例》《石家庄市市区生活饮用水地下水源保护区污染防治条例》等。②

以上地方性环境保护法规为加强河北省的环境保护工作提供了重要的法律支撑，对促进河北省的环境保护工作发挥了重要作用。

（二）制定行政规章

行政规章是调整本行政区域内一定社会关系并具有普遍约束力的规范性文件。凡属于政府行政管理职权范围内的事项，可制定行政规章。

河北省现行地方环境保护行政规章主要有《河北省白洋淀水体环境保护管理规定》（1995年4月22日省政府第38次常务会议通过，1995年5月2日起发布施行）、《河北省陆上石油勘探开发环境保护管理办法》（1999年5月10日省政府第20次常务会议通过，1999年5月27日发布施行）、《河北省电磁辐射环境保护管理办法》（2000年12月7日省政府第38次常务会议通过，2000年12月23日起发布施行）、《河北省放射性污染防治管理办法》（2001年10月26日省政府第48次常务会议通过，2001年11月15日发布施行）、《河北省环境监测管理办法》（2001年12月13日省政府第49次常务会议通过，2002年2月1日起发布施行）、《河北省淘汰消耗臭氧层物质实施办法》（冀政办〔2002〕9号，2002年7月1日起发布施行）、《河北省环境保护产业管理办法》（1996年12月16日省政府第64次常务会议通过）、《河北省环境保

① 河北省环境保护局、河北省建设厅：《加强小城镇发展中环境保护工作的意见》（冀环〔2001〕1号，2001年2月5日。
② 《河北省环境保护丛书》编委会编《河北环境管理》，中国环境科学出版社，2011，第38页。

护产业管理暂行办法》（2007 年 4 月 22 日修改并发布施行）、《河北省环境污染防治监督管理办法》（2008 年 1 月 17 日经省政府第 93 次常务会议讨论通过，以河北省人民政府令〔2008〕第 2 号公布，自 2008 年 3 月 1 日起施行）等。①

各项行政规章都具有针对性，解决了其针对的环境管理中存在的问题。以《河北省环境污染防治监督管理办法》为例，其目的是进一步强化对环境污染防治的监督管理、加大环境污染整治力度、实现主要污染物减排目标提供有力的法制保障。该管理办法结合河北省实际，本着从严治污的原则，针对河北省环境污染防治和监督管理实践中的重点、难点问题，做了许多新的制度性的规定，对环境保护法律法规确立的基本制度进行了细化、补充和完善，是一部操作性很强的政府规章。该管理办法明确了政府责任，健全了财政保障和投入机制，理顺了环评审批和工商登记的关系，新增了企业责任，完善了重点污染物排放总量控制、限期治理、区域限批、排污许可、试生产或（运行）等制度，新建了环境保护重点监管区、污染物委托处置、河流跨界协调联动等制度，创新了执法手段、补充了行政处罚措施，在具体执法方面上有了新突破。该管理办法有九个方面的突破：一是强化了政府和部门责任；二是确立了环境保护重点监管区制度；三是明确限期治理，对超标排污予以处罚；四是规定了区域（流域）限批制度；五是建立了试生产（运行）报告制度；六是赋予了环保部门现场暂扣、封存权；七是禁止住宅改作餐饮、娱乐；八是增加了对无证排污的处罚；九是明确了出租、发包单位的污染防治义务。②

二 加强环境管理制度建设

（一）环境影响评价制度

1992~1996 年，环境影响评价工作的重点主要是规范和完善各项环境

---

① 《河北省环境保护丛书》编委会编《河北环境管理》，中国环境科学出版社，2011，第 40 页。
② 《河北省环境保护丛书》编委会编《河北环境管理》，中国环境科学出版社，2011，第 40~42 页。

影响评价制度，建立环境影响评价地方性条例。主要工作成果包括以下几点。（1）1994年河北省人大常委会颁布了全省第一部环境保护地方法规《河北省环境保护条例》。该条例规定各类对环境有影响的建设项目、各类开发区的建设，必须预先进行环境影响评价。该条例的颁布实施，为所有建设项目必须进行环境影响评价提供了地方法规依据。（2）1996年，河北省委、省政府发布了《关于环境保护若干问题的决定》，再次强调各级政府及其有关部门必须坚持"先评价、后建设"的原则，对所有新建、扩建、改建项目，都要严格执行建设项目立项审批和竣工验收，污染治理设施未经环保部门验收或验收不合格的，不得投产；同时提出了在没有环境容量的地区要实行新建项目排污浓度和排污总量双轨控制，削减老污染源排放量，做到"增产不增污"。地方性环境影响评价条例的制定实施从法律、法规层面上强调了开展环境影响评价的重要性，有效指导了河北省开展环境影响评价工作。①

1996年，全省新建项目环境影响评价制度执行率达83.5%；已建成投产的项目"三同时"执行率为90%，"三同时"合格率为89.4%。并对一批违反环境影响评价和"三同时"制度的单位依法进行处罚。②

1996~2002年，河北省建设项目环境管理进入提高阶段。环境影响评价工作的主要工作内容是细化环境影响评价工作制度，切实增强环境影响评价在控制污染、改善环境中的作用，主要包括以下几点。（1）1999年省委办公厅、省政府办公厅转发了《关于执行环境保护法律法规　落实有关部门分工负责制度的意见》，明确指出要落实建设项目环境保护"第一审批权制度"，对未经环保部门登记、审批的项目，计划、经贸部门不得批准立项，建设部门不得批准设计、施工和建设，工商行政管理部门不得核发营业执照或者进行工商登记，土地管理部门不得办理用地手续，电力部门不予供电，银行不予贷款。该通知的颁布实施，确立了立项前环保部门审批把关的突出地

---

① 《河北省环境保护丛书》编委会编《河北环境管理》，中国环境科学出版社，2011，第113页。
② 叶连松主编《河北经济事典》，人民出版社，1998，第593页。

位。（2）2000年印发了《关于河北省建设项目环境保护管理审批权限划分的通知》。该通知规定省环境保护行政主管部门负责审批：省政府或省政府授权有关部门审批的建设项目；除核设施、绝密工程等特殊性质的建设项目外，其他辐射或伴有辐射的项目；属化学制浆造纸、制革、印染、酿造、电镀和重污染化工项目。（3）2002年河北省环境保护局发布《进一步加强建设项目环境监督管理工作的实施意见》，要求严把审批关，规定子牙河水系和沿海三市（指唐山、秦皇岛、沧州）除大幅度削减污染物总量的技改项目外，停止审批不经城镇污水处理厂集中处理污水的造纸、印染、酿造、制革等新、扩、改项目。滹沱河、汪洋沟、洨河、洺河、磁河、牛尾河、滏阳新河、滏东排河、滏阳河和滦河沿岸各市、县，凡出境监测断面水质现状 COD 浓度高于200毫克/升的，审批新、扩、改项目时水污染物排放总量不得增加。[①]

（二）"三同时"制度

"三同时"制度，是"关于建设项目的环境保护设施（包括防治污染和其他公害的设施及防止生态破坏的设施）必须与主体工程同时设计、同时施工、同时投产使用的各项法律规定"。[②] "三同时"制度是中国出台最早的一项环境管理制度，是独创的并具有中国特色的环境管理制度。这一制度从宏观上、整体上保证了经济建设、城乡建设与环境建设同步规划、同步实施、同步发展（即"三同步"），为从源头上、根本上预防、控制和防治环境污染提供了制度保障。

1996年河北省颁布的《河北省建设项目环境保护条例》，强调建设项目的环境保护设施必须执行"三同时"制度，进一步明确规定建设项目的设计文件必须有环境保护篇章。该条例细化了"三同时"制度的要求，有效指导

---

① 《河北省环境保护丛书》编委会编《河北环境管理》，中国环境科学出版社，2011，第114页。
② 《环境科学大辞典》编辑委员会编《环境科学大辞典》，中国环境科学出版社，1991，第546页。

了"三同时"制度的执行。2002年河北省发布《关于建设项目环境保护审批验收有关问题的通知》，对省环保局负责审批、验收的建设项目进行了调整，进一步明确了验收项目的办理程序，进一步保证了"三同时"制度的落实。[①]

（三）排污收费制度

对企业征收排污费，是环境管理中的一种经济手段。1992~2002年，河北省排污收费制度逐步走向成熟。

河北省征收排污费工作自1980年在全省范围内相继展开。征收排污费以来，主要是征收废水、废气（含烟尘、粉尘）排污费，这两项合计一般占收费总额80%以上。到1989年底，全省累积征收排污费约3.6亿元。1997年，省政府决定排污费实行省、市、县三级征管，加大了依法收费力度。1993~1997年，全省累积征收排污费达7.11亿元，超过了过去12年收费额的总和。[②]

1996年8月16日，河北省环保局印发《河北省排放污染物许可证管理暂行规定》，对河北省行政区域内所有直接或间接向环境排放水、气污染物的企事业单位开始进行排污许可证的发放工作。[③]1997年，河北省调整了排污收费管理体制，实行"三级征收，三级管理"，各级环保部门依法加大了排污费征收力度，市、县两级环保部门把工作重点转向中小企业，并强化了建筑施工噪声和饮食娱乐服务业排污费征收工作，加强、扩大了征收力度、收费面且征收额度明显上升。

1917~2002年，河北省排污收费整体情况是：

　　1997年，全年全省征收排污费3.82万户，征收排污费2.03亿元。

---

① 《河北省环境保护丛书》编委会编《河北环境管理》，中国环境科学出版社，2011，第117页。
② 叶连松主编《河北经济事典》，人民出版社，1998，第594页。
③ 《河北省环境保护丛书》编委会编《河北环境管理》，中国环境科学出版社，2011，第136~138页。

1998 年，全年全省征收排污费 4.08 万户，比上年增加 2633 户，征收排污费 2.76 亿元，比上年增长 35.9%。1999 年，全年全省征收排污费 4.39 万户，征收排污费 3.28 亿元，分别比上年增长 7.5% 和 18.8%。2000 年，全年全省征收排污费 4.74 万户，征收排污费 3.47 亿元。2001 年，全年全省征收排污费 4.99 万户，征收排污费 3.46 亿元。2002 年，全年全省征收排污费 3.87 亿元。

（四）排污申报登记制度

排污申报登记，是指向环境中排放污染物的单位和个体工商户（简称排污者），按照国家环境保护行政主管部门的规定，向所在地县级以上环境保护行政主管部门的环境监察机构申报登记在正常作业条件下排放污染物的种类、数量、浓度（强度）和与排污情况有关的生产、经营、治污设施等情况，以及排放污染物有重大改变时应及时进行申报。国家排放污染物申报登记（以下简称排污申报登记）制度，是中国环境保护工作中一项法定的环境管理制度，是实施排污许可证制度工作的基础。该制度为强化环境管理、加强科学决策提供强有力的保证。1992 年，原国家环境保护局下发了《排放污染物申报登记管理规定》（环保局令第 10 号）及其配套的《排放污染物申报登记表》，排污申报登记工作在全国展开。到 1996 年底，全国大部分省、市陆续开展了水、气、噪声、固体废物的统一排污申报登记工作。[1]

1997~2000 年，河北省排污申报登记工作陆续开展，并逐步在摸索中完善和提高排污申报工作质量。2000 年，为准确掌握污染源排污的动态变化，强化污染源监督管理，河北省环境保护局在全省范围内进行翔实的排污申报登记工作。此次全面登记工作，为完成"一控双达标"任务奠定

---

[1] 《河北省环境保护丛书》编委会编《河北环境管理》，中国环境科学出版社，2011，第 125~126 页。

了坚实基础，而且通过摸清排污状况，还为有关部门提供了可靠的决策依据。

2001年，河北省环境保护局下发了《关于做好排污申报年审和变更申报工作的通知》，排污申报登记工作开始走向规范，并在全省实行排污申报年审制度。该通知明确要求各市环保局要高度重视，确保人员到位，经费到位，措施到位，做到及时申报，严把申报质量。在排污申报登记工作的基础上，编制了《河北省2001年度污染源现状评价》，申报登记数据表明，2001年共有31785家单位进行了排污申报登记，其中污水申报单位有14155家，废气申报单位有17813家，固体废物申报单位有8072家。申报单位中包括工业企业22779家，非工业排污单位9006家。全年污水排放量为16.9亿吨，化学需氧量为56.3万吨，烟尘排放量为75.9万吨，二氧化硫为103.9万吨，工业粉尘为77.5万吨，固体废物中危险废物排放为441.4吨，一般固体废物为56.3万吨，其他有害废物为2.7万吨。[①]

三　加大环境执法力度

1992~2002年，河北省在不断完善环境保护法规体系的同时，逐步加强环境执法力度。自1993年开始，全省连续4年组织开展了环境保护执法大检查活动，重点对石家庄、保定、秦皇岛三市的环境保护执法情况和重点环境问题进行了检查，共查处各类违法案件2400多件。1995年，省政府批准成立了河北省环境执法稽查大队。1997年，省、市、县三级环保部门，依法查处各类违法案件2000多起，相当于前10年处罚总数的2倍多。[②]

---

① 《河北省环境保护丛书》编委会编《河北环境管理》，中国环境科学出版社，2011，第129~130页。
② 叶连松主编《河北经济事典》，人民出版社，1998，第597页。

第四节　加强生态环境建设

1992~2002 年，河北省制定和实施了《河北省海河流域水污染防治规划》和《河北省渤海碧海行动计划》，加强了陆源和直排海污染源治理。制定了《河北省生态环境建设规划》和《河北省自然保护区建设规划》，生态环境建设和保护得到加强。

一　自然保护区建设概况

河北省自然保护区建设起步于 20 世纪 80 年代中期，经历了起步、发展和逐步完善的过程。

1983 年 11 月 29 日，河北省政府首次批准建立两个省级自然保护区——小五台山自然保护区和雾灵山自然保护区。1985 年 5 月，河北省建立了第一个自然保护区——雾灵山自然保护区。1988 年 5 月，该保护区升级为国家级自然保护区。

2000 年 11 月 26 日，国务院发布了《全国生态环境保护纲要》（国发〔2000〕38 号）。此后，河北省对有代表性的自然生态系统、珍稀濒危野生动植物物种和有特殊意义的自然遗迹等采取了积极的抢救性保护措施，河北省加快自然保护区建设的速度，加强了对自然保护区的综合性管理及监督检查力度。这些措施的执行落实，使各级别各类型的自然保护区数量不断增长、面积不断扩大，初步形成了河北省自然保护区的网络化、系统化建设的局面。

这些自然保护区的建立，对保护区域生物多样性、防风固沙、治理土地沙化和荒漠化、调节区域气候、涵养水源、保护水源地以及维护区域生态平衡等具有特殊的重要意义，对承张地区充分发挥其生态屏障功能起到了促进作用。

二　森林公园建设概况

1982 年，国务院委托国家计划委员会批准成立了中国第一个国家森林公园——张家界国家森林公园，并公布了第一批重点风景名胜区，其中河北省有两个。1991 年，河北省第一个省级森林公园在秦皇岛海滨林场建立，同年被批准为国家森林公园。自此拉开了河北省创建森林公园的热潮。

1991~1995 年，是河北省森林公园建设的起步阶段。各级林业部门抓住森林旅游业发展的大好机遇，不断解放思想，转变观念，把建设森林公园、发展森林旅游业作为调整林业产业结构、带动林业产业发展的重要环节来抓，对森林旅游业实行统一规划、分类指导、分级管理、分步实施的管理模式，一批资源风景有特色的森林公园应运而生，全省森林旅游业取得了迅速发展，涌现了塞罕坝、北戴河、五岳寨、磬槌峰等一批知名度较高的森林公园。"八五"期间河北省共建设国家级森林公园 12 个，总面积为 195.5 万亩；省级森林公园 19 个，总面积为 151 万亩。[①]

1996~2000 年，河北省共建设国家级森林公园 3 个，总面积为 34.4 万亩；省级森林公园 11 个，总面积为 50 万亩。3 个国家级森林公园分别是：隆化县茅荆坝国家级森林公园、兴隆县六里坪国家级森林公园和唐县大茂山国家级森林公园。[②]

2002 年，河北省共建设国家级森林公园 4 个，分别是滦平县白草洼国家森林公园、阜平县天生桥国家森林公园、武安市洺河源国家级森林公园和峰

[①]《河北省环境保护丛书》编委会编《河北生态环境保护》，中国环境科学出版社，2011，第 126 页。

[②]《河北省环境保护丛书》编委会编《河北生态环境保护》，中国环境科学出版社，2011，第 129 页。

峰矿区响堂山国家级森林公园。建设省级森林公园 1 个，即木兰管局敖包山省级森林公园。[①]

三　颁布生态环境建设规划

1999 年 6 月 3 日，河北省人民政府印发关于河北省生态环境建设规划的通知，颁布了《河北省生态环境建设规划》。该规划提出河北省生态环境建设遵循的原则是：坚持治理、建设与保护、发展相结合的原则，在加大治理和建设速度的同时，把保护生态环境、发展生态农业纳入法制化轨道，防止出现新的破坏。目标是：到 2005 年，水土流失治理初见成效，基本遏制生态环境恶化的趋势，农业生产条件得到一定改善；到 2010 年，水土流失治理取得显著成效，生态环境和农业生产条件得到明显改善，农业生产步入可持续发展的轨道；到 2050 年，水土流失面积全部得到综合治理，生态环境得到根本改善，农业生产实现经济、生态和社会效益的统一，人民生活环境优越，物质和文化生活达到中等发达国家水平。

该规划结合河北省实际，提出河北省生态环境建设的八个重点方面，即防治水土流失；保护和发展森林资源；发展旱作农业；发展节水灌溉，推进全民全社会节约用水；保护耕地资源，提高耕地产出，优化种植结构；合理开发保护草场资源，发展生态型畜牧业；保护渔业资源，发展生态型渔业；治理污染，保护环境。

该规划还根据地形地貌、自然资源和生态环境状况的不同，将全省分 4 个重点治理区，规划出近期治理的 40 个生态环境建设重点县，要求各地要结合本地的特点，选准突破口，对生态环境破坏严重的地区进行综合治理。4 个重点治理区分别是：坝上风蚀区、冀西北间山盆地严重水土流失区、燕山水土流失区和太行山水土流失区。该规划还提出了保障全省生态环境建设的主要措施。

[①] 《河北省环境保护丛书》编委会编《河北生态环境保护》，中国环境科学出版社，2011，第 130~131 页。

第五节　重点流域与重点区域的污染防治

1992~2002 年，在河北省环境保护实施可持续发展战略时期，河北省加强了重点流域与重点区域的污染防治工作，进行了第三次和第四次全省性工业污染源调查，重点加强了对"15 小"企业的治理，重点抓了以解决烟囱冒黑烟为主的"环保形象工程"，加强了白洋淀的污水治理工作，采取"一控双达标"攻坚行动，治理空气污染问题。

一　全省性工业污染源调查

河北省于 1980~1982 年进行了第一次工业污染源调查，1986 年进行了第二次工业污染源调查，1996 年进行了第三次工业污染源调查，1998 年进行了第四次工业污染源调查。

1995 年 12 月 1 日，河北省环保局完成全省小制革工业行业污染现状调查工作。此次共调查了全省 3 县（市）41 个乡镇、7412 家乡镇制革企业，结果表明：河北省制革业污染物排放比 1989 年增长了 3 倍，局部地区地下水受到污染。①

（一）第三次工业污染源调查

1996 年 7~12 月，河北省环境保护局、省乡镇企业局、省统计局、省财政厅四个厅局联合组织实施了河北省乡镇工业污染源调查。

本次调查结果显示：河北省共有乡镇工业企业 291544 个，其中有污染物排放的有 50202 个，占总数的 17.22%；本次调查的乡镇工业企业有 50202 个，

---

① 《河北省志·环境保护志》编委会编《河北省志·环境保护志（1979~2005）》（内审稿），2013，第 775 页。

占应调查乡镇工业企业个数的100%。按产值计算，本次调查的50202个乡镇工业企业总产值为812.27亿元，占全部乡镇工业企业总产值的43.9%。①

本次调查的具体情况有以下几个方面。（1）乡镇工业企业废水排放情况调查。1995年，全省乡镇工业企业废水排放量为49733.74万吨，是1989年废水排放量的4.41倍。②（2）污染治理情况。1995年河北省乡镇工业废水污染治理设施投资27163.38万元，处理废水量为22752.6542万吨。不同经济类型的废水处理设施投资中乡村级企业占79%，村以下企业占9.9%，三资企业占11.1%；按废水处理量统计，乡村级企业占82.2%，村以下企业占15.0%，三资企业占2.8%。河北省乡镇工业废水处理率为30.89%，按废水处理量统计，治理较好的市是唐山市、邢台市、保定市和石家庄市，四市乡镇工业废水处理量占全省乡镇工业废水处理总量的77.37%。③（3）乡镇工业企业大气污染物排放情况调查。调查显示，河北省主要废气排放的地、市为唐山市、邯郸市、石家庄市、邢台市和保定市，废气排放量分别为456.92亿立方米、406.85亿立方米、298.04亿立方米、219.23亿立方米和159.55亿立方米；从整体来看，乡镇工业废气污染主要集中在矿产丰富的两个区域：一个是邯郸市、邢台市及石家庄市；另一个是唐山市及秦皇岛市。④（4）工业锅炉达标情况。全省锅炉烟尘平均达标率为9.26%（台数）和12.7%（蒸吨）。石家庄市和保定市的锅炉台数和蒸吨数在全省最多（占全省60%左右），是河北省重要的锅炉大气污染地区。（5）废气处理。河北省乡镇工业生产工艺废气为904.183亿立方米，净化量为206.38亿立方米，净化率为22.1%，在三种所有制企业中，乡村级企业净化量占净化总量的91%。（6）乡镇工业固体废物

---

① 《河北省志·环境保护志》编委会编《河北省志·环境保护志（1979~2005）》（内审稿），2013，第184页。

② 《河北省志·环境保护志》编委会编《河北省志·环境保护志（1979~2005）》（内审稿），2013，第184页。

③ 《河北省志·环境保护志》编委会编《河北省志·环境保护志（1979~2005）》（内审稿），2013，第205~207页。

④ 《河北省志·环境保护志》编委会编《河北省志·环境保护志（1979~2005）》（内审稿），2013，第209~210页。

调查。1995 年河北省各市乡镇工业固体废物总产生量为 3472.85 万吨，主要产生地、市是唐山市、邯郸市、邢台市和承德市，累计百分比为 86.5%；其中危险废物产生量为 24.94 万吨，承德市和唐山市占 86.9%。1995 年，河北省乡镇工业中不同所有制企业固体废物产生量最多的是乡村级企业，占总产生量的 72.9%，其中危险废物也主要在乡村级企业，乡村级企业危险废物产生量占总危险废物产生量的 79.7%。（7）工业固体废物综合利用情况。1995年河北省各市乡镇工业固体废物综合利用量为 895.41 万吨，占固体产生量的25.8%；固体废物利用量较多的是邯郸、邢台、唐山和石家庄市 4 个市，占全省利用量的 83.8%。固体废物利用率较低的是承德市、秦皇岛市和唐山市。[①]

（二）第四次工业污染源调查

1998 年，河北省统计了有污染物排放的重点工业企业 3132 家，其中县及县以上工业企业有 1976 家，乡镇工业有 1156 家。另外，对乡镇工业中非重点污染源的废水、化学需氧量（COD）、二氧化硫（SO_2）、烟尘、粉尘、固体废物等排放量进行了科学测算，合计统计约 4.4 万家工业企业，还对社会生活及其他污染进行了调查。[②]

本次调查显示的具体情况有以下几个方面。[③]（1）废气排放及城市空气质量状况。1998 年，河北省二氧化硫排放总量（统计范围内，下同）为 140.5万吨，比 1997 年减少了 5.5 万吨；烟尘排放总量为 93.4 万吨，比 1997 年减少了 10.1 万吨；工业粉尘排放量为 100.7 万吨，比 1997 年增加 2.0 万吨。1998 年影响空气环境质量的主要污染物是总悬浮颗粒物和二氧化硫；全省酸雨频率为 3.8%。（2）废水排放及地面水水质状况。1998 年，全省废水排放

① 《河北省志·环境保护志》编委会编《河北省志·环境保护志（1979~2005）》（内审稿），2013，第 217~227 页。
② 《河北省志·环境保护志》编委会编《河北省志·环境保护志（1979~2005）》（内审稿），2013，第 229~230 页。
③ 《河北省志·环境保护志》编委会编《河北省志·环境保护志（1979~2005）》（内审稿），2013，第 230 页。

总量为 17.9 亿吨，废水中化学需氧量排放总量为 86.6 万吨。由于工业废水及化学需氧量排放量比 1997 年减少，全省的废水排放总量和化学需氧量排放总量比 1997 年减少，但生活污水及生活化学需氧量排放量比 1997 年略有增加。1998 年河北省地面水水质状况是：全省 57.6% 的河段水质为 V 类或劣 V 类，主要污染物为非离子氨、化学需氧量、石油类、高锰酸钾指数。18 座湖库淀中 50% 的库淀达到 II 类水体标准。总磷是主要污染物，33.3% 的库淀总磷超标。（3）声环境质量状况。河北省道路交通噪声 40.7% 的监测路段超过国家标准，区域环境噪声平均等效声级为 55.8 分贝，但其中 2 类功能区昼间噪声和 4 类功能区夜间噪声污染严重。（4）1998 年全省工业固体废物产生量为 7438 万吨，其中县及县以上工业固体废弃物产生量为 5553 万吨，比 1997 年减少 377 万吨；乡镇工业固体废弃物产生量为 1885 万吨，占产生量的 25.3%。全省工业固体废物排放量为 318 万吨，其中县及县以上工业固体废物为 38 万吨，比 1997 年减少 10 万吨；乡镇工业固体废物排放量为 279 万吨，占排放总量的 87.7%。（5）污染治理情况。1998 年全省用于老污染源治理投资 4.52 亿元，当年新、改、扩建"三同时"污染治理总投资 2.59 亿元，污染治理投资合计 7.11 亿元。此外，城市环境基础设施建设完善投资 24.9 亿元，环保投资占 GDP 的比率为 0.75%。①

二 加强"15小"企业治理

"15 小"是 15 种重污染小企业的简称。1996 年 8 月 3 日，国务院颁布了《关于环境保护若干问题的决定》特别对年产 5000 吨以下的小造纸厂、年产折牛皮 3 万张以下的制革厂等 15 种重污染企业，做出了限期于 9 月 30 日之前取缔或关停的决定。根据国务院的指示，截止到 1996 年 10 月 15 日，河北省被列入"15 小"的 10596 家企业已全部被取缔关停。河北省是全国"15 小"

---

① 《河北省志·环境保护志》编委会编《河北省志·环境保护志（1979~2005）》（内审稿），2013，第 230~240 页。

较为集中的地区，应取缔关停的企业列全国第三位，占全国总数的14.87%。取缔关停的10413家"15小"企业包括12个行业（炼砷、放射性制品、炼汞三行业没有），其中小造纸厂有661家、小制革厂有6400家、土炼焦有295家、小染料有80家、小电镀有895家、漂染有147家、农药有5家、土炼金有1549家、土炼油有564家。取缔关停"15小"，在全省取得了明显的经济、社会和环境效益。"15小"治理的效益具体体现在以下几个方面。[①]

（1）实现了历年最多的一次污染负荷大削减。关停"15小"后，全省减少工业废水排放1.8亿吨，占上年总量的12%，占乡镇企业废水排放量的31.4%；减少工业废气排放207亿标立方米，占上年总量的1.9%，是乡镇企业废气排放量的10.8%；减少固体废物排放37万吨，是上年总量的4.9%，是乡镇企业固废排放总量的5%。小造纸厂关停后，减少废水的化学需氧量（COD）排放29万吨，是全省排放总量的30.3%，是全省造纸行业的6.9%。因此，取缔关停"15小"是全省历来集中削减污染负荷最多的一次，环境效益十分显著，为全省新的经济增长提供了可观的环境容量，使环境有所改善。

（2）促进了乡镇企业产业、产品结构调整和二次创业。在取缔关停"15小"的过程中，各级政府和有关部门按照"堵疏结合"和"关小上大""以停促治"的方针，坚决取缔关停，积极引导企业上规模、上水平，进行产业、产品结构调整。截至1996年省环保局已审批"15小"上规模环评项目67个，已有26家较大规模新上的制革企业，年产折牛皮1529万张，是6000多家被关停小制革企业总产量的60%，新厂采用国内先进工艺，产品质量上了档次。辛集、肃宁两县皮革的生产规模已超过取缔前的总规模。新上的规模较大的有20家电镀厂，作为小电镀较多的12个县的电镀中心，基本实现了原来分散的690多个小电镀厂的生产能力，产品质量明显提高。

（3）促进了全民环境意识的大提高。在取缔关停"15小"的过程中，法制、行政、经济、舆论四种手段一起上，"燕赵环保世纪行"密切配合，营造

---

① 叶连松主编《河北经济事典》，人民出版社，1998，第595~596页。

了强大的舆论氛围，使广大群众受到了实实在在的环境保护教育。蠡县耿庄是个 500 多户的制革专业村，在取缔小制革向大制革转变的过程中，成立了由村委会、支委会、企业家代表组成的"环境保护委员会"，规划建设了工业小区，村民集资近千万元，修建了污水处理厂。经过取缔关停，群众对环境问题越来越敏感，只要出现"15 小"反弹，很快就会有群众举报。据统计，自取缔关停"15 小"以来，仅省环保局就接待和收到的群众来访、来信举报污染问题 400 多件（次）。

（4）取缔关停"15 小"对全省经济发展的负面影响较小，全省取缔关停的"15 小"企业中，国营企业有 39 家，集体企业有 105 家，其余均为乡镇、个体企业，占 98.6%。"15 小"企业从业人员有 15.3 万人，其中国营职工有 340 人，集体企业职工有 2800 人，其余均为当地农民工和外地打工人员，占 97.6%。据统计，被取缔关停的"15 小"企业，1995 年产值为 75.7 亿元，占当年乡镇企业总产值的 2.5%；利税为 6.2 亿元，占当年乡镇企业利税总额的 2.8%。因而从总体上看，取缔关停"15 小"对全省经济尚不足以产生太大影响。

三 实施"环保形象工程"

从 1996 年起，河北省环保局开始实施以解决烟囱冒黑烟为主要内容的"环保形象工程"，专门成立了环保形象工程办公室，制定了"河北省环保形象工程烟囱冒黑烟现场督察通知书"，深入锅炉房、窑炉、茶炉等污染现场，对每一个冒黑烟烟囱做了详细记录。组织了四次大检查，四次检查行程 86000 公里，踏遍了全省的所有交通干道，走遍了各市的主要街道。通过广播、电视、报纸等新闻媒介，加大对"环保形象工程"的宣传力度，坚持严格执法。这项工程受到全省各市的普遍重视，抓得死，力度大。如衡水、石家庄、唐山市都是党政"一把手"亲自抓，亲自布置，而且纳入本地总体形象工程，作为重点来抓。

通过一年多的努力，形象工程建设初见成效，全省消灭黑烟囱 22310 根。

1997 年全省城市大气总悬浮微粒年日均值平均 323 微克 / 立方米，降尘 21.28 吨 /（平方公里·月），分别比 1995 年下降 16.5 个百分点和 12 个百分点。当时，全省 6 万多根烟囱中，烟气黑度达标的有 80%，比前两年提高 40%。特别是城镇建成区主要街道、高速公路两侧和风景名胜区内，烟囱冒黑烟现象已有明显改观，得到各级领导和广大人民群众的肯定。①

四　20世纪90年代白洋淀的污水治理

1988 年 8 月，连续干淀 5 年多的白洋淀重新蓄水后，又连续发生污染事故，再次引起党和国家领导人的关注。河北省政府于 1992 年制定了第二个《白洋淀污染综合治理方案》。该方案是一个长短结合、调水补源与污水治理、淀外治理与淀内自身污染防治相结合，以淀外集中治理为主的包括城市污水处理建设、污水再生利用、防护林体系建立和白洋淀补水工程等在内的一揽子计划，总投资在 6.5 亿元以上。该方案规划宏伟、进展顺利、成效显著。②

在河北省政府 1992 年颁布的《白洋淀水域环境功能区划意见》中，明确白洋淀水域内，烧车淀、圈头、采蒲台、光淀张庄、王家寨、枣林庄、端村等应为Ⅲ类区；南刘庄为Ⅳ类区；鸹丁淀为Ⅴ类区。③

1995 年 8 月，省政府颁布了《白洋淀地区环境保护管理规定》，加强了白洋淀环境管理。到 1996 年，《白洋淀污染综合治理方案》所确定的任务基本完成。总投资 4400 万元的 14 项重点工业污染治理项目全部完工；关闭了白洋淀上游 97 个生料小造纸厂；总投资 2.37 亿元的保定市两个污水处理厂建成投运；粉煤灰污水处理工程建成投运并通过环保局验收。④

① 叶连松主编《河北经济事典》，人民出版社，1998，第 597 页。
② 马大明、张玉田、赵英魁、张水龙：《白洋淀生态调控研究》，《地理学与国土研究》1996 年第 1 期。
③ 《雄安新区设立将为白洋淀生态保护带来全新机遇》，人民网，http://he.people.com.cn/ n2/2017/0422/c192235-30074067.html，2017 年 4 月 22 日。
④ 叶连松主编《河北经济事典》，人民出版社，1998，第 597 页。

为了治理白洋淀的水污染问题，保护和维系华北地区最大的湿地，水利部和河北省政府投入了大量资金，在 1997~2003 年，"先后从上游水库调水 11 次，共计 9 亿多立方米补给白洋淀，入淀水量 5.02 亿立方米"。[①] 保定市在 1992~1999 年，也前后投资 4 亿多元，用于治理白洋淀。[②]

自 20 世纪 90 年代开始，国家在发展规划中就把"三河三湖"（"三河"指淮河、辽河、海河，"三湖"指太湖、巢湖、滇池）治理列为环保工作的重点。当时，河北省出台了《白洋淀水体环境保护管理规定》，对白洋淀水体环境设立了三级保护区进行专项治理，但效果并不太明显。[③]

五 "一控双达标"攻坚行动[④]

"一控双达标"是 1996 年《国务院关于环境保护若干问题的决定》中确定的 2000 年要实现的环保目标。"一控"指的是污染物总量控制，要求"污染物排放量控制在国家规定的排放总量指标内"；"双达标"指的是"工业污染源要达到国家或地方规定的污染物排放标准；空气和地面水按功能区达到国家规定的环境质量标准"。[⑤] 实现"一控双达标"，既是国家为减少污染物排放、扼制生态环境急剧恶化趋势所采取的坚决措施，也是依法强力调整产业产品结构的重要手段，对促进中国经济社会与环境协调发展具有重大意义。

河北省委、省政府积极开展"一控双达标"工作，于 2000 年 2 月 29 日印发《河北省环境保护"一控双达标"攻坚行动方案》（冀办字〔2000〕9 号），

① 邓睿清：《白洋淀湿地水资源—生态—社会经济系统及其评价》，河北农业大学硕士学位论文，2011。
② 邓睿清：《白洋淀湿地水资源—生态—社会经济系统及其评价》，河北农业大学硕士学位论文，2011。
③ 《白洋淀被环保部列入"新三湖"背后有何深意？》，《经济观察报》（北京）2017 年 7 月 25 日。
④ 《河北省环境保护丛书》编委会编《河北环境管理》，中国环境科学出版社，2011，第 166~167 页。
⑤ 《河北省环境保护丛书》编委会编《河北环境管理》，中国环境科学出版社，2011，第 166 页。

明确行动目标，确定各级政府及省直相关部门的工作任务，全面部署行动计划。此后，全省各级政府将"一控双达标"工作作为全省环保工作的核心和重中之重，明确任务，抓紧落实。加强组织领导，实行党政一把手"一控双达标"工作负责制。各级党委和政府加强对"一控双达标"工作的领导，党政一把手亲自抓、负总责，一级抓一级，层层抓落实，真正做到责任、措施、投入"三到位"，行动方案成效显著。2000年，河北省在经过6月30日、10月30日两次"零点行动"和12月31日强制关停之后，在全省有污染的27060家工业企业中，治理达标的企业达到19079家，被依法关停或自然停产的企业有7864家，全省工业污染源达标率为95%，其中重点污染企业达标率在97%以上。到2000年底，12种主要污染物均控制在国家规定的指标内，其中工业粉尘、二氧化硫排放量、烟尘和废水化学需氧量的排放量，分别比1995年下降14%、22%、26%和47%。在城市环境功能区达标方面，石家庄市和秦皇岛市空气环境质量尚有一定差距，地面水环境质量已达到功能区划要求。廊坊市在全省提前实现功能区达标。全省"一控达双标"任务基本完成。2001年，为了继续巩固提高"一控双达标"成果，河北省结合工业结构调整压缩淘汰一批落后生产能力，加强现场执法监督，防止已关停企业擅自开工排污和已治理达标企业擅自停运治理设施，对大中型企业逐步实现自动监控，确保稳定达标。[①]

六 固体废物的污染与治理

1999~2002年，河北省固体废物的排放与治理情况如下。[②]

1999年，河北省工业固体废物的产生量为7027.9万吨，工业固体废物的排放量为246.8万吨。1999年工业固体废物的综合利用率（含县及县以上工

① 《河北省环境保护丛书》编委会编《河北环境管理》，中国环境科学出版社，2011，第167页。
② 《河北省志·环境保护志》编委会编《河北省志·环境保护志（1979~2005）》（内审稿），2013，第334~335页。

业和重点乡镇工业污染源，以下同）为 41.5%；处置率（含县及县以上工业和重点乡镇工业污染源，以下同）为 19.3%。全年完成固体废物治理项目 11个，新增工业固体废物处理能力 11.8 万吨／日。

2000 年，河北省工业固体废物的产生量为 7156.2 万吨，工业固体废物的排放量为 118.6 万吨，危险废物的产生量为 31.4 万吨。2000 年，工业固体废物的综合利用率为 40.9%，处置率为 6.2%。全年完成固体废物治理项目 19个，新增工业固体废物处理能力 8.0 万吨／日。

2001 年，河北省工业固体废物的产生量为 8847.3 万吨，较 2000 年增加1819.4 万吨；工业固体废物的排放量为 61.1 万吨，较 2000 年减少 57.5 万吨。危险废物的产生量为 32.1 万吨，排放量为 0。2001 年，工业固体废物的综合利用率为 43.6%，处置率为 7.8%。全年完成固体废物治理项目 14 个，新增工业固体废物处理能力 123.3 万吨／日。

2002 年，河北省工业固体废物的产生量为 8502.60 万吨，较 2001 年减少344.70 万吨；工业固体废物的排放量为 74.03 万吨，较 2001 年增加 12.93 万吨。危险废物的产生量为 32.5 万吨，排放量为 0。2002 年，工业固体废物的综合利用率为 46.7%。全年完成固体废物治理项目 14 个，新增工业固体废物处理能力 12.9 万吨／日。

第六节　可持续发展能力建设

1997 年，河北省被列为国家实施地方 21 世纪议程能力建设项目试点省。

一　围绕可持续发展开展的主要工作

实施地方 21 世纪议程能力建设项目，在河北省是一项全新的工作。河北省围绕可持续发展的优先领域——水资源的可持续开发利用积极开展工作有以下几个方面。

1. 制定和实施《河北省全社会节约用水若干规定》

资源严重短缺，是河北省实施可持续发展战略面临的最突出的问题之一。河北省在实施地方 21 世纪议程能力建设项目上，把水资源的开源、节流与可持续利用作为重点内容。1998 年 9 月 22 日，河北省人民政府发布《河北省全社会节约用水若干规定》（河北省人民政府令第 12 号）。该规定强调，"全省实行计划用水，厉行节约用水"。县级以上水行政主管部门应当组织编制节约用水规划和年度用水计划，二者应当纳入国民经济和社会发展计划体系。在用水管理方面，要求各级水利、农业部门积极倡导和推广农业灌溉节约用水技术、发展旱作农业，在农业灌溉中逐步禁止大水漫灌。新建、改建、扩建的建设项目，必须采用先进的节约用水设施，做到与主体工程同时设计、同时施工、同时投产。用水单位和个人应当安装使用节水型设备和器具。县级以上人民政府应当划定饮用水源保护区。该规定还划分了"五类地区"禁止采用或者限制采用地下水。①

2. 开展石家庄市城市供水和节约用水试点工作

一是市政府组织有关部门对全市水资源的分布、可供水资源量及城市工业和生活用水量进行了全面调查；二是研究制定了《石家庄市市区供水节约用水管理条例》，于 1998 年 12 月 28 日颁布实施；三是实行了领导目标责任，明确市主要领导分工负责农业节水和城市节水；四是合理确定水价，及时回收水费用于城市供水设施建设；五是加强用水计划管理，推动节水工作的开展，实行总量控制和万元产值取水量指标控制；六是加大宣传力度，提高市民的节水意识。为了让全市用水单位和居民了解水资源危机和用水现状，增强节水意识，市政府每年利用世界节水日和全国城市用水宣传周活动，采取多种形式，积极开展节水宣传，提高了市民的节水意识。

---

① 河北省人民政府：《河北省全社会节约用水若干规定》（河北省人民政府令第 12 号），1998年 9 月 22 日。

3. 大力开展农业节水

河北省是农业大省，对全省用水的分析结果表明，农田灌溉约占全省用水总量的四分之三，农业节水潜力很大。农业节水技术的普及、农民节水意识的增强，都有助于农民采取各种措施节约用水，对缓解水资源危机意义重大。在实施农业节水的过程中，重点抓了几个环节：一是进行节水工程试点，主要是喷灌、滴灌、管灌、渗灌等工程措施；二是积极推广多种生物措施及旱作农业措施；三是在有条件的地方大力发展喷灌等农业节水措施，农业节水得到较快发展。当时河北省农业发展节水灌溉面积达 2796 万亩。省政府还制定了"上不封顶"的农民发展节水灌溉补助政策，有多少农民搞节水灌溉，政府就补助多少农民，提高了农民发展节水灌溉的积极性。

二 积极推动可持续发展能力建设

围绕可持续发展能力建设，河北省主要做了四个方面的工作。

一是举办地方 21 世纪议程能力建设项目培训班。按照联合国开发计划署（UNDP）地方 21 世纪议程试点工作要求，河北省认真开展了对政府有关部门、各县（市）主要领导以及各县（市）从事可持续发展工作的人员进行培训。（1）1998 年 9 月，组织 22 个县（市）的副县（市）长和计划局长以及各市计委、科委主管可持续发展工作的科长，省环保局、河北师大地理系、省科学院地理研究所的同志，在保定市举办了"河北省地方 21 世纪议程能力建设项目"第一期培训班。（2）1999 年 10 月，在廊坊市香河县举办了"河北省水资源可持续开发利用培训班"，这是河北省举办地方 21 世纪议程能力建设项目的第二期培训班。（3）2000 年 8 月，在承德市举办了"河北省地方 21 世纪议程能力建设项目研讨班"，采取研讨代培训的方式，并通过实地考察，提高对地方 21 世纪议程能力建设项目的认识。[1]（4）2001 年 8 月 6~8 日，河

---

[1] 河北省贯彻实施中国 21 世纪议程领导小组办公室：《河北省推动地方 21 世纪议程能力建设项目的实践》，《地方可持续发展简讯》2001 年第 9 期。

北省委、省政府联合在北戴河举办了"环境保护与可持续发展高级战略研讨班"。全国人大环境与资源委员会主任曲格平、国家环保总局局长解振华以及钱易、叶文虎等国内外知名的环保专家和领导应邀做了专题报告。时任省长钮茂生、省委副书记赵金铎等领导参加了研讨班并做了重要讲话。全省 11 个设区市的市委书记（市长）、主管副市长、环保局局长、23 个重点县（区）的县（区）长以及 10 个省直部门的主要负责同志等参加了研讨班。[①]

二是积极推动全省资源节约利用和新能源的开发。在进行全省资源调查的基础上，开展了《河北省资源综合利用与可持续发展专题规划》课题研究和《河北省新能源开发利用规划》，推动了全省资源的可持续利用和加快新能源的利用步伐。

三是制作了"河北省可持续发展网页"。为推动河北省地方 21 世纪议程能力建设项目，加大可持续发展的宣传力度，在国家 21 世纪议程管理中心的指导和帮助下，河北省制作了"河北省可持续发展网页"。

四是积极推动生态环境保护，加快生态环境建设步伐。组织开展了《首都周围山区可持续发展研究》和《首都周围山区可持续发展指标研究》。通过指标体系的建设，提出区域内可持续发展的测度，为实施可持续发展战略提供决策支持，为可持续发展能力建设工程提供了基础支撑。[②]

三　积极开展环境宣传教育

河北省的环境保护宣传教育，经历了一个不断发展的过程。20 世纪 70 年代初期，河北省环保工作起步，环保部门开始组织宣传月、报告会等群众性宣传活动，并编印环保法规和科学知识小册子进行环保警及宣传教育。

---

① 《河北省志·环境保护志》编委会编《河北省志·环境保护志（1979~2005）》（内审稿），2013，第 798~799 页。
② 河北省贯彻实施中国 21 世纪议程领导小组办公室：《河北省推动地方 21 世纪议程能力建设项目的实践》，《地方可持续发展简讯》2001 年第 9 期。

1983年底到1984年8月召开的"河北省第三次环境保护会议"，均将宣传教育放到了重要位置。从1985年起，开始组织纪念"六·五"世界环境日活动，河北省环境宣传由环保系统内部推向社会。20世纪90年代以来，环境宣传教育明显升温，受到省委、省政府及各级环保部门的高度重视，省委、省政府下达的文件指示中，经常提到环境宣传教育。各新闻媒体、出版社也都加大了环境宣传的力度。尤其近年来，河北省的环境宣传教育在广度、深度和力度上都有新的突破。环境宣传日益走向社会，群众性越来越强，宣传形式活泼多样，参与新闻媒介越来越广，社会影响面逐渐扩大。自1993年以来，连续4年开展的"燕赵环保世纪行"活动，有2000多名记者参加采访，全省新闻单位共刊播世纪行专题报道600多篇。声势大、规模大、效果好，对一些群众关心的环境污染难点问题进行了公开曝光，促使问题得到有效解决。此项活动受到国家的表彰，为坚持宣传的经常性，河北电视台和省环保局自1993年连续3年开办了"环保纵横"专题新闻节目，在黄金时间播出。1996年，河北经济广播电台与省环保局又开办了以宣传环保政策法规、普及环保知识和解答环保疑难问题为主要内容的"绿色周末"专题节目。每年的世界环境日、土地日、地球日，全省各地都组织形式多样的纪念活动，强化了领导和群众的环境意识。在1996年全省"六·五"世界环境日，时任省长叶连松发表了署名文章，一些市主要领导也在当地发表电视讲话或署名文章，省电视台播出了环保专题节目;《河北日报》《河北经济日报》《河北工人日报》等，都以大版面刊登环保文章；各市还组织了环保知识竞赛、有奖征文等多种多样的环保活动，在广大市民中产生了良好的反响，环境教育工作得到进一步普及。在省委组织部的大力支持及各级环保、教育部门的密切配合下，全省各级党校、干校均设立了环境保护课程，多数中小学开展了环境教育。①

---

① 叶连松主编《河北经济事典》，人民出版社，1998，第599~600页。

四 地方21世纪议程能力建设项目的社会影响

地方 21 世纪议程能力建设项目试点工作对河北省的环境保护与生态建设产生了以下五个方面的积极影响。[①]

一是增强了决策层可持续发展的意识。通过举办各种类型的培训班，借助大众媒体进行宣传，可持续发展已成为报纸、刊物的经常性内容，河北电视台播出大型电视系列片《21 世纪不是梦》，这些宣传在决策层引起广泛的关注和重视，使可持续发展的实践活动在全省迅速得到推广，特别是可持续发展战略的实施，有效地发挥了政府在推动可持续发展工作中的主导作用。可持续发展意识已被各级领导和广大群众普遍接受。

二是用可持续发展的思想指导部门实际工作。在推动地方 21 世纪议程能力建设项目的实施过程中，始终把可持续发展的思想贯穿于政府工作的方方面面。政府各有关职能部门在落实"九五"计划和制定"十五"计划的过程中，不仅以可持续发展思想为指导思想，而且能不断按照可持续发展的要求，及时调整、修正工作内容。

三是可持续发展思想被纳入政府决策和管理体系。在推动河北省地方 21 世纪议程能力建设项目的过程中，河北省始终把《中国 21 世纪议程—河北省行动计划》作为纲领性、指导性文件，放在首位，放到突出的位置。在实施可持续发展战略的过程中，政府各职能部门在制定规划、计划中都注意反映可持续发展的思想和要求，把可持续发展的思想贯穿于政府工作的各个环节，在实际工作中加以落实。

四是积极推进增长方式的转变。实施可持续发展战略是实现经济增长方式转变的重要途径。在实施地方 21 世纪议程能力建设项目的过程中，始终注重将实施可持续发展战略与转变经济增长方式相结合，转变经济增长方式成为推进可持续发展战略的现实内容和实际步骤。具体体现在四个方面：(1) 树

[①] 河北省贯彻实施中国 21 世纪议程领导小组办公室：《河北省推动地方 21 世纪议程能力建设项目的实践》，《地方可持续发展简讯》2001 年第 9 期。

立经济、社会、人口、资源与环境协调发展的观念；（2）依靠科技进步，推进产业结构调整升级；（3）大力发展绿色经济；（4）大力发展环保产业，制定和实施河北省环保产业发展规划，使环保产业逐步成为具有带动作用的新兴产业。

五是增强了全省的可持续发展能力建设。能力建设是实施可持续发展战略的基本保证。通过能力建设，一方面增强了公众的可持续发展意识，可持续发展意识已被广大群众普遍接受；另一方面提高了公众的参与意识，人们普遍注意到生存环境、食品安全以及农业生产中的可持续发展，绿色食品备受青睐，对生态环境的重视程度明显提高。

第七节　环境保护工作的成效与面临的形势

1992~2001 年，随着河北省经济、社会的发展，城市建设的加快，人口的大量增加，环境污染问题愈加严重，矛盾日益突出，环境保护问题越来越多地引起各级政府的关注，环境保护力度逐年加强。1992 年 3 月，河北省委、省政府决定将河北省环境保护局由河北省建设委员会的委属局改为由河北省建设委员会归口领导的副厅级机构。1994 年 11 月，将河北省环境保护局调整为省政府工作机构，在省政府的领导下，依照国家和省有关法律法规，统一监督管理全省环境保护工作，防治污染和其他公害，保护和改善生活环境与生态环境，促进经济和社会持续、协调、健康发展。随着环境保护意识的加强，环保工作进一步得到重视，1997 年 5 月，经省委、省政府决定，河北省环境保护局升格为厅级单位。同期，河北省各地、市环保局都得到了不同程度的重视，机构规格得到提升，开始逐步适应环境保护工作的需要。[1]2000 年 3 月 27 日，河北省政府发布《河北省人民政府关于省政府机构设置的通知》（冀政〔2000〕13 号），河北省环境保护局调整为省政府直

---

① 田翠琴、赵乃诗、赵志林：《京津冀环境保护历史、现状和对策》，北京时代华文书局，2018，第 129 页。

属机构。[①]

20 世纪 90 年代，河北省城市环境综合整治步伐加快，成效明显。到 1996 年，全省正常运行的城市污水处理厂已有 7 座，年处理污水 12555 万吨；城市气化率达到 85.9%，城市集中供热面积达 5425.5 万平方米；烟尘控制区面积达到 482.743 平方公里；噪声达标区面积达到 109.24 平方公里；垃圾粪便无害化处理量达 354 万吨。石家庄市投资 4300 万元建设的鹿泉垃圾卫生填埋厂已投入使用。[②]

1992~2000 年，河北省各级政府和各部门在政策规划、资金投入、制度建设等方面加强了对工业污染防治、管理和协调。全省积极引进先进工艺技术，淘汰能耗、物耗高，污染严重的工艺设备，进一步促进了工业污染的防治工作。1996 年根据《国务院关于环境保护若干问题的决定》，河北省对严重污染环境的 15 种小型企业采取限期取缔、关闭、停产措施，大力推进老污染源治理，截至 1996 年底，查清全省列入取缔、关闭、停产名单的企业 10413 家，并全部予以取缔或关停，削减废水排放量 1.8 亿吨、废气排放量 207 亿立方米、固体废物排放量 37 万吨。在 2000 年的"一控双达标"工作中，又有 27060 家企业治理达标或被强制关停，大幅度减少了污染物排放，促进了产品、产业结构调整和乡镇企业的二次创业。1996 年和 1998 年先后两次开展了全省工业污染源调查，基本掌握了全省工业污染的情况，为全面防治工业污染、制定政策打下基础。[③]

一 环境保护工作的主要进展

1998~2002 年，河北省环境保护工作取得了五个方面的进展，许多工作走在了全国前列。

---

① 河北省人民政府：《河北省人民政府关于省政府机构设置的通知》（冀政〔2000〕13 号），2000 年 3 月 27 日。
② 叶连松主编《河北经济事典》，人民出版社，1998，第 595 页。
③ 田翠琴、赵乃诗、赵志林：《京津冀环境保护历史、现状和对策》，北京时代华文书局，2018，第 131~132 页。

1. 健全环境保护工作机制

环境保护工作摆在了省委、省政府工作的重要位置，为河北省可持续发展战略的实施提供了强有力的政治保障。1998年之后，省委、省政府明确提出，把可持续发展战略作为经济发展的主体战略，纳入国民经济和社会发展计划。在制定河北省第十个五年计划时，专门就生态建设和环境保护重点做了专项规划。省委、省政府每年都召开环境保护工作会议、人口资源环境座谈会，安排部署环保工作。1998年，河北省成立由省委副书记任组长，省人大常委会副主任、省政府副省长任副组长，27个相关部门领导为成员的环境保护工作领导小组。领导小组定期开会，研究制定加强环保工作的重大政策措施，协调解决全省环境保护与社会经济协同发展的重大问题。全省形成了"党委领导、政府负责、人大监督，环保部门统一监管，有关部门分工负责，全社会广泛参与"的环境保护工作机制。省委、省政府将环境保护工作纳入对各级党委、政府的政绩考核内容，连续五年对市县领导班子进行考核，严格奖励，充分调动了各级党委、政府加强环境保护工作的积极性。五年中，省委、省政府出台有关环境保护的重要文件、政策有10多件，其中《关于执行环境保护法律法规落实有关部门分工负责制度的意见》和《违反环境保护法规行政处分暂行规定》，被称为加强环保工作的两个标志性文件，在河北省影响甚为深刻。省政府把2002年确定为"环境保护年"，在全省开展"保护环境，从我做起"等一系列活动，全省上下人人重视环境保护，人人为环境保护做贡献的氛围进一步浓厚起来。[①]

2. 重点流域、区域污染治理取得初步成效

一是重点治理了"七河一渠一淀一海"的水污染。滏阳河邯郸段、陡河、柳河、瀑河、拒马河、绵河、洋河七条河流顺利完成第一阶段治理任务；石津渠基本还清；白洋淀污染综合治理一期工程通过国家验收。

二是全面改善水环境质量，相继制定实施了《河北省海河流域水污染防

---

① 《实施环境保障战略积极推进我省全面建设小康社会》，载《河北省保护环境保护文稿选编（二〇〇二）》（内部文稿），2002，第364~365页。

治计划》和《河北省碧海行动计划》，加强了陆源和直排污染源治理，在沿海三市率先实行禁止销售使用含磷洗涤用品，并在全省范围开始禁磷。

三是不断加大城市饮用水源地保护力度。省市两级先后出台了一系列饮用水源地保护的政策法规，保证了城乡居民饮水安全。

四是2001年，河北省环境保护工作进入新阶段。省政府办公厅印发《关于加快水污染、城市空气和垃圾污染综合治理的通知》，提出18项重点任务，推进重点流域、区域和城市环境综合整治工作，取得阶段性成果。

五是狠抓了环保形象工程，通过调整改善能源结构，发展集中供热，淘汰、治理小锅炉，全省共消灭黑烟囱2.3万多根，在城市建成区、风景名胜区及主要交通干线两侧可视范围内基本消灭烟囱冒黑烟现象。

六是创造性地开展了创建省级环保模范城和环境优美小城镇工作。2001~2002年，廊坊市、秦皇岛市北戴河区、秦皇岛市经济技术开发区建成了首批省级环保模范城市（区），三河市燕郊镇、栾城县栾城镇通过了环境优美小城镇验收。全省有51个小城镇的环境保护规划通过评审或完成编制。

3. 治理工业污染力度不断加大

1998~2002年，是河北省治理工业污染力度较大的时期。

按照国家"一控双达标"要求，河北省对1.8万多家有污染的工业企业进行了大规模治理，基本实现主要污染物达标排放，河北省被列为国控重点污染源的263家大中型企业全部治理达标。从防止"15小"企业反弹，到"一控双达标"，河北省陆续关闭了1万多家浪费资源、污染环境的小企业，淘汰了一批落后的生产能力和设备。1999年和2000年，河北省连续两年开展了"零点行动"，关闭了1万吨以下生料造纸企业。2002年初开始关闭2万吨以下不能稳定达标的生料造纸企业。在重点区域环境综合整治中，河北省按照"上大压小""以新代老"的方针，重点对建材行业进行了结构调整。

在新建项目环保审批上，河北省严格按照国家产业政策和环境敏感区的要求，结合优化工业布局、产业产品结构调整，严格执法，认真把关。全省大中型建设项目环境影响评价和"三同时"执行率均超过96%，小型建设项目、非生产性建设项目环保把关率也不断提高。1998~2002年，全省共拒批、否决51项严重污染及不符合产业政策的项目。建议企业改变厂址、工艺、燃料的项目有65项。通过限制高消耗、高污染的产业，为高新技术产业的发展提供了更大空间。按照堵疏并举的原则，充分发挥资源、技术、人才优势，积极改造传统产业，扶持了一大批各具特色的工业小区和优势产业，有力地推动了河北省产业结构的调整和产品的升级换代。

河北省通过试点，积极推行以循环经济和清洁生产为导向的先进、科学的生产模式。在一些企业建立ISO14000环境管理体系，促进企业的技术进步，提高管理水平。

4. 进一步加大环境保护投入力度

1998~2002年，河北省以政府为主导的多元化环保投融资渠道逐步建立，污染治理市场化初步形成，加快了工业污染治理和城市环境基础设施建设步伐。全省各级财政平均每年用于环境保护的投入达30亿元，全省累计利用国债资金64208万元，环保项目引进外资4亿美元，带动了社会化投资和企业自身投入。仅2000年河北省用于工业污染治理、"三同时"和城市建设的投资就达482389.5万元，2001年又增加到765166.2万元，比1997年的238400万元增长了3.3倍。截至2002年，河北省已建成城市污水处理厂13座，日处理污水能力达108.9万吨；在建城市污水处理厂12座，日处理污水能力达107.6万吨。建成垃圾无害化处理厂8座，全省城市垃圾处理率达66.54%。城市集中供热面积达10200万平方米。燃气普及率达94%。

5. 环境法制建设进一步加强

在环境立法方面，河北省先后颁布实施了《河北省水污染防治条例》《河北省环境监测管理办法》《河北省放射性污染防治管理办法》等十多部地方性法规和规章，制定了《灰尘自然沉降量环境质量标准》和《一氧化碳排放标准》等两个地方环境标准，进一步完善了河北省环境保护法律法规体系。

在不断加快地方环境立法进程的同时，河北省环保执法工作不断适应新形势、新任务的要求，在改善环保执法环境、理顺执法主体之间的关系、加强环保执法组织体系建设、规范执法行为和程序、推广典型经验、建立健全执法监督机制等方面，进行了积极探索，取得了前所未有的成效。1999年和2000年，省人大以落实《关于执行环境保护法律法规，落实有关部门分工负责制度的意见》和《执法过错责任追究制》为主要内容，连续两年开展环保执法检查。1999年，全省共查处各种违反环保法律法规问题601个，其中重点个案56个，给予17人党纪政纪处分，给予22个单位通报批评。

随着环保工作的深入，河北省环保机构和队伍建设得到进一步加强。省环保局、人事厅、编办、财政厅联合印发《关于加强我省市县环保机构和队伍规范化建设的意见》，对市县环保机构、人员配备提出明确要求。1998年，河北省尚有28个县没有独立环保机构，全省环保系统人员仅7002人。至2002年，全省11个设区市及136个县（市）全部建立了具有独立执法主体资格的一级环保机构，唐山、石家庄、承德三个设区市的区环保机构实行垂直管理，全省环保系统人员达到10391人。在省、市两级建立环境稽查机构，授以环境污染案件、环境应急事件现场调查处理权，这在全国是唯一的，也是对环境管理机构的一个创造性的改革。

1998年，省政府批准实施了《"九五"后三年和2010年河北省环保产业发展规划》，河北省环保产业开始进入稳步健康发展的轨道。

二　环境保护工作的主要成效[①]

1998~2002年，在河北省国民经济年均增长9%的情况下，全省12种主要污染物排放总量的增长趋势得到控制，基本遏制了环境污染加剧的趋势，部分城市和地区环境质量有所改善，生态保护和建设得到加强，避免了经济快速发展中容易出现的严重环境污染事件，有效防止了环境质量的全面恶化，

---

① 《实施环境保障战略　积极推进我省全面建设小康社会》，载《河北省保护环境保护文稿选编（二○○二）》（内部文稿），2002，第372~374页。

基本保障了河北省的环境安全，为河北省改革开放和经济建设赢得了空间、提供了支持。

1. 主要污染物排放总量有所削减

实行总量控制是我国"九五"以来环境保护的一项重大改革。河北省积极付诸实施，通过把总量控制纳入各级政府经济社会发展计划，明确为对各级政府的考核内容，严格执行"三同时"制度，控制新增污染源，加大对老污染源治理力度，消减排放量，加强城市环境基础设施建设等措施，有效控制了污染物排放总量的增加。具体地说：一是工业废气中二氧化硫排放量由 1997 年的 146.02 万吨减少到 2001 年的 128.9 万吨，工业烟尘排放量由 103.51 万吨削减到 71.9 万吨，工业粉尘排放量由 98.73 万吨削减到 67.3 万吨；二是工业废水排放量由 1997 年的 11.6 亿吨削减到 2001 年的 10.3 亿吨，工业废水中化学需氧量（COD）排放量由 89.11 万吨削减到 65.2 万吨；三是工业固体废物排放量由 1997 年的 197.52 万吨削减到 2001 年的 61.1 万吨。

2. 城市大气环境质量明显好转

河北省环境空气污染为煤烟型污染，主要污染物为总悬浮颗粒物、二氧化硫和降尘。1997~2001 年，总悬浮颗粒物、二氧化硫的全省年均浓度值有较明显的下降趋势。2001 年，11 个设区城市空气质量虽未达到国家二级标准，但总体上有所好转，总悬浮颗粒物年日均值由 1995 年的 0.388 毫克 / 立方米下降到 2001 年的 0.328 毫克 / 立方米；二氧化硫年日均值由 1995 年的 0.107 毫克 / 立方米下降到 2001 年的 0.087 毫克 / 立方米。保定、衡水两市二氧化硫年日均值明显下降，邢台、沧州、廊坊总悬浮颗粒物年日均值明显下降。

2002 年 1~10 月份，省会石家庄环境空气质量明显好于 2001 年同期，二级天数达到了 167 天，占总天数的 54.9%，还出现了 5 天从未有过的一级天气，大气环境在全国 47 个重点城市中的排序向前移了 9 位。其他城市的二级天气天数与去年同期相比，都有了不同程度的增加。各设区市二级天数完成率分别为：石家庄 128%、唐山 108%、秦皇岛 100%、邯郸 126%、邢台 115%、衡水 87%、沧州 91%、廊坊 96.7%、保定 110%、张家口 108%、承德 213%，各市主要污染物浓度均比去年同期明显下降。

3. 重点流域、区域水环境质量有所改善

根据 2001 年对省控及海河流域 56 条河流 148 个断面的监测结果，58%的断面水质为Ⅴ类、劣Ⅴ类，23% 的断面水质为Ⅳ类，19% 的断面水质为Ⅱ、Ⅲ类。大清河水系上游、永定河水系上游、滦河水系干流水质较好，基本满足功能区要求。滏阳河上游、拒马河、石津渠等河段水质有明显改善。五年间，全省重点水系Ⅱ、Ⅲ类水质断面数量增加，Ⅴ类以上水质断面数量有所下降。

城市集中饮用水源地得到有效保护，11 个设区城市的 12 座集中饮用水源水库稳定达标，确保了群众喝上放心水。

白洋淀环境综合治理二期工程初见成效，8 条入淀河流基本达到功能区划要求。

4. 生态环境保护和建设得到加强

1998~2002 年，河北省共建设 23 个生态农业示范县和 16 个国家级生态示范区建设试点县。自然保护区建设步伐进一步加快。先后建成了红松洼等 5个国家级自然保护区和赤城大海坨等 16 个省级自然保护区及一批市县级自然保护区。全省各类自然保护区已达 21 个，总面积达 3175 平方公里，城市人均公共绿地面积为 5.2 平方米，建成区绿化覆盖率为 30.18%，建成区绿地率达 22.74%。城市公园有 256 个，面积达到 3526.54 公顷。

承张地区"一退双还"工程进展顺利。2000~2002 年承德累计投资 8740万元，退耕还林 14.52 万亩；封山育林 14 万亩，飞播造林 10 万亩；退耕还草16.06 万亩，飞播种草 10 万亩，围栏封育 16 万亩。2002 年张家口市完成"一退双还"158.33 万亩，占计划的 73.57%，其中退耕 94.94 万亩，占 88.2%，匹配荒山造林 63.39 万亩，占 58.91%。

全省森林覆盖率已达到 19.48%，累计治理水土流失面积达 5.63 万平方公里，完成沙地治理 98.7 万亩。全省生态环境恶化趋势得到缓解。

三 环境保护面临的严峻形势

1998~2002 年，河北省在治理污染、改善生态环境方面采取的一系列措施和取得的成就，在一定程度上减轻了生态环境对全省经济社会发展的制约。但由于工业化、城市化快速发展，加上人口的大量增加，人均能源、资源消耗的快速增长，环境保护投入相对不足，以及长期的环境污染和生态恶化的积累，加大了河北省环境保护和生态建设的压力。生态环境问题，已经成为制约河北省经济发展、危害群众健康、影响社会稳定的重要因素。河北省当时面临的严峻的环保形势主要表现在以下四个方面。①

1. 水体污染仍很严重

主要污染物排放总量超过水环境承载能力。2001 年全省废水排放总量为 16.7 亿吨（其中工业废水 10.3 亿吨，生活污水 6.4 亿吨），废水中主要污染物 COD 排放量为 65.2 万吨。2002 年，全省废水排放总量为 17.3 亿吨，其中：工业废水排放总量为 10.6 亿吨，比上年增加了 2.9%；生活污水排放量为 6.7 亿吨，比上年增加了 4.7%。② 按照国家《海河流域水污染防治规划》，河北省地表水满足水体环境功能时的 COD 排放量为 12.3 万吨。现有 COD 实际排放量超过环境允许排放限值的 81.2%，削减任务排在全国第一位。

水环境污染严重。2002 年，河北省七大水系中，除大清河水系、滦河水系水质较好外，其余五大水系污染较重。从所监控的 133 个监测断面来看，Ⅲ 类及好于 Ⅲ 类的断面 20 个，占 15.0%；Ⅳ 类断面 37 个，占 27.8%；Ⅴ 类或劣 Ⅴ 类断面 76 个，占 57.2%；水环境质量较差。白洋淀 2002 年全年处于干淀水位，衡水湖水质以 Ⅴ 类、劣 Ⅴ 类为主，水质较差。2002 年，对全省 14 座

① 河北省环境保护局：《河北省环保工作基本情况》，载《河北省保护环境保护文稿选编（二〇〇三）》（内部文稿），2004，第 408~410 页。

② 河北省环境保护厅：《2002 年河北省环境状况公报》，河北省环境保护网，http://www.hebhb.gov.cn/hjzlzkgb/200307/P020030701657，2003 年 7 月 1 日。

水库监测的结果显示，全省湖库水体的富氧化程度严重，总氮指标全部超过国家Ⅱ类水质标准，生活废水对地面水污染的贡献呈加大趋势。[①]

水资源严重匮乏。多年来全省人均、亩均水资源占有量分别为 311 立方米、208 立方米，仅为全国平均值的 1/7 和 1/9，只有世界平均水平的 1/28 和 1/36，已处于国际公认的极度缺水甚至影响生存的程度。石家庄、沧州、衡水等设区城市位于全国 400 个供水不足城市的前列，81 个国控重点河段中有 68 个成为季节性河段，断流频次和时间逐年增加。南部、中东部地区地下水位持续下降，滹沱河、潴龙河、大沙河等河床干化，"沙龙"肆虐。白洋淀、衡水湖湿地逐年萎缩。严重的资源性缺水加剧了水体污染。

城市地下水超采严重，全省浅层地下水超采面积达 3.48 万平方公里，深层地下水超采面积为 4.32 万平方公里；[②]城市市区和周边绿化覆盖率低，造成二次扬尘污染较重；城市噪声扰民现象十分普遍；垃圾围城问题依然十分突出。

2. 城市空气污染仍处于较高水平

城市大气污染呈现复合型、多元化趋势。河北省空气环境以煤烟型污染为主要特征，主要污染物二氧化硫、烟尘和工业粉尘的实际排放量超出国家二级空气环境承载量的 60% 以上。特别是对人体危害最大的细颗粒物污染呈加剧趋势。2001 年石家庄市可吸入颗粒物平均浓度高达 0.206 毫克/立方米，是上海市的 2 倍，成为导致市区能见度低、空气浑浊、危害市民健康的重要因素。[③]

城市环境空气质量仍未达到国家规定标准。2002 年，除秦皇岛、廊坊两市空气质量达到了国家二级标准，其他 9 个市均超过了国家二级标准。主要污染物总悬浮颗粒物、二氧化硫、二氧化氮年平均浓度值超国家标准 2~3 倍，

[①] 河北省环境保护厅：《2002 年河北省环境状况公报》，河北省环境保护网，http：//www.hebhb.gov.cn/hjzlzkgb/200307/P020030701657，2003 年 7 月 1 日。

[②] 《河北省环境保护丛书》编委会编《河北环境发展规划》，中国环境科学出版社，2011，第 41 页。

[③] 《实施环境保障战略　积极推进我省全面建设小康社会》，载《河北省保护环境保护文稿选编（二○○二）》（内部文稿），2002，第 376 页。

超世界卫生组织标准 4~5 倍。在全国 47 个重点监测城市中，省会石家庄市环境空气质量最差。

3. 生态环境破坏问题突出，恶化趋势仍在持续

2002 年，全省林地面积达 365.5 万公顷，森林覆盖率为 19.48%，居全国第 19 位。比全国平均水平低 43%，远未达到生态良性循环要求的森林覆盖率 30% 的下限标准。水土流失面积为 5.43 万平方公里，占全省面积的 30%。荒漠化面积 2.72 万平方公里，占全省面积的 15%。退化草场已占到天然草场的 50%，北部张家口、承德地区和西部太行山区水土流失、风沙危害尤为严重。中部、东部和南部地下水超采造成严重的生态地质灾害，全省累计超采地下水 996 亿立方米，是多年平均地下水资源总量的 5.8 倍，平原区出现地下水漏斗区 21 个，总面积达 4 万平方公里，占总面积的 22%，已形成大面积的地下水漏斗群，部分地区含水层已经疏干。沿海地区出现海水入侵和咸水下移的趋势，整体生态环境趋于干化、沙化、脆弱化的局面，尚未得到根本上的改变。

4. 环境污染和生态破坏因素的长期积聚，导致新的环境问题逐渐显露

河北省比较突出的环境问题主要有以下四个方面。一是土壤污染危及粮食作物和蔬菜的食用安全。2002 年全省使用污水灌溉农田 13 万公顷，大面积污灌以及不合理施用农药、化肥，导致土壤污染尤其是汞、镉等重金属积累性污染问题突出，部分地区粮食作物和蔬菜的农药和其他有害物质残留超标，并呈加剧趋势。畜禽养殖和工业化，也给农村带来新的环境污染问题。二是固体废物特别是工业危险废物和医疗垃圾未得到全面有效处理，构成安全隐患。2002 年全省工业固体废物产生量为 8847 万吨，综合利用率为 43.6%，处置率仅为 7.8%。部分危险废物尤其是历年堆存的危险废物产生的废气、渗滤液、淋溶水，已逐步成为空气、土壤、地表水和地下水的重要污染源，对人体构成危害。废电器污染控制工作刚刚起步。大中专院校、科研机构、检测化验机构，有毒有害甚至剧毒化学药品的随意倾倒现象时有发生。医疗机构

化疗放疗废弃物、剥离肢体、输液器等医疗垃圾不按规定安全处置、倒卖牟利问题屡禁不止。三是辐射环境污染和居室环境污染已成为群众关心、社会关注的焦点问题。核、电子、电磁、光辐射污染防治刚刚起步。装饰材料市场中具有毒气污染的材料占 68%，多数新装修家庭居室中用醛、挥发性有机物和氨气含量都超过国家规定的标准，其他 300 多种有害物质也不同程度地存在超标问题，室内空气污染导致人们发病甚至死亡的事件逐年增多。[①] 四是城市垃圾乱堆乱放、垃圾围城问题没有得到有效解决；市容市貌、县容县貌、镇容镇貌、村容村貌亟待改观；城市化和城市规模的迅速扩大，给城市生活污水治理带来结构性和数量上的新压力；汽车大量增加，尾气超标排放，困扰城市大气环境的问题越来越突出。

严重的环境污染，已成为影响河北省经济社会发展的重要因素。一是制约了经济发展。河北省每年环境污染造成的直接经济损失占当年 GDP 的 8%以上，加上生态破坏的损失达到 13%。环境质量差，严重影响投资环境，难以吸引国际知名的跨国公司投资，减缓了河北省的经济发展速度。二是危害了人体健康。一些城市由于空气污染，发生呼吸道疾病的概率明显提高。一些地区由于水污染，造成胎儿畸形、妇女不孕，癌症发病率提高。三是直接影响社会稳定。因环境污染事故或纠纷，造成群众集体上访和越级上访事件明显增多。跨界水环境污染引起群众械斗事件时有发生。四是影响了河北省对外贸易。一些国家在贸易领域设置绿色壁垒，严重影响了河北省产品的国际竞争力。如陶瓷产品因重金属指标超标不能出口，蔬菜、水果等农产品因农药指标超标出口受到制约。[②]

---

① 河北省环境保护局:《河北省环保工作基本情况》，载《河北省保护环境保护文稿选编（二〇〇三）》（内部文稿），2004，第 409 页。

② 《实施环境保障战略　积极推进我省全面建设小康社会》，载《河北省保护环境保护文稿选编（二〇〇二）》（内部文稿），2002，第 378 页。

第四章 实施生态立省战略时期（2003~2012年）

2003~2012年，是河北省实施生态立省战略时期。这一时期，河北省在继续推进可持续发展战略的同时，制定和实施了"生态立省"战略，制定和实施了"十一五""十二五"环境保护规划，环境保护战略与规划对环境保护工作的引领作用更加明显。这一时期，河北省加强了环境法制与环境制度建设，创造性地在全国首先提出和实施"双三十"节能减排工程，开启节能减排的新模式。深入开展农村环境保护和生态环境建设，推进环境保护能力建设，全省环境保护与生态建设取得明显成效。2009年5月，河北省颁布的《河北省减少污染物排放条例》是中国第一部污染物减排相关法律，填补了污染减排专项立法的空白。

河北省环境保护的实施生态立省战略时期（2003~2012年），包括"十五"的后三年、"十一五"的五年和"十二五"的前两年。

第一节 继续推进"可持续发展"战略

从"十一五"开始，我国五年"计划"纲要改为五年"规划"纲要。规划比计划更长远、更全面。一字之差体现了党对发展内涵的认识的变化，表明计划经济体制基本结束。河北省"十一五"和"十二五"规划分别对可持续发展战略进行了深入阐述和全面部署。

一　建设资源节约型、环境友好型社会

河北省委关于制定"十一五"规划的建议和省政府制定的"十一五"规划纲要，在部署实施可持续发展战略时，明确提出"建设资源节约型和环境友好型社会"的目标要求。

2005 年 10 月 19 日，河北省委在《关于制定国民经济和社会发展第十一个五年规划的建议》中明确提出："全面启动生态省建设"，"广泛开展生态示范区、环保模范城、环境优美乡镇创建活动"，"推进文明生态村建设"。该建议提出的目标是："到 2010 年，力争 40% 的行政村建成经济发展、民主健全、精神充实、环境良好的文明生态村。"[①]

2006 年 2 月 20 日，河北省政府公布《河北省国民经济和社会发展第十一个五年规划纲要》，从四个方面提出了建设"资源节约型环境友好型社会"的任务：（1）发展循环经济，提高资源利用效率。一是促进资源循环式利用，鼓励绿色消费，倡导合理消费；二是创建节约型城市模式；三是建立循环经济支撑体系，推进循环经济步入标准化发展轨道。（2）节约保护资源，实现永续利用。促进节水型产业发展，提高水资源利用和水资源保护整体水平。（3）加大保护力度，提升环境承载能力。加强重点流域水污染治理。建立水源地保护制度。（4）以提高人民生活质量为中心，加快生态省建设步伐，促进自然生态恢复，促进人与自然相和谐。[②]

2011 年 1 月 16 日，河北省第十一届人民代表大会第四次会议批准的《河北省国民经济和社会发展第十二个五年规划纲要》，重点阐述了增强可持续发展能

---

① 河北省委：《关于制定国民经济和社会发展第十一个五年规划的建议》，《河北日报》2005 年 10 月 25 日。

② 《河北省国民经济和社会发展第十一个五年规划纲要》，《河北日报》2006 年 4 月 7 日。

力，"建设资源节约型环境友好型社会"。具体措施包括七个方面：（1）大力发展循环经济，在生产、流通、消费各环节大力推进循环发展；（2）降低能耗和碳排放强度，加快节能技术创新，狠抓重点企业和领域，有效控制温室气体排放；（3）推动资源节约和综合利用，重点是土地资源、水资源和矿产资源；（4）坚定有序淘汰落后产能，分级分批编制淘汰落后产能计划，将淘汰落后产能完成情况纳入地方政府绩效考核；（5）大幅度减少污染物排放，严格实行主要污染物总量控制，加强流域海域综合污染防治，改善城市空气质量；（6）强化生态环境保护，强化林草植被保护与建设，加大对自然生态系统的保护力度，建立完善生态保护制度；（7）提高防灾减灾能力，强化防灾减灾体系建设。[①]

二 加快发展循环经济

发展循环经济是我国的一项重大战略决策，是保护环境、实现可持续发展的有效途径。2005 年 7 月 2 日，国务院在《关于加快发展循环经济的若干意见》中强调"必须大力发展循环经济"，构建可持续发展的有效途径，采取各种有效措施，"实现经济、环境和社会效益相统一，建设资源节约型和环境友好型社会"。[②]

2006 年 3 月 23 日，省政府发布《河北省人民政府关于加快发展循环经济的实施意见》，明确提出发展循环经济必须坚持三个基本原则，即坚持"市场导向原则"、坚持"经济合理原则"和坚持"企业为主体，政府调控与公众参与相结合原则"。提出到 2010 年"初步形成具有河北特色的循环经济体系"，[③]并具体提出了到 2010 年循环经济发展的主要目标。

该意见分四个层面部署了发展循环经济的工作重点和主要任务：（1）企

---

① 《河北省国民经济和社会发展第十二个五年规划纲要》。
② 国务院：《国务院关于加快发展循环经济的若干意见》（国发〔2005〕22 号），2006 年 3 月 23 日。
③ 河北省人民政府：《河北省人民政府关于加快发展循环经济的实施意见》（冀政〔2006〕19 号），河北省人民政府网。

业层面，推行清洁生产，夯实发展循环经济微观基础；（2）产业层面，"引导生产要素向主导产业集中"，"形成资源节约的生产力布局"；（3）工业园区层面，优化资源配置，培育循环经济示范基地，重点抓好六大园区的规划建设；（4）区域层面，逐步建立"生态城市新模式"，构建节约型社会，着力构建节约型消费模式。

该意见提出了河北省发展循环经济的政策措施和保障机制：（1）加强规划指导，切实加强对发展循环经济的宏观指导；（2）健全法规体系，把发展循环经济纳入法制化发展轨道；（3）强化政策激励，建立有利于循环经济发展的融资机制和信用担保体系；（4）完善市场机制和价格形成机制；（5）"增强发展循环经济的自主创新能力"，构建技术支撑，制定《河北省资源节约标准》和清洁生产技术标准；（6）开展试点示范；（7）搞好宣传教育，逐步形成有利于循环经济发展的生活方式和消费模式；（8）建立健全责任制，把发展循环经济、建设节约型社会有关指标纳入政绩考核体系。

三　推动绿色低碳发展

2005 年 1 月 11 日，时任省长季允石在《2005 年河北省人民政府工作报告》中提出，大力发展循环经济，要"制定《循环经济发展指导意见》"，要"广泛开展建设节约型经济、节约型社会活动"，全面整顿和规范矿产资源开发秩序。[①]

2010 年 11 月 3 日，河北省委召开第七届委员会第六次全体会议，会议通过了《中共河北省委关于制定国民经济和社会发展第十二个五年规划的建议》。该建议在部署实施可持续发展战略时，提出推动绿色低碳发展，实施蓝天碧水工程。该建议提出了实施"四个一"战略的重点。在加快建设"环首都经济圈"（即"一圈"）中提出，把"一圈"打造成"休闲度假圈"、环境优美与山清水秀的"低碳生态环保圈"；在加快建设"沿海经济隆起带"中提

---

① 季允石：《2005 年河北省人民政府工作报告》，2005 年 1 月 11 日。

出，把河北省沿海地区打造成风光秀美的"滨海旅游带"、海蓝地绿的"沿海生态带"和风景独特的"滨海城市带"。该建议强调，要积极推动绿色低碳发展，要建立"促进绿色发展的长效机制"。要强力推进节能减排，"谋划和实施一批重大节能减排工程"。全面推进节能、节地、节水、节材和资源综合利用。该建议提出了实施十大"幸福工程"，其中之一是实施蓝天碧水工程。蓝天碧水工程的重点是与民生息息相关的空气污染、水污染和土壤污染等环境问题。要实施"一屏三带"工程，加强水源地、湿地等自然保护区的建设；建立生态补偿机制。加强农业面源污染的治理。①

2011 年 1 月 16 日，河北省政府在《河北省国民经济和社会发展第十二个五年规划纲要》中提出"着力改善生态环境""坚持下大气力抓好节能减排和环境保护"。②该纲要在布局实施"蓝天碧水工程"时，具体提出了"六大工程"。在生态保护重点工程方面，提出了四个方面的重点工程，即生态建设工程、湿地保护工程、防灾减灾工程和生态环境安全保障工程。该纲要第十五章从七个方面部署了建设"资源节约型环境友好型社会"的重点工作：一是大力发展循环经济；二是降低能耗和碳排放强度；三是推动资源节约和综合利用；四是坚定有序淘汰落后产能；五是大幅度减少污染物排放；六是强化生态环境保护；七是提高防灾减灾能力。该纲要还提出了"十二五"时期河北省生态环境明显改善的具体目标。

第二节　制定和实施"生态立省"战略

"生态省"概念具有很强的中国特色，在国外与之相似的概念主要是生态

---

① 中共河北省委：《关于制定国民经济和社会发展第十二个五年规划的建议》，《河北日报》2010 年 11 月 18 日。

② 河北省政府：《河北省国民经济和社会发展第十二个五年规划纲要》，长城网，http：//www.hebei.com.cn。

城市和生态社区。生态省建设是我国提出的，是在省域范围内寻求的一种能够协调经济、社会发展与环境保护之间矛盾的模式，使得该省的经济和社会发展不能超过其资源环境的承载力，以达到可持续发展的一种新的发展模式。建设生态省，根本目的是要通过这样一个载体把省域范围内的自然和人力资源整合在一起，以生态功能区划为基础，围绕生态产业、生态环境、生态人居和生态文化建设，统筹规划，分步实施，在省域内基本实现经济、社会与资源环境的可持续发展。建设"生态省"，是落实中央提出的科学发展观，努力建设资源节约型和环境友好型社会的具体行动。[①]

进入 21 世纪，河北省委、省政府不断加强河北省的环境保护工作，不仅在全国率先颁布和实施了一系列环境保护的法律法规，在全国率先提出和实施了"双三十"节能减排工程，而且逐渐把环境保护工作提升到生态立省的高度，制定并实施了生态立省战略。

一 "生态立省"战略的提出过程

自 2000 年起，全国先后有海南等 8 个省开展了生态省创建活动。河北省是全国第 9 个开展生态省创建活动的省份。

2003 年 10 月 27 日，河北省政府常务会议提出"由省环保局按照全国生态省建设的要求，组织专门人员谋划我省生态省建设"，以推进河北的生态省建设。按照省委、省政府的要求，省保护局、省发改委等部门根据国家环保总局关于编制生态省建设规划的有关要求，结合河北省实际，组织编制了《河北生态省建设规划纲要》。2004 年 4 月，在召开的全省人口资源环境工作电视电话会议上，时任省长季允石再次强调要"加快生态城市、生态工业、生态农业和绿色河北的建设进程，大力推进生态省建设，构筑环京津生态圈"。

---

① 解振华局长在《河北生态省建设规划纲要》论证会上的讲话，http://www.zhb.gov.cn/stbh/stwmsfcj/jsygl/201605/t20160522_342278.shtml。

2005 年 1 月 11 日，河北省召开第十届人民代表大会第三次会议，时任省长季允石在会上做了《2005 年河北省人民政府工作报告》，提出建设经济社会与生态良性循环的"生态河北"。该报告提出了 2005 年河北省要着力做好九个方面的工作，其中提出 2005 年要"出台实施生态省建设规划"、要"力争把全省 10% 左右的行政村建成文明生态村"。① 这是河北省在谋划生态省建设的过程中做出的一项重大战略决策。

2005 年 9 月 1 日，河北省人民政府与国家环保总局在北京联合举办《河北生态省建设规划纲要》论证会。与会领导和专家对该纲要给予充分肯定并一致通过。时任国家环保总局局长解振华对《河北生态省建设规划纲要》给予了充分肯定，并从四个方面对河北省建设生态省提出指导性意见：一是建立健全生态省建设制度；二是大力发展循环经济；三是通过实施河北省生态省建设规划，引导和规范生态省建设；四是"动员全社会参与生态省建设"。②

2005 年 9 月 29 日，国家环境保护总局批准将河北省列为全国生态省建设试点。国家环境保护总局认为，河北省提出创建生态省，符合我国实施可持续发展战略和建立循环经济体系的要求。生态省建设有利于提升河北省可持续发展能力，提升生态环境质量，促进生态经济发展和产业结构调整；有利于保障京、津两大城市用水安全和生态安全；对促进华北地区经济社会与生态环境的协调发展、"走出一条生产发展、生活富裕、生态良好的文明发展道路"，具有重要的示范作用。因此，同意将河北省列为全国生态省建设试点。③

2005 年 10 月 19 日，河北省委在《关于制定国民经济和社会发展第十一个五年规划的建议》中提出，"全面推进和谐河北建设""全面启动生态省建

---

① 季允石：《2005 年河北省人民政府工作报告》，2005 年 1 月 11 日。

② 《解振华在〈河北生态省建设规划纲要〉论证会上指出抓好生态省建设 努力构建环境友好型社会》，新浪网，http://finance.sina.com.cn/g/20050902/1118294834.shtml，2005 年 9 月 2 日。

③ 《国家环境保护总局关于同意将河北省列为全国生态省建设试点的复函》（环函〔2005〕412 号），2005 年 9 月 29 日。

设"，组织实施重大生态保护和环境污染防治工程，加快水环境、城市大气环境、固体废弃物污染、海洋污染和地质灾害治理，推进文明生态村建设。到2010年，"力争40%的行政村建成经济发展、民主健全、精神充实、环境良好的文明生态村"。①

2006年4月7日，《河北日报》发布了《河北省国民经济和社会发展第十一个五年规划纲要》，提出了"十一五"期间，河北省生态环境目标和文明生态村建设目标。生态环境建设的目标是"二降一提一减"，"二降"是"单位生产总值能源消耗降低20%左右"和"单位工业增加值取水量降低36%"；"一提"是工业固体废物综合利用率提高到60%；"一减"是主要污染物排放总量减少15%。文明生态村建设的目标是：40%的行政村进入文明生态村的先进行列。该纲要提出的生态环境建设的重点是建立生态补水的长效机制，"实施生态补水和水环境修复工程"。该纲要还从四个方面提出了建设"资源节约型和环境友好型社会"的任务与工作重点：（1）发展循环经济，建立循环经济支撑体系；（2）节约保护资源，重点是节约利用水资源、能源、土地资源和矿产资源，保护海洋资源；（3）提升环境承载能力；（4）加强生态保护和建设，加快生态省建设步伐。该纲要把生态省建设与人民生活质量提高联系在一起，并把生态建设作为"提高人民生活质量的重要内容"，②这是贯彻"以人为本"的科学发展观的具体体现。

2006年4月28日，省政府主持召开全省生态省建设电视电话会议，对生态省建设进行了全面动员部署。时任省长季允石出席会议并讲话，他指出，生态省建设的核心是发展生态经济，并强调生态省建设的关键在于狠抓落实。2006年5月，河北省政府正式印发和实施《河北省生态省建设规划纲要》（冀政〔2006〕33号）。《河北生态省建设规划纲要》是指导河北省生态省建设的

---

① 中共河北省委：《关于制定国民经济和社会发展第十二个五年规划的建议》，《河北日报》2010年11月18日。
② 《河北省国民经济和社会发展第十一个五年规划纲要》，《河北日报》2006年4月7日。

纲领性文件，为河北省的生态省建设规划了目标，确定了工作重点和任务。[①]

2006年7月13日，河北省第十届人民代表大会常务委员会第二十二次会议做出了《河北省人民代表常务委员会关于推进生态省建设的决定》。该决定对河北省的生态省建设提出三个方面的要求。一是提高认识，增强建设生态省的责任感和使命感。二是采取措施，落实生态省建设的各项工作任务。各级政府要根据实际情况编制当地的生态建设规划，要分类、分步骤地推进生态环境建设。生态省建设规划要与河北省的经济社会发展规划协调一致，互相促进。在生态省建设中，通过典型带动，以点带面，通过开展生态市、生态县和环境优美乡镇的创建活动，加快生态省建设步伐。各级人民代表大会及其常务委员会要加强对生态省建设工作的监督，依法保障和促进生态省建设。三是创新思路，建立生态省建设的长效保障机制。加强与生态省相关的法制建设，完善有关地方性法规，坚持依法行政，加大执法力度，坚决制止和查处各类破坏生态环境的违法行为。建立健全生态省建设的领导负责制，分解目标，层层落实。要加强政府的宏观调控与统一协调，形成社会广泛参与的生态省建设机制。[②]

2006年11月9日，时任省委书记白克明在中国共产党河北省第七次代表大会上提出，加快生态省建设步伐，重点推进大清河、子牙河等流域和白洋淀、衡水湖等区域的污染防治，抓好太行山绿化、京津风沙源治理等生态工程建设，积极建设资源节约型和环境友好型社会。深入开展文明生态村创建工作，以文明生态村创建为主要载体，以城乡统筹为基本途径，扎实推进新农村建设。力争到2010年全省有40%左右的行政村跨入创建工作先进行列。[③]

2007年1月，河北省政府发布实施《河北省环境保护"十一五"规划》，提出"以实现人与自然和谐为目标，全面推进生态省建设"。该规划从三个方面提出了生态省建设的任务：一是建立完善生态省建设的体制机制，积极

---

① 《河北省政府正式启动〈河北生态省建设规划纲要〉》，《河北日报》2006年4月29日。
② 《河北省人民代表常务委员会关于推进生态省建设的决定》，《河北日报》2006年7月15日。
③ 白克明：《在中国共产党河北省第七次代表大会上的报告》，2006年11月9日。

落实《河北省生态省建设规划纲要》；二是积极推进生态市、生态县建设，全省生态市和生态县的建设规划，要到2010年全面完成并印发实施；三是大力开展环保创建活动，在全省全面开展创建环保模范城市、生态示范区等活动。并提出河北省到2010年，全省50%的县级市达到省级环保模范城市的要求，有10个以上的国家级生态示范区试点能通过国家环保总局验收，每年新增100家绿色单位，创建一批国家和省级环境友好企业。[1]

为了迅速扭转子牙河水系水污染恶化趋势，加快改善子牙河水系水环境质量，2008年3月6日，河北省政府印发了《河北省子牙河水系主要河流试行跨市断面水质目标责任考核并试行扣缴生态补偿金政策的通知》（冀办发〔2008〕20号），决定在子牙河水系主要河流实行各设区市界断面水质COD目标考核并对造成水体污染物超标的设区市试行生态补偿金扣缴政策。2008年3月6日还颁布了《河北省子牙河水系污染综合治理实施方案》（冀办发〔2008〕21号），提出了子牙河水系污染综合治理的主要工作目标、重点工作任务和保障措施。

2009年1月，河北省颁布实施了《河北省城市集中式饮用水水源地环境保护规划（2008—2020）》（冀环控〔2009〕5号），在全省范围内开展了饮用水水源地生态环境监察和饮用水水源地环境调查与评估等工作。

2011年11月18日，时任省委书记张庆黎在中国共产党河北省第八次代表大会上强调，应狠抓环境保护与生态建设，坚持经济发展与环境保护、生态建设统筹推进。张庆黎在报告中提出了"建设经济强省和谐河北的总体要求"，并把"和谐河北"概括为"四个提高"，即"生活品质提高，文明程度提高，生活管理水平提高，生态环境质量提高"。[2]把"生态环境质量提高"作为"和谐河北"的"四大标志"之一，强化和提高了环境保护与生态建设的地位与作用。河北省第八次党代会以来，生态环境建设被提高到一个前所

---

① 《河北省人民政府关于印发河北省环境保护"十一五"规划的通知》（冀政函〔2007〕12号），2017年1月29日。

② 张庆黎：《在中国共产党河北省第八次代表大会上的报告》，2011年11月18日。

未有的高度，全省生态环境建设取得了新进展。

2012年1月17日，河北省正式印发《河北省生态环境保护"十二五"规划》。该规划作为河北省"十二五"期间环境保护工作的纲领性文件，对于河北省环保事业的进一步发展具有全面指导性作用。与"十一五"规划相比，其在总体构架和基本思路方面，都有较大的调整。该规划从五个方面设定了"十二五"期间河北省生态环境保护的主要目标及其具体指标：（1）主要污染物排放总量显著减少；（2）环境质量明显改善；（3）生态保护水平显著提高；（4）环境安全得到基本保障；（5）体系初步建成环境基本公共服务。[①]该规划目标明确，重点突出，任务具体，保障措施有力，具有较强的前瞻性、针对性和可操作性，而且明确了各项生态职能，提出了生态立省的要求。该规划要求推进形成主体功能区，在全省范围内实施主体功能区战略；划定河北省环境功能区划，构建自然和谐生态网，保护重要生态功能区；深入实施生态监察工作，完善环境监管规章制度；以自然保护区建设为载体，加强生物多样性保护力度；优先保障农村饮用水安全，大力实施农村环境综合整治规划，提升农村环境水平。《河北省生态环境保护"十二五"规划》是指导河北省环境保护与生态建设的纲领性文件，它统领着10个环境保护专项规划（主要污染物总量控制、海河、渤海、重金属、持久性有机物、固体废物、京津冀大气联防联控、农村环境综合整治、环保科技发展、环保能力建设规划），是河北省生态环境保护领域的宏观性、综合性和指导性规划，体现了省委、省政府对河北省环境保护工作的总体要求。[②]

2012年7月，河北省委理论学习中心组围绕着力改善发展环境、着力改善生态环境进行专题学习研讨；2012年10月16日，省委、省政府召开河北省着力改善发展环境、着力改善生态环境动员大会，正式印发《关于着力改

---

① 《河北省人民政府办公厅关于印发河北省生态环境保护"十二五"规划的通知》（冀政办函〔2012〕8号），2012年1月17日。

② 祝晓光：《〈河北省生态环境保护"十二五"规划〉内容解读》，河北省环境保护厅网，http://www.hebhb.gov.cn/gzhd/zcjd/t20120328_23665.html，2012年3月28日。

善生态环境的实施意见》和《关于着力改善发展环境的实施意见》两个重要
文件，就抓好发展环境和生态环境建设做出全面部署。这标志着河北省对生
态环境建设的认识上升到了新高度、新境界。《关于着力改善生态环境的实施
意见》提出了着力改善河北省生态环境的指导思想、基本原则、主要目标和
主要任务，并从大气、水、地和环境安全四个方面提出了到 2015 年的具体发
展目标。[①]

二 "生态立省"战略的基本内容

2006 年 5 月，《河北省生态省建设规划纲要》提出了河北省生态省建设
的总体目标，并将生态省建设分为近期、中期和远期三个阶段，提出了三个
阶段性目标。总体目标是到 2030 年，河北省基本建设"经济繁荣、生活富裕、
环境优美、社会和谐的省区"。[②]为实现上述目标，河北省提出了生态省建设
要着力完成五项重点任务。

"生态立省"战略是河北省"十二五"期间实施的一个重大专题战略。
2012 年 10 月，省委、省政府正式印发了《关于着力改善生态环境的实施
意见》。该实施意见提出"实施生态立省战略"，建构了较为完整的生态立
省战略体系，并提出河北省生态立省战略的"五个基本原则""四个主要目
标""五大项主要任务""六大重点工程"等。

实施生态立省战略要坚持五个基本原则。一是标本兼治，重在治本。加
快产业结构调整，向节能环保型产业转变。二是突出重点，整体推进。全方
位开展生态环境保护与建设。三是统筹协调，持续加大生态环境治理和建设
力度。四是积极推进体制、机制和管理创新，加大生态环境执法力度。五是

---

① 中共河北省委、河北省人民政府：《关于着力改善生态环境的实施意见》，2012 年 10 月 16
日。
② 《河北省人民政府关于印发〈河北生态省建设规划纲要〉的通知》（冀政〔2006〕33 号），
2006 年 5 月 10 日。

强化机制建设，加强政策引导与调控。

到 2015 年，全省生态立省战略要达到的四个主要目标是：天蓝气爽、水净河畅、地绿山青和环境安全。

该实施意见提出了五大主要任务[①]：一是加快结构调整；二是深化环境的综合整治，包括综合整治城市环境、全面改善农村环境和开展生态示范创建；三是搞好流域治理，实现水复其清，严格保护饮用水水源地，实行区域地下水开采总量和地下水水位"双控制"；四是建设绿色生态系统，包括构建生态屏障、恢复草原生态、建设绿色廊道、保护生物资源多样性，"十二五"期间治理沙化、碱化、退化草原 300 万亩；五是强化风险防范，保障环境安全，建立健全环境应急处置机制。

为了充分发挥典型示范作用，以点带面推动工作，该实施意见提出了六大重点工程，即"双三十"节能减排示范工程、千家重点企业环境监管工程、农村环境综合整治工程、北戴河近岸海域环境综合整治工程、洨河流域水环境治理工程和以省会为重点的城市气化工程。为了推进生态立省战略的实施，省委、省政府还提出了八项保障措施。

三　生态省建设的成就与基本经验

生态环境建设是建设经济强省、和谐河北的重大战略举措。进入 21 世纪以后，河北省生态环境建设力度不断加大，生态省建设的步伐不断加快，其主要做法和经验值得总结与借鉴。

（一）生态省建设的成就

到 2010 年 12 月底，"全省 11 个设区市和 136 个县（市）全部完成了生态市（县）规划。开展了环保系列创建活动，共创建国家级生态示范区 19 个、

---

① 中共河北省委、河北省人民政府：《关于着力改善生态环境的实施意见》，2012 年 10 月 16 日。

环境优美乡（镇）15 个、省级环境优美乡（镇）79 个"。①

（1）生态县（市）建设。"生态县（市）建设"是河北生态省创建活动中重要的"细胞工程"，是县级行政区域实施可持续发展战略的重要载体。河北省在全省范围内开展了创建生态县（市）活动。截止到 2009 年，河北省境内所辖市、县均已完成生态建设。

（2）到 2009 年底，河北省创建国家环保模范城一座——河北省廊坊市；省级环保模范城一座——河北省迁安市。②

（3）园林城、卫生城建设。截至 2009 年底，河北省先后有 6 座城市被命名为"国家园林城市"，分别为秦皇岛、唐山、廊坊、邯郸、石家庄和迁安。截至 2009 年，河北省已命名的国家卫生城市只有迁安市一个。而省级卫生城市有廊坊、秦皇岛、唐山、承德 4 个市。③

（4）生态示范区建设卓有成效。河北省从 20 世纪 90 年代开始进行以生态村、镇为中心内容的生态农村建设，截止到 2009 年，河北省共有 15 个县市先后被环境保护部列为国家级生态示范区，分别为围场县、平泉县、怀来县、蔚县、涿鹿县、迁安市、阜城县、遵化市、迁西县、唐海县、涿州市、平山县、邢台县、隆化县和巨鹿县。④

（5）优美乡镇建设。省委、省政府对创建工作非常重视，从 2004 年将省级环境优美城镇创建工作列入省政府的"十项民心工程"，并纳入政府目标进行考核，以推动镇区环境基础设施建设步伐的加快和生态环境的改善，促进了城镇社会经济的健康发展。截至 2009 年，河北省共创建国家级环境优美乡

---

① 《河北省环境保护丛书》编委会编《河北环境发展规划》，中国环境科学出版社，2011，第 83~84 页。

② 《河北省环境保护丛书》编委会编《河北环境发展规划》，中国环境科学出版社，2011，第 392 页。

③ 《河北省环境保护丛书》编委会编《河北环境发展规划》，中国环境科学出版社，2011，第 393 页。

④ 《河北省环境保护丛书》编委会编《河北环境发展规划》，中国环境科学出版社，2011，第 394 页。

镇 8 个，省级环境优美城镇 51 个。[1]

（6）创建文明生态村。2003 年 3 月，河北省提出了创建文明生态村的设想。随后，在农村经济基础比较好的唐山市首先开展了试点工作。2004 年 2 月，省委六届五次全会将创建活动纳入农村全面建设小康社会的总体目标，省委、省政府印发了《关于在全省农村广泛开展创建文明生态村活动的意见》，提出到 2020 年实现全省农村基本建成文明生态村的目标。2004 年 4 月，省委、省政府召开全省创建文明生态村工作会议，总结试点工作经验，对广泛开展创建活动进行了动员部署。自此，河北省文明生态村的创建活动全面展开。到 2009 年，河北省共创建了国家级生态村 10 个。[2]

（二）生态省建设的主要做法

河北省建设生态省的主要做法包括以下五个方面。

（1）围绕城镇面貌三年大变样要求，深化大气综合治理。2008 年 12 月，全省开始实施城镇面貌三年大变样环保行动计划，有力地促进了全省城市大气环境质量的改善。

（2）加大对水环境污染的治理力度，完善生态补偿机制。进一步加强饮用水水源保护区的监测与保护，进一步理顺流域整体管理，完善全省流域跨界断面生态补偿机制，截至 2012 年 11 月，全省累计扣缴生态补偿金 16860 万元。[3]环境保护部将河北省确定为全国省级全流域生态补偿试点。2012 年河北省制定出台了《北戴河及近岸海域污染防治与生态修复实施方案》，在改善海域水质方面，突出了源头防控。

（3）加快重点区域环境基础设施建设。2012 年出台了《河北省海河流域水污染防治规划（2011—2015 年）》和《关于加快推进洨河综合整治的实施

---

[1] 《河北省环境保护丛书》编委会编《河北环境发展规划》，中国环境科学出版社，2011，第 395 页。

[2] 《河北省环境保护丛书》编委会编《河北生态环境保护》，中国环境科学出版社，2011，第 398 页。

[3] 河北省环境保护厅：《2012 年河北省环境状况公报》。

意见》，切实加快重点区域环境基础建设。截至 2012 年底，重点流域地级以上城市污水处理率在 85% 以上，县级污水处理率在 75% 以上。

（4）加强生态省建设，大力开展农村环境整治工作。因地制宜地推进农村污水、垃圾和畜禽养殖污染治理。在全省范围内启动了"百乡千村"农村环境综合整治三年行动计划，着重解决农村的突出环境问题。[①]

（5）连续开展了"整治违法排污企业，保障群众健康"环保专项行动，解决关系民生环境问题。[②]

（三）环境保护与生态建设的基本经验

总结河北省"十一五"期间环境保护与生态建设工作，可以归纳出五条基本经验。[③]

一是充分发挥环境保护战略与规划的引领作用。河北省生态建设和环境保护工作得以顺利推进，战略和规划的引领作用不可小觑。只有把环境保护与环境治理的主要目标作为硬性约束纳入国民经济发展发展规划，环境保护规划与国民经济发展规划能同步制定、同步实施、同步考核，才能促进环境保护与环境治理目标的实现。

二是把统筹环境与发展的关系放在首位。"生态环境质量提高"既是"和谐河北"的一个重要标志，也是建设经济强省、和谐河北的一项重要内容和主要目标。从本质内涵讲，良好的生态环境是和谐河北的题中应有之义。因此，河北省在抓生态省建设的过程中，始终坚持统筹环境与经济建设的关系，努力实现经济社会发展与环境保护的"双赢"。

三是调整经济结构与产业结构，是实现可持续发展的根本与关键。河北

---

① 《河北省环境保护丛书》编委会编《河北环境发展规划》，中国环境科学出版社，2011，第83~84页。
② 《河北省人民政府办公厅关于印发河北省生态环境保护"十二五"规划的通知》（冀政办函〔2012〕8号），2012年1月19日。
③ 《河北省人民政府办公厅关于印发河北省生态环境保护"十二五"规划的通知》（冀政办函〔2012〕8号），2012年1月19日。

省的环境问题，源自产业结构偏重，发展方式粗放，高污染、高耗能产业企业偏多，加大了污染治理的难度。因此，要从根本上解决问题，就必须积极推进经济增长方式的转型，大力发展低耗能、低污染的产业。

四是加强环境法制、环境制度与环境政策创新，为环境保护与生态建设提供体制性保障。只有建立完善的防范体系、治理体系、标准体系和制度体系，才能促进环境保护事业的顺利进行。

五是以点带面，充分发挥典型示范作用，是实现全面推动、重点突破的重要方法。河北省创造性地实施的"双三十"节能减排过程，全方位地调动了各级领导实实在在抓环保的积极性，全面带动了环境保护与生态建设工作的推进。

第三节　制定环境保护"十一五""十二五"规划

2007年1月，省政府颁布的《河北省环境保护"十一五"规划》，是河北省第一次以省政府名义发布的环境保护事业发展中长期规划。2012年1月，省政府颁布的《河北省生态环境保护"十二五"规划》是河北省中长期环境保护工作的又一个纲领性文件。两个环保规划，对河北省环境保护事业的发展起到了引领作用。

一　制定环境保护"十一五"规划

2007年1月29日，省政府第77次常务会议讨论通过《河北省环境保护"十一五"规划》。这是河北省第一次以省政府名义发布的环境保护事业发展中长期规划。河北省"十一五"期间的环保目标指标，主要是参照《国家环境保护"十一五"规划》的指标体系制定的。其中，化学需氧量、二氧化硫排放总量控制指标被列为《河北省国民经济与社会发展第十一个五年规划》的约束性指标。《河北省环境保护"十一五"规划》总结了"十五"环保工作的主要进展，分析了"十一五"环境保护面临的形势，提出"十一五"环境保护的重点任务是：围绕全省环境保护总体目标，突出污染防治、生态保护、能力建设三大领域，抓好八项重点任务，实施城市污水处理、城市垃圾处理、电厂脱硫、工业污染防治、自然保护区与生态建设和环保能力建设六大工程。八项重点任务是（1）以确保饮水安全为中心，加强重点流域水污染治理。优先保护饮用水源地水质，集中力量解决海河流域水环境问题，保护海洋生态环境，推进城镇污水处理工程和配套管网建设。（2）以改善环境空气质量为重点，深化城市环境综合整治。调整优化城市功能区域和产业结构布局，优化能源结构，控制城市大气污染源，加快城市环境基础设施建设，加强辐射环境污染防治。（3）以防治工业污染为驱动，优化产业结构和空间布局。加快产业结构调整，强化建设项目环保审批，深化工业污染综合整治。（4）以发展循环经济为主导，促进经济增长方式转变。全面推行清洁生产，推进循环经济园区示范，创建节约型社会模式。（5）以实现人与自然和谐为目标，全面推进生态省建设。落实《河北生态省建设规划纲要》，积极推进生态市、县建设，大力开展环保创建活动。（6）以推进生态保护和建设为基础，构建区域生态安全屏障。建设重要生态功能保护区，加强自然保护区建设管理，加强资源开发活动的生态监管，加强生物多样性保护。（7）以强化农村环境保护为抓手，推动社会主义新农村建设。实施农村小康环保行动计划，控制农业面源污染，开展全省土壤污染普查及治理恢复。（8）以加快"四大体系"建设为载体，提升环境监控水平。加强环境监察能力建设，提升环境监测能力，推进辐射环境监控能力建设，建设污染监控网络系统，建设环境信息传输网络系统，建设环境应急指挥系统。

二 制定生态环境保护"十二五"规划

2012年1月出台的《河北省生态环境保护"十二五"规划》，是指导河北省环境保护中长期发展的纲领性文件，是关于河北省环境保护与生态建设的全局性、宏观性和综合性规划。该规划体现了省委、省政府对河北省环境保护工作的总体要求。[①] 该规划统领着十个环境保护专项规划（主要污染物总量控制、海河、渤海、重金属、持久性有机物、固体废物、京津冀大气联防联控、农村环境综合整治、环保科技发展、环保能力建设规划）。

《河北省生态环境保护"十二五"规划》规划有以下几个特点。（1）紧紧围绕河北省"四个一"发展战略，制定环境保护规划和发展战略。（2）深化总量控制制度，推动环境保护工作再上新台阶。（3）突出解决与民生息息相关的环境问题，把改善环境治理作为重中之重，提出重点加强水污染、城市空气质量、城市噪声污染和土壤污染的治理。（4）围绕重点领域，防范环境风险，维护环境安全。（5）强化生态立省，推动生态化建设。该规划强化了各项生态职能，确立了生态立省的要求，要求在全省范围内实施主体功能区战略；划定河北省环境功能区划，构建环首都生态安全体系，建设自然和谐的生态网，保护重要生态功能区；深入开展生态监察工作，完善环境监管的规章制度；以自然保护区建设为载体，加强生物多样性保护力度；优先保障农村饮用水安全，大力实施农村环境综合整治规划，提升农村环境水平。（6）增强监管能力，加强基础保障工程建设，全面提高河北省环境管理的基础能力水平。重点加强"五大体系建设"，即环境监测预警体系、环境执法监管体系、环境信息化保障体系、环境科技支撑体系和环境管理基础体系建设，提升环保人才培养水平，大力加强环境宣传教育，提高环保公众参与水平。（7）推进政策和机制创新，确保任务目标完成。为保障"十二五"生态环境保护任务目标全面完成，该规划进一步深化拓展"双三十"示范工程、深化全流域考核和生态补偿机制，实施主要污染物排放权交易、城镇面貌"三年上水平"环保行动计划、环首都绿色经济圈和沿海隆起带重要生态功能区建设，推进生态省建设、环保模范城创建和生态环境监察具有河北省环境保护经验特色的工作。[②]

---

① 祝晓光：《〈河北省生态环境保护"十二五"规划〉内容解读》，河北省环境保护厅网，http://www.hebhb.gov.cn/gzhd/zcjd/t20120328_23665.html，2012 年 3 月 28 日。

② 祝晓光：《〈河北省生态环境保护"十二五"规划〉内容解读》，河北省环境保护厅网，http://www.hebhb.gov.cn/gzhd/zcjd/t20120328_23665.html，2012 年 3 月 28 日。

第四节　加强环境管理和环境执法

2003~2012 年，河北省先后颁布实施了《河北省环境保护条例》《河北省大气污染防治条例》等地方性法规，以及《河北省征收排污费暂行办法实施细则》等政府规章，初步形成了具有河北特色的环境保护法规体系框架。特别是 2009 年 5 月，河北省颁布实施了《河北省减少污染物排放条例》，填补了污染减排专项立法的空白。

一　初步形成具有河北特色的环境保护法规体系

2001~2005 年，河北省环境法治不断强化，环境法制建设向体系化方向发展，共制定了 22 项地方性环保法规、规章和技术标准。《河北省大气污染防治条例》《河北省水污染防治条例实施细则》《河北省实施〈中华人民共和国固体废物污染环境防治法〉办法》《河北省电磁辐射环境保护管理办法》《河北省放射性污染防治管理办法》《河北省环境监测管理办法》等地方性环境保护法规先后颁布实施。随着环境保护工作的开展和进步，2003 年河北省政府制定了《河北省环境保护行政处罚办法（试行）》，适用于河北省各级环境保护行政主管部门。该办法的实施保障了各级环境保护行政主管部门正确行使行政处罚权，提高了行政处罚效率；同期，各地市制定环境保护规定、管理办法 17 种。各种环境保护法律和法规陆续颁布实施，河北省人大、省政府依据国家法律建立的相应地方保护环境法规和行政规章，使环境管理有法可依，有章可循，把环保工作推进了一大步。①

2006~2010 年，河北省继续加强环境法治建设，2006 年出台《河北省海

---

① 《河北省人民政府关于印发河北省环境保护"十一五"规划的通知》（冀政函〔2007〕12 号）。

域使用管理条例》。针对河北省产业结构偏重、增长方式粗放等情况，2009年5月27日，在全国范围内首次制定污染物排放专项法律《河北省减少污染物排放条例》。

1. 修订《河北省环境保护条例》

早在1994年11月2日，河北省发布施行的《河北省环境保护条例》，是中国第一部地方环境保护条例。随着环境保护形势和环境保护工作内容的不断变化，2005年，河北省人民政府在总结河北省环境保护工作实践的基础上，吸收省内外先进环境管理经验，并根据河北省环境管理的实际需要，对《河北省环境保护条例》进行了修订。2005年3月25日，河北省第十届人民代表大会常务委员会第十四次会议通过了省政府对《河北省环境保护条例》的修订。修订后的《河北省环境保护条例》包括第一章总则、第二章环境监督管理、第三章环境保护和改善、第四章环境污染防治、第五章法律责任和第六章附则六个章节。

该条例在明确规定政府主管部门职责及法律责任等内容的同时，关注民生的内容大大增加。强化了政府对辖区环境质量负责的原则，规定各级人民政府制定并落实环境质量任期目标和年度实施计划，促使辖区内的环境质量逐年提高和改善。同时还规定了政府主要负责人和分管负责人，承担本辖区内环境质量继续恶化或发生重大环境污染事故应承担的行政责任和法律责任。此外，还增加了生态环境保护的内容。明确县级以上人民政府应加强本辖区内的生态功能区的保护工作，对江河源头区、水源涵养区、水土保持的预防保护区和监督区、江河洪水调蓄区、防风固沙区和渔业水域等生态功能区采取保护措施，防止生态环境的恶化和生态功能的退化。该条例在总结河北省环境保护实际工作的基础上，吸收省内外先进环境管理经验，并根据河北省环境管理的实际需要进行修订。新条例从指导思想、原则和管理制度等方面增加了重要内容，主要体现在15个方面：（1）增加了环境保护应当贯彻科学发展观的内容；（2）就政府对环境质量负责的原则进行了细化；（3）增加了生态环境保护的内容；（4）规定了县级以上政府保护环境的责任和义务；（5）明确环境保护规划的制定或者修订，应当采取论证会、听证会等形式，广泛征询社会各界意见；
（6）充分发挥新闻媒体和公民的监督作用；（7）对环保部门的执法工作提出了
严格的要求；（8）对限期治理细化了程序制度；（9）具体规定了清洁生产的内
容；（10）规定了污染物集中处理单位接收的污染物发生重大变化时的报告制
度；（11）设定了夜间施工取得环保证明制度；（12）设定放射性固体废物和废
放射源的备案制度；（13）增加了学校环境教育的内容；（14）进一步加大了对
环境违法行为的处罚力度；（15）履行国际公约的规定。另外，根据行政审批改
革、行政许可法和形势发展的要求，删去了建设项目"三同时"预审单、县级
以上人民政府环境保护部门行政处罚款额权限的内容。

2. 颁布《河北省减少污染物排放条例》

2009年5月27日，河北省人大常委会颁布《河北省减少污染物排放条
例》。该条例第十条规定，河北省"对主要污染物排放实行总量控制制度"。[①]
该条例的突出特点可以概括为：一条主线、两项制度、三种途径。该条例主
要对以下问题做了重点规范。

（1）明确减排工作职责。一是建立健全领导责任制，明确县级以上政府
对减少污染物的领导职责；二是明确各级环保部门的统一监督管理职责；三
是明确各企事业单位和社会组织自觉减少污染物排放的职责。

（2）创新和完善七项环境管理制度，它们分别是：考核奖惩制度、环境
保护重点监管区制度、排污许可证制度、生态补偿制度、环境污染责任保险
制度、建设项目限批制度和污染防治设施社会化运营制度。

（3）从三个方面强化法律责任：一是设立"重罚"条款，对无证排污、
严重污染环境及恶意排污等行为给予重罚；二是设立对排污单位和负责人
"双罚"的条款；三是设立治安处罚条款。

《河北省减少污染物排放条例》是中国第一部污染物减排相关法律，填补
了污染减排专项立法的空白。该条例在完善"考核奖惩制度"等七项环境管

---

① 《河北省减少污染物排放条例》，2009年5月27日。

理制度时，充实细化了制度内容，更具可操作性。

3. 出台《河北省海域使用管理条例》

2001年10月27日，国家出台《中华人民共和国海域使用管理法》。这一政策出台后，河北省为了提高依法行政水平，规范海域使用管理，做到海域使用制度化、规范化、科学化，积极做好《河北省海域管理条例》（1999年出台）的修订工作。2006年11月25日，河北省第十届人大常委会第25次会议审议通过《河北省海域使用管理条例》。[①]

4. 出台《河北省烟气排放设施综合治理攻坚行动方案》

为进一步推进全省大气污染防治工作，改善环境空气质量，河北省政府于2007年12月印发了《河北省烟气排放设施综合治理攻坚行动方案》（办字〔2007〕135号）。该方案提出的攻坚行动应该坚持的原则是"着眼近期、兼顾长远、多措并举、重点突破、阶段实施、标本兼治"，并把全省烟气排放设施综合治理的工作分为两个阶段实施，分别提出了两个阶段的重点工作、主要任务和预期目标。

二　不断强化环境执法力度

2006～2010年，河北省进一步加大环境执法监管力度，河北省一直连续开展"整治违法排污企业，保障群众健康"环保专项行动，对全省钢铁行业产能和排污状况进行了全面核查，认真排查了造纸行业、重点流域重点企业、涉重金属行业的环境守法情况，以及建设项目环评、"三同时"执行情况，组织开展了"北京护城河"环境执法检查。在促进产业结构调整和发展方式转变方面，加强了环评审批把关。[②]

---

① 《河北省环境保护丛书》编委会编《河北生态环境保护》，中国环境科学出版社，2011，第306～307页。

② 田翠琴、赵乃诗、赵志林：《京津冀环境保护历史、现状和对策》，北京时代华文书局，2018，第139页。

2006~2010 年，河北省重点治污项目建设明显提速。截至 2010 年底，全省共建成并运行污水处理厂 175 座，比 2005 年增加 139 座，是规划任务的约 1.5 倍。建成生活垃圾无害化处理厂 151 座，形成无害化处理能力 2.52 万吨 / 日，比 2005 年增加 1.56 万吨 / 日，城市生活垃圾无害化处置率达 78.7%，工业固体废物综合利用率达 71%，分别比 2005 年提高了 55 个百分点和 20.4 个百分点，提前完成"十一五"规划指标。[1]

2006~2010 年，河北省不断加大淘汰落后产能的力度。河北省通过关停钢铁、炼焦、电镀、玻璃等落后产能项目，合计淘汰落后炼铁 3696 万吨、炼钢 1888 万吨、水泥 6139 万吨、玻璃 5622 万重量箱、焦化 796 万吨、造纸 205 万吨、酒精 15 万吨、印染 3 亿米、制革 650 万标张等一批生产能力。[2]

三　建设环境保护"四大体系"

2004 年 12 月 30 日，河北省人民政府印发的《关于建设环境保护四大体系实施意见》（冀政〔2004〕147 号）提出，大力建设与河北省经济社会发展相适应的"环境保护污染监控、科技支撑、资金投入和公众参与'四大体系'"。该实施意见提出的目标是，用 4 年左右的时间，初步构建起环境保护污染监控、科技支撑、资金投入、公众参与体系框架，到 2007 年，"全省环境保护'四大体系'的运行机制基本形成"。"四大体系"建设的任务是：（1）建立环境污染监控体系，建设自动化的环境监测系统、网络化的信息传输系统和智能化的决策控制系统；（2）建立环保科技支撑体系，增强环境保护的支持能力，围绕环境污染防治的重点领域，建立有利于科技成果转化的运

---

[1] 《河北省人民政府办公厅关于印发河北省生态环境保护"十二五"规划的通知》（冀政办函〔2012〕8 号），2012 年 1 月 17 日。

[2] 《河北省人民政府办公厅关于印发河北省生态环境保护"十二五"规划的通知》（冀政办函〔2012〕8 号），2012 年 1 月 17 日。

行机制和组织体系；（3）建立环境保护资金投入体系，形成"政府引导、政策调节、市场运作"的投融资机制，"全省环境保护投入占 GDP 的比例要逐年有所提高，2005 年达到 1.9% 以上，2007 年达到 2.5% 以上"；（4）建立环境保护公众参与体系，推进环境保护工作的社会化进程。[①]该实施意见的颁布实施，有助于加强河北省环境管理的体系化与规范化，从根本上建立环境污染防治的长效管理机制，提高全省的环境保护能力。

第五节　推进环境制度建设

2003~2012 年，河北省在环境制度建设方面，重点推进了环境影响评价制度、排污许可证制度、环境保护目标责任制和生态补偿制度的建设。

一　推进和完善环境影响评价制度

2003 年河北省环境保护局印发了《建设项目环境管理若干问题的规定》，从建设项目立项前的初审、环境影响评价文件审批、监督检查与竣工验收、技术服务机构管理及违反规定的责任追究五个方面提出规范要求，对于提高建设项目环境保护行政审批效能和质量，促进全省经济社会持续、快速、健康发展，具有积极作用。

2005 年河北省人民政府办公厅发布了《关于进一步做好规划环境影响评价工作的通知》，有效指导了规划环境影响评价的开展。[②]

2008 年出台了《关于进一步规范省级建设项目环评文件审批程序的通知》和《关于严格"两高"项目审批的通知》等文件，要求严把环评审批关。

---

① 河北省人民政府：《关于建设环境保护四大体系实施意见》（冀政〔2004〕147 号），2004 年 12 月 30 日。

② 《河北省环境保护丛书》编委会编《河北环境管理》，中国环境科学出版社，2011，第 114 页。

2009 年省政府出台了《河北省区域禁（限）批建设项目实施意见（试行）》，分设区市明确了各市的生态功能定位、区域禁止和限制建设项目类型以及环境敏感区建设项目管理要求，属全国首次在全省范围内明确划定"两高一资"项目禁止和限制开发的区域。

二 推进和完善排污许可证制度

河北省发布多项规章制度，积极落实和推进排污许可证制度的改革与完善，具体实施情况如下。[①]

1996 年 8 月 16 日，河北省环保局印发《河北省排放污染物许可证管理暂行规定》，对河北省行政区域内所有直接或间接向环境排放水、气污染物的企事业单位开始进行排污许可证的发放工作。

2005 年 1 月，河北省环保局制定了《排污许可证审批管理程序》，对省控重点污染单位、国家环保总局和省环保局负责审批的建设项目开展排污许可证的发放工作，明确了排污许可证的审批依据、审批对象、审批内容及申请条件。

2007 年 4 月，河北省环保局印发《关于核发排污许可证有关问题的通知》（冀环控〔2007〕101 号）。该通知指出，要进一步加强对排放污染物许可证的管理工作，规范排污行为，控制排污总量，实现主要污染物减排目标。在该通知中，河北省环保局对核发排污许可证的条件、要求、程序和省环保局发证重点企业名单进行了调整。

2007 年 7 月，河北省环保局印发了《河北省排放污染物许可证管理办法（试行）》。该办法强调规范排污者的环境行为，明确"排污许可证实行省、市两级发放，省、市、县三级管理，遵循浓度控制与总量控制相结合的原则，严格控制污染物排放总量。"截止到 2007 年底，河北省共发放排污许可证

[①] 《河北省环境保护丛书》编委会编《河北环境管理》，中国环境科学出版社，2011，第136~138 页。

6461 个。①

2003~2008 年，河北省征收排污费情况是：2003 年，全年全省征收排污费4.89万户，征收排污费4.27亿元；2004 年，全年全省征收排污费4.01万户，征收排污费5.59亿元；2005 年，全年全省征收排污费4.01 万户，征收排污费5.59 亿元；2008 年，全省排污费征收入库 11.62 亿元，其中污水类排污费征收1.01亿元、废气类排污费征收10.26亿元、噪声类排污费征收2198.93万元，固体废物类排污费征收 1606.89 亿元。

河北省认真执行并不断拓展、创新排污收费制度，实现了从按浓度收费向按总量收费的转变，不仅为污染治理、产业结构调整优化、节能减排和环保部门自身建设、环保事业发展提供了资金保障，同时也为推广环境资源补偿机制奠定了基础。

三　完善环境保护目标责任制

河北省从 1995 年起实行环保目标考核。考核指标从最初只有大气和水两项指标，逐步发展到包括环境质量改善目标、污染减排目标、环境基础设施建设目标、生态保护和建设目标四大类十余项指标；考核组织形式，也由最初的环保部门一家考核，发展到由省环境保护工作领导小组领导下的 20 多个部门合作进行；考核范围，采用省考核设区市，设区市考核县（市、区）的方式；考核结果的运用，从 2004 年开始，环保目标考核的结果已经被列为省委对党政领导干部政绩考核的一项重要内容，并对考核优秀单位颁发奖牌，给予物质奖励。

从 2006 年开始，河北省进一步改革了考核形式，由省政府与各设区市政府签订目标管理责任书，做到了目标到市、任务到市、责任到市。2009 年，为进一步简化工作程序，减少工作环节，又将责任目标与计分细则合

① 《河北省环境保护丛书》编委会编《河北环境管理》，中国环境科学出版社，2011，第137 页。

并印发，切实提高了工作效率。多年来的环保目标考核工作，有效地促进了科学发展观的全面落实，提高了各级党委、政府的环保国策意识，确保了环保重点目标任务的完成。目前，环保目标考核是省政府保留的为数不多的专项考核，一方面，体现了省委、省政府对环境保护的高度重视和抓好环保工作的坚定决心；另一方面，也说明环保目标考核在提升环保国策意识、推动环保重点工作上确实发挥了重要作用。应该说，河北省的环保目标考核工作逐步形成了一种有效的激励机制，环境保护工作也因此得到了进一步强化。

2009年3月30日，河北省政府办公厅印发《关于实行跨界断面水质目标责任考核的通知》（办字〔2009〕50号），决定自2009年起，"在全省七大水系主要河流实行跨界断面水质目标考核，对造成水体污染物超标的设区市、县（市、区）试行生态补偿金扣缴政策"。[①] 这是河北省在全国率先实行"全省范围的河流跨界断面水质目标责任考核"及试行"扣缴生态补偿金"政策，这一行动得到环保部的肯定，并被环保部确定为全国省级全流域生态补偿的试点之一，对河北省水污染防治起到了积极的推动作用。根据该通知要求，跨界断面水质目标责任考核分为省级和市级两个层次，省环保厅负责考核主要河流跨设区市界的断面，各设区市环保局负责考核本行政区域内跨县（市、区）界的断面。该通知对省考核断面超标扣缴生态补偿金标准和市考核断面超标扣缴生态补偿金标准，分别做出了明确规定。

第六节　创新"双三十"工程，推进总量控制工作

河北省以节能减排"双三十"工程为龙头，全力抓好污染物总量控制，这在全国是首创。节能减排"双三十"工程，是河北省的创举。它的考核约

---

① 《河北省政府办公厅印发〈关于实行跨界断面水质目标责任考核的通知〉》（办字〔2009〕50号），2009年3月30日。

束更加严格，目标任务更加明确，奖惩范围更加宽泛，政策扶持力度更大，为河北省的环境保护事业做出了突出的贡献。①

河北省是一个重化工业特征突出的省份，是资源能源消耗大省，经济发展与资源环境的矛盾比较突出。省委、省政府高度重视节能减排工作，坚持把节能减排作为贯彻科学发展观、构建和谐社会的重大举措，作为调整经济结构、转变发展方式的突破口，作为加强改善宏观调控的重点。河北省建立了节能减排目标责任制，把节能减排工作纳入各级经济社会发展综合评价体系，成立了省节能减排协调领导小组，省政府印发了《加强节能工作的决定》《河北省节能减排综合性实施方案》等一系列文件。同时，加快结构调整，大力淘汰落后设备，加强监督检查，推进技术进步，多措并举，取得了较好的成效。

一 创新"双三十"节能减排工程

（一）"双三十"节能减排工程的提出过程

2007年底，时任省委书记张云川提出，在全省确定30个重点县（市、区）和30家排污、能耗大的企业，作为节能减排重点区域和重点企业，全力攻坚，带动全局。为推动节能减排工作深入开展，河北省加强地方立法，制定出台了一系列政策措施，在全国率先颁布实施《河北省减少污染物排放条例》和《河北省环境污染防治监督管理办法》。

2007年12月5日，河北省"双三十"重点县（市、区）和重点企业节能减排工作动员会召开，标志着河北省"双三十"节能减排工作正式启动。

2008年1月，河北省政府《关于加强环境保护工作的实施意见》提出了"三个目标"和"四项任务"，并强调：要加快淘汰落后生产能力。按照"增优减劣相结合"的原则，认真落实河北省淘汰落后产能分年度工作计划，加大对电力、钢铁、建材、焦炭、造纸等高耗能行业落后生产能力的淘汰力度。

---

① 《河北省环境保护丛书》编委会编《河北环境发展规划》，中国环境科学出版社，2011，第156页。

2010年底前全省关停小火电机组428.67万千瓦，淘汰落后炼铁能力515万吨、格法玻璃3500万吨。通过加快落后产能的淘汰和重污染企业的关闭，促进区域产业结构优化升级，大幅度削减污染负荷。

2008年1月，省政府颁布《河北省人民政府关于推进节能减排工作的意见》（冀政〔2008〕11号）。2月，河北省以政府令的形式出台了《河北省环境污染防治监督管理办法》（政府令〔2008〕第2号），为促进减排、强化执法提供了法规支撑。2月29日，河北省政府印发《河北省30个重点县（市、区）和30家重点企业节能减排目标考核实施方案》，明确了对"双三十"县市和企业节能减排考核的目标要求、考核办法及保障措施。

2008年1月25日，省政府印发《关于推进节能减排工作的意见》（冀政〔2008〕11号），提出了全省节能减排工作的目标任务、重点领域、保障措施等。节能的年度目标是：2008年、2009年、2010年全省万元GDP能耗环比分别下降4.5%、4.9%、5%，入统工业万元增加值能耗环比下降5.5%、6%、6%。减排工作的年度目标是：2008年、2009年、2010年全省化学需氧量、二氧化硫净削减量与2005年排放量相比，分别下降4.5%、6.0%、4.5%和5.5%、6.0%、2.5%。到2010年，净削减化学需氧量、二氧化硫10万吨和22.4万吨。节能减排包括工业、建筑、交通、商贸、农业农村等重点领域。要抓好重大工程项目建设，加强重点企业基础管理，加快淘汰落后产能步伐。新建建筑要严格执行建筑节能标准，要加强新建建筑执行标准的全过程监管。合理规划交通运输发展模式，建设节能型综合交通运输体系。节能减排的主要保障措施是加大投入力度，加强激励约束，强化科技创新，严格依法监管，实施目标考核。对完不成节能减排和淘汰落后产能任务的，实行问责制和"一票否决"。[①]

针对严峻的节能减排形势，2008年，在省委七届三次会议上，时任省委书记张云川提出：节能减排工作，拒绝理由。全省要确定30个左右重点县

---

①　田翠琴、赵乃诗：《河北经济发展战略研究》，中共党史出版社，2016，第184~185页。

（市、区）和30家排污和能耗大的企业，制定节能减排工作目标，实施省级考核。在2009年1月召开的河北省人代会上，县（市、区）长和企业主要负责人要向省人大代表做出承诺，3年内必须完成达标任务。力争通过3年努力，使河北的生态环境得到明显改善。

2009年4月，河北省政府出台了《河北省区域禁（限）批建设项目实施意见（试行）》（冀政〔2009〕89号），提出"三严格一保护一控制"："三严格"一是严格各类环境敏感区的管理，二是严格重点流域、区域环境管理，三是严格限制高耗能、高污染的建设项目；"一保护"是强化重点文物保护单位及历史文化名城的保护；"一控制"是指实行建设项目区域总量控制。该实施意见（试行）还明确了各设区市的生态功能区定位、区域禁止和限制建设项目类型以及环境敏感区建设项目管理要求。[①] 严格产业政策名录中禁止和限制类项目、不符合国家准入条件项目和列入国家高污染名录的项目建设。对未完成年度节能减排目标的设区市、县（市、区），下年度各级投资主管部门和环保行政主管部门对高于当地GDP能耗水平的项目和增加相应污染物排放总量的项目一律不再批新建。还分设区市明确了生态功能区定位、区域禁止和限制建设项目类型以及环境敏感区建设项目管理要求。[②]

2009年5月27日，河北省第十一届人民代表大会常务委员会第九次会议审议通过《河北省减少污染物排放条例》，这是全国第一部推进污染减排的地方性法规，填补了污染减排专项立法的空白。该条例提出，河北省对主要污染物排放实行总量控制制度，并细化了污染物排放管理和法律责任。该条例贯穿一条主线，即减少污染物排放；突出两项制度，即主要污染物排放总量控制制度、考核奖惩制度；明确两大主体，即地方政府、

---

① 《河北省人民政府关于河北省区域禁（限）批建设项目的实施意见（试行）》（冀政〔2009〕89号），2009年4月24日。

② 《河北省人民政府关于河北省区域禁（限）批建设项目的实施意见（试行）》（冀政〔2009〕89号），2009年4月24日。

排污单位；强化三种途径，即工程减排、结构减排、管理减排。该条例把各地一些行之有效的环境管理措施，上升到法规的高度，可以更好地推进污染减排工作。[①]

2010年4月9日，省政府出台《关于进一步加强淘汰落后产能工作的实施意见》（冀政〔2010〕52号），明确了河北省淘汰落后产能的重点行业。明确加强淘汰落后产能工作要坚持三个基本原则，即坚持市场主导和依法行政相结合；坚持坚决淘汰和有序推进相结合；坚持分级负责和协调联动相结合。公布了重点行业淘汰落后产能的具体任务和五项保障措施。包括：严格市场准入，强化经济和法律手段，加大执法处罚力度，加强财政资金引导，支持企业升级改造。

2010年5月28日，省政府下发通知，提出关于落实国务院节能减排工作部署，确保实现河北省"十一五"节能减排目标的十项措施（冀政〔2010〕68号）。内容包括：严控高耗能、高污染行业过快增长；坚定有序淘汰落后产能；加快节能减排重点工程建设进度；组织能耗污染大户开展对标行动；切实加强用能管理；严把新建项目准入关口；推进重点领域节能减排。突出抓好冶金、电力、建材、化工、煤炭、石化六大高耗能行业和火电、钢铁、水泥、造纸、化工、酿造、印染七大高污染行业节能减排；完善节能减排激励约束政策；加大督察力度；实行严格的考核和问责制。[②]

2011年1月，河北省委、省政府将污染减排工作纳入全省"十二五"发展大局统筹考虑，谋划了"四要、三推"的"十二五"污染减排总体思路。"四要"是：要向结构减排要空间；要向工程减排要能力；要向管理减排要效益；要向科技减排要潜力。"三推"是：一是推进三大工程，即"双三十"节能减排示范工程、千家重点企业污染防治工程、农村污染综合治理工程；二是推进三个机制，即激励奖惩、部门联动、考核问责三大减排保障机制的创

---

①《河北省环境保护丛书》编委会编《河北环境管理》，中国环境科学出版社，2011，第165~166页。

② 田翠琴、赵乃诗：《河北经济发展战略研究》，中共党史出版社，2016，第184~185页。

新完善；三是推进三项改革，即管理体制、投融资和总量资源化、市场化改革。①

2011年4月6日，省委办公厅、省政府办公厅印发《关于深入实施"双三十"节能减排示范工程的意见》（冀办发〔2011〕15号），明确了"双三十"节能减排示范工程的目标任务，包括8项重点县（市、区）的目标任务和5个方面的重点企业的目标任务。

2011年7月，省政府印发《河北省"十二五"节能减排综合新实施方案》，提出两个"强化"和八个"推进"。两个"强化"是：强化目标责任约束，强化重点区域、企业和领域节能减排。八个"推进"是：推进结构性减排、工程性减排、循环性减排、技术性减排、政策性减排、市场性减排、管理性减排和社会性减排。

2011年11月，时任河北省委书记张庆黎在中国共产党河北省第八次代表大会上强调，要狠抓环境保护与生态建设，加快建设资源节约型和环境友好型社会，并提出把"生态环境质量提高"作为"和谐河北"的"四大标志"之一，进一步强化和提高了环境保护与生态建设的地位与作用。该报告要求继续强力实施新老"双三十"节能减排示范工程，坚决有序淘汰落后产能，发展循环经济，最大限度地集约、节约资源能源，最大限度地保护生态环境。此后，河北省的生态环境建设被放在一个前所未有的高度并取得新进展。

2012年7月，省委理论学习中心组围绕着力改善发展环境、着力改善生态环境进行专题学习研讨；10月16日，省委、省政府召开全省着力改善发展环境、着力改善生态环境动员大会，会后下发《关于着力改善生态环境的实施意见》和《关于着力改善发展环境的实施意见》两个指导性文件，就抓好发展环境和生态环境建设做出全面部署。这两个文件的下发，标志着河北省对生态环境建设的认识上升到新高度、新境界。

① 田翠琴、赵乃诗、赵志林：《京津冀环境保护历史、现状和对策》，北京时代华文书局，2018，第142页。

（二）实施"双三十"工程的主要做法与示范作用

"双三十"节能减排示范工程是河北省委、省政府提出的一项重大举措，是推进节能减排的有力抓手，也是河北省的一大创举和亮点。2007年以来，"双三十"工程确实起到了节能减排的示范效应。

1. 主要做法

2007~2012年，河北省始终坚持全面推进、重点突破的思路，把污染减排、改善水和大气环境质量、推进生态省建设、解决群众反映强烈的突出环境问题，作为环境保护的重中之重。

（1）抓"双三十"示范工程，强化政府和市场主体的责任

2007年底，河北省选择了主要污染物排放量占全省一半左右的30个重点县（市、区）和30家重点企业，实施省级直接考核。2008年1月24日，在省十一届人民代表大会第一次会议节能减排专题审议会上，被列入"双三十"之列的30个重点地区行政领导、30家重点企业法人代表向省人大代表做出庄严承诺："3年内完不成节能减排任务，将主动离职。"2008年3月，河北省政府印发了《30个重点县（市、区）和30家重点企业节能减排目标考核实施方案》，对"双三十"节能减排目标提出了具体要求，明确了考核办法，落实了保障措施。全省11个设区市仿照省"双三十"做法，共对35个重点县（市、区）、50个重点乡镇、30个工业密集区、633家重点企业（项目）实施重点管理。河北省"双三十"领导小组建立了月报告、季调度和半年通报制度，连续三次召开"双三十"工作调度会，采取对账方式，逐县逐企业调度工作进度，严格督促节能减排项目和措施的落实。省人大常委会由三位副主任带队，先后两次组织省人大代表组成视察团，对"双三十"单位的节能减排工作进行视察，有力地推进了"双三十"节能减排工作的开展。2011年初，河北省委、省政府在巩固深化已有的"双三十"工程的基础上，又筛选了新的"双三十"单位，继续深入实施"双三十"节能减排示范工程，以扩大其引领示范作用。

在深入开展"双三十"节能减排示范工程的过程中，省政府和有关部门

出台了一系列政策措施，强化了调度、考核，制定了年度目标考核实施方案及减排计划，建立了激励机制，使"双三十"工程的示范作用得到充分的发挥。

（2）强力推进千家重点企业污染防治工程

2011年，河北省筛选了化学需氧量，氨氮、二氧化硫和氮氧化物排放量分别占全省工业企业排放量72.5%，69.1%、78.3%和85.9%的1000家企业作为监控重点，通过实行环境信用评价，实施清洁生产审核，开展环境绩效评估，实现在线自动监控，强化执法监督考核等措施，以点带面，深化污染治理。目前千家重点监控企业的污染源自动监控率达100%，自动监控设施在线率上升到85%。[1]

2. 成效与示范作用

从实践看，"双三十"工程确实发挥了示范带动作用，在全省上下营造了积极推进污染减排的氛围，有力地撬动了各级政府和企业重视环保，真抓减排的主动性和能动性。国务院办公厅调研组两次到河北就"双三十"工作进行专题调研，给予充分肯定。

在"双三十"工程的示范带动下，河北省的污染减排目标任务超额完成。经环保部核定，2010年底，河北全省化学需氧量排放总量54.62万吨，二氧化硫排放总量123.38万吨，分别比2005年削减17.34%、17.53%，分别超额完成国家下达指标（15%）的2.34%和2.53%。[2]2012年河北省污染减排工作取得了新进展，全省水污染物化学需氧量、氨氮、大气污染物二氧化硫、氮氧化物的排放量分别为134.9万吨、11.1万吨、134.1万吨、176.1万吨，与2011年相比，分别削减了2.86%、3.13%、5.01%和2.19%，完成了年初污染物减排目标任务。[3]

---

① 资料来自河北省环境保护厅2011年度环境统计信息。
② 《河北省环境保护丛书》编委会编《河北环境发展规划》，中国环境科学出版社，2011，第80页。
③ 河北省环境保护厅：《2012年河北省环境状况公报》。

3. "双三十"节能减排工程的意义

（1）推进经济结构转型。"双三十"制度对产业结构调整和经济增长方式的转变影响是深远的。坚持把节能减排作为推进经济结构优化升级的重要抓手，特别是抓住当前结构调整的有利时机，促进三大产业协调发展，加快建设符合河北实际的现代化产业体系，显现出了非常重要的作用。一是"两高一资"产业得到遏制。"双三十"单位结合实际，从科学发展的高度，制定优化产业发展规划，研究出台了限制"两高一资"产业发展的一系列政策意见，并采取有力措施，遏制了过去盲目投资、低水平重复建设的现象。二是一批循环经济项目脱颖而出。"双三十"单位新建成循环经济项目173个，产生经济效益17.49亿元；155家企业开展了清洁生产审核。并且，在发展循环经济、推行清洁生产、加快技术改造等方面做了大量探索，在投融资机制、生态补偿、淘汰落后产能等方面做了多方努力，为全省其他地方积累了经验，提供了借鉴。三是培育了新的经济增长点。"双三十"单位建设了一批节能循环型、生态环保型、科技进步型、农业深加工型、外向型项目，培育了新的经济增长点。"双三十"单位GDP产值占全省的27.7%，财政收入占全省的29.8%。四是抵御风险的能力明显增强。"双三十"单位由于积极提升产业内涵，在国家遇到经济下行形势影响的情况下，"双三十"单位稳定地挺立潮头，抵御风险的能力明显增强，在县域经济中依然呈领军之势。[①]

（2）环境管理方法的创新。"双三十"示范工程是借鉴系统工程方法进行污染减排管理的一种实践，从宏观管理看，"双三十"不只是个工程概念，更是一个策略，是善于运用重点法和例证法进行创新并做出战略决策的一个成功案例。有专家建议，今后应逐步分类、分区、分序、分时、分责进行环保政绩考核，形成环境保护工作分步、分层推进的整体态势。"双三十"第一期选择了河北省最难的地区和企业，30个县（市）以及30家国有大中型企业占

---

① 《河北省环境保护丛书》编委会编《河北环境发展规划》，中国环境科学出版社，2011，第159页。

全省污染负荷的 50%，达到了验证突破难点、重点才能破解节能减排难题的目的。先重后轻、先大后小的策略，也符合河北实际。"双三十"示范工程抓住了河北省节能减排的关键，通过重点突破，带动了全省节能减排工作的全面推进。[1]

二 推进总量控制制度的实施[2]

总量控制是指"以控制一定时段内一定区域内排污单位排放污染物总量为核心的环境管理方法体系。它包含三个方面的内容：一是排放污染物的总量；二是排放污染物总量的地域范围；三是排放污染物的时间跨度。通常有三种类型：目标总量控制、容量总量控制和行业总量控制"。[3] 目前我国各地的总量控制基本上实行的是目标总量控制。

为贯彻国家主要污染物总量控制目标的要求，从 1997 年开始，河北省委、省政府每年召开全省人口、资源、环境工作会议，将环境保护纳入重要议事日程。环境保护目标纳入了农村小康建设、精神文明验收标准，特别是省委办公厅、省政府办公厅联合印发了《河北省环境保护工作目标考核办法》，将环境保护作为对各级党政领导班子及领导成员政绩考核的重要内容。并于 2000 年采取了一系列行动如"一控双达标""双三十"等总量控制行动，颁布全国第一部推进污染减排的地方性法规——《河北省减少污染物排放条例》，全面推进污染减排工作，有效控制全省范围内污染物排放总量，持续改善河北省生态环境。[4]

① 《河北省环境保护丛书》编委会编《河北环境发展规划》，中国环境科学出版社，2011，第160页。
② 《河北省环境保护丛书》编委会编《河北环境管理》，中国环境科学出版社，2011 第163~169页。
③ 《河北省环境保护丛书》编委会编《河北环境管理》，中国环境科学出版社，2011 第159页。
④ 《河北省环境保护丛书》编委会：《河北环境管理》，中国环境科学出版社，2011 第162页。

（一）河北省总量控制目标

1. "九五"期间污染物总量控制目标

由于"九五"环境保护规划编制期间，国家未对污染物总量控制指标提出具体要求，因此，河北省在对全省"九五"期间环境污染趋势预测的基础上，结合各市的实际情况，提出了到2000年河北省环境质量控制多项规划指标。其中，二氧化硫、烟尘、工业粉尘排放量和废水中COD排放量四项到2000年的规划值分别是：168万吨、145万吨、112万吨和25.8万吨。[①]

2. "十五"期间污染物总量控制目标

根据国家"十五"期间主要污染物总量控制目标要求，到2005年，河北省二氧化硫、烟尘、工业粉尘、化学需氧量、氨氮和工业固体废物等主要污染物排放量比2000年减少10%左右，二氧化硫控制区的二氧化硫排放量比2000年减少20%；工业废水中重金属、氰化物、石油类等污染物得到有效控制；工业用水重复用水率达到60%；造纸、水泥、冶金、制药等重污染行业的结构调整取得重大进展；危险废物得到安全处置。

3. "十一五"期间污染物总量控制目标

根据国务院颁布的《"十一五"期间全国主要污染物排放总量控制计划》，河北省作为东部地区，主要污染物化学需氧量、二氧化硫排放总量到2010年要比2005年削减15%，分别达到56.1万吨、127.1万吨。

（二）河北省总量控制管理工作

从"九五"到"十一五"中期，河北省委、省政府高度重视环境保护，大力实施可持续发展战略，采取了一系列积极的政策措施，坚持把主要污染物总量减排工作作为全省环保工作的中心任务。河北省总量控制管理工作主

[①] 《河北省环境保护丛书》编委会：《河北环境管理》，中国环境科学出版社，2011 第163页。

要包括六个方面。

一是深化环保目标考核工作，建立领导任期目标责任制和环境保护问责制。2006年，省政府出台《关于加强子牙河水系污染防治工作的实施意见》，加大对流域内不能稳定达标排污的企业的整治力度，落实单位责任；2007年，省政府与各设区市政府签订了减排责任书，明确了各设区市污染减排目标；2008年，省政府印发《30个重点县（市、区）和30家重点企业节能减排目标考核实施方案》，列入"双三十"的县（市、区）长和企业主要负责人向省人代会做出承诺，三年内没有完成减排任务的县（市、区）长主动引咎辞职，国有企业负责人就地免职，民营企业停产整顿。

二是不断加快城市环境基础设施建设。河北省将中央财政专项资金优先用于污水处理厂建设，鼓励了全省环境基础设施的建设运营，使城镇污水处理厂等环境基础设施建设全面提速，为确保实现COD减排目标创造了条件。截至2009年底，河北省建成城市污水处理厂180座，形成实际污水处理能力682万吨/日。

三是严格环保审批，强化环境准入。坚持环境影响评价制度和"三同时"制度，深化建设项目环保审批改革落实污染物排放总量控制制度，在重点行业和重点企业实行排污许可证制度；推行清洁生产，开始循环经济试点工作；加强企业监管力度。2007年，河北省出台了《河北省重点企业环境监督管理实施方案》，加强了对重点企业污染物减排工作的督促力度。2008年印发了《重点监控企业环境行为评价实施方案》，为评价重点企业的减排行为提供了判断依据。截至2008年底，726家重点企业全部实现在线监控，实施清洁生产审核。

四是优化产业结构。大力进行产业结构调整，推进《河北省区域禁（限）批建设项目实施意见》的制定工作，严格限制高资源消耗、高污染物排放的"两高"产业发展，探索建立促进河北省产业结构调整和落后产能淘汰的新机制。坚持把主要污染物总量减排工作作为全省环保工作的中心任务，制定了《钢铁、水泥、玻璃、焦炭、造纸等行业淘汰落后产能集中拆除爆破行动方案》，对各市列入 2008 年度淘汰落后产能的计划项目实施拆除爆破集中行动。

五是进一步完善环境保护地方法规体系，出台《河北省实施〈中华人民共和国固体废物污染环境防治法〉办法》《河北省放射性污染防治管理办法》《河北省环境监测管理办法》，修订了《河北省环境保护条例》。针对河北省产业结构偏重、增长方式粗放等方面的问题，在全国范围内首次制定《河北省减少污染物排放条例》。

六是加大环境执法力度，深入开展环保专项治理。开展了"一控双达标"攻坚和"双三十"节能减排等一系列污染减排行动，有效控制了污染物排放总量，确保河北省生态环境质量进一步好转。

（三）总量控制的成效

"九五"至"十一五"期间，随着环境管理工作的不断加强，河北省污染物总量控制及减排工作在"十一五"期间出现了转折点，污染物排放总量控制工作取得了一定成效。

"九五"期间，河北省经济快速发展，虽然河北省采取了多项环境政策和工程措施有效保障了河北省主要污染物排放总量得到控制，与"八五"时期末相比有较大幅度的降低，但由于经济社会的快速发展，污染物排放绝对量仍很大。"十五"期间在国民经济快速增长、人民群众消费水平显著提高的情况下，河北省总体环境质量基本稳定，主要污染物排放总量基本得到控制。在国家规定的总量控制的六项污染物指标中，河北省的烟尘、工业粉尘、化学需氧量、氨氮和工业固体废物排放总量分别比 2000 年降低 19.0%、12.3%、0.2%、10.6%、59.2%。由于以煤炭为主的能源消耗量大幅度增加，河北省二氧化硫排放量比 2000 年增加了 13.2%。进入"十一五"后，通过一系列工程和政策措施的有效实施，河北省在"十一五"前三年污染减排成效显著。2008 年，河北省 COD 排放量为 60.48 万吨，同比 2005 年净削减率 8.5%，完成减排目标的 56.7%，完成了《河北省环境保护"十一五"规划》中期目标，并超额完成《河北省"十一五"水污染物排放总量削减目标责任书》8%的中期减排目标要求。[1]

第七节　加强水污染防治与生态环境保护

2003~2012年，河北省在水污染防治与生态环境保护方面，重点抓了自然保护建设、饮用水水源地保护、流域污染防治、白洋淀保护和海洋生态环境保护。

一　加强自然保护区建设

河北省自然保护区的建设起步于20世纪80年代中期。经过20多年的发展，河北省形成了类型齐全、布局比较合理的自然保护区网络，保存了全省典型的天然林生态系统，保护了百余种世界珍稀和国家重点保护的野生动植物物种资源。

到2009年12月，河北省建成国家级自然保护区12处，面积为237909公顷，占全省自然保护区总面积的比例为38.4%；建成省级自然保护区20处，面积347716.4公顷，占全省自然保护区总面积的56.1%；建成市（县）级自然保护区7处，面积33432公顷，占全省自然保护区总面积的5.5%。[2]

按照《自然保护区类型与级别划分原则（GB/T 14529-93）》，"我国自然保护区分为3大类别、9个类型"[3]，三大类别分别是：自然生态系统类、野生

① 《河北省环境保护丛书》编委会编《河北环境管理》，中国环境科学出版社，2011，第169页。
② 《河北省环境保护丛书》编委会编《河北生态环境保护》，中国环境科学出版社，2011，第109页。
③ 《我国的自然保护区是怎么分类的？》，中华人民共和国生态环境部网，http://www.zhb.gov.cn/home/ztbd/rdzl/zgzrbhqzy/kpzs/201512/t20151230_320779.shtml。

生物类和自然遗迹类。

到 2009 年 12 月，河北省已建成的自然保护区包括了自然生态系统类中除荒漠生态系统类型外的 4 个类型以及野生生物类的 2 个类型、自然遗迹类的 2 个类型，共涉及 3 个类别 8 个类型。（1）自然生态系统类型的保护区。一是建成以森林生态系统为主要保护对象的自然保护区 18 个，其中国家级的有 6 个，省级的有 6 个，市（县）级的有 6 个，总面积 309026.2 公顷，分布于全省主要的林区。二是建成草原与草甸生态系统类型自然保护区 3 个：国家级的有 1 个，省级的有 2 个，总面积 61420 公顷。三是建成内陆湿地和水域生态系统类型自然保护区 6 个：国家级的有 1 个，省级的有 4 个，县级的有 1 个，总面积 87801 公顷，主要保护湿地生态系统及金雕、黑鹳、丹顶鹤、天鹅等迁徙鸟类。四是建成海洋和海岸生态系统类型自然保护区 2 个：国家级的和省级的各 1 个，总面积 33774.7 公顷。（2）建成野生生物类自然保护区 4 个：国家级的有 1 个，省级的有 3 个，总面积 83914.5 公顷。（3）建成自然遗迹类自然保护区 6 个，总面积 32936 公顷，其中国家级的有 2 个，省级的有 4 个，使一大批具有重要科学价值的自然遗迹得到了保护。[①]

2010 年，河北省开展了生物多样性调查与评价。基本上掌握了河北省生物多样性现状、空间分布及变化趋势，进一步了解了全省生物多样性所面临的威胁因素和重要生物物种资源动态变化，为今后明确河北省生物多样性保护工作重点和方向、建立生物物种资源监测预警体系提出了具体对策和意见。调查数据显示：截止到 2010 年，"全省已经建立各级自然保护区 39 个，基本覆盖了全省典型生态系统类型及重要自然遗迹，初步形成了环绕京津的自然保护区生态屏障"。[②]

---

① 《河北省环境保护丛书》编委会编《河北生态环境保护》，中国环境科学出版社，2011，第112~121 页。

② 河北省环境保护厅：《2010 年河北省环境状况公报》，河北省环境保护厅网，2011 年 6 月7 日。

二 加强饮用水水源地保护

为加强河北省饮用水源保护地保护，河北省对 11 个设区市、22 个县级市的饮用水源保护区进行了重新划分和核定。全省 88 个城市集中式饮用水水源地全部划分为保护区，并设立饮用水水源保护区边界地理界标和警示标志。

河北省对饮用水水源地的环境保护工作十分重视，省政府把保障饮水安全作为全省"民心工程"的首要任务和全省环保工作的重中之重。多年来，河北省各级环保部门一直坚持围绕保护水源地和改善饮用水水质，健全保护饮用水水源地的工作机制，加强饮用水水源地水质监测，提高水源地环境监管能力，使水源地的保护取得了一定的成效。饮用水水源地水质总体呈好转趋势。2009 年，水质达标率由 2005 年的 46% 上升为 92%。[①]"十一五"以来，河北省先后开展了饮用水源保护区核定与划分、城市集中式饮用水水源地基础情况调查评价、城镇饮用水水源地基础情况调查及评估等工作。2008 年底印发的《河北省城市集中式饮用水源保护区划分》和《河北省城市集中式饮用水水源地环境保护规划（2008～2020 年）》，为全省饮用水水源地环境保护提供了政策支持和技术支撑。明确规定了水源地污染治理措施、责任单位和时间安排。取缔关闭一、二级保护区内排污口及违法建设项目 94 个，大部分水源地设置了护栏、围网等防护工程。[②]

2011 年 3 月，省政府发布的《河北省国民经济和社会发展第十二个五年规划纲要》，把"营造蓝天碧水生活环境"放在"保障和改善民生全面提高人民生活质量和水平"中，与扩大就业、增加居民收入等九个直接关乎民生的社会问题一起阐述，说明省政府是把改善环境质量作为一大民生问题给予重视

---

① 《河北省环境保护丛书》编委会编《河北环境污染防治》，中国环境科学出版社，2011，第 73 页。
② 《河北省环境保护丛书》编委会编《河北环境污染防治》，中国环境科学出版社，2011，第 74～75 页。

的。该纲要提出，严格水源地保护，实施严格的饮用水水源保护区制度，坚决取缔饮用水水源保护区内的排污口。定期开展水源地环境风险评估，解决好农村饮水安全问题。该纲要提出的十大民生工程之一是蓝天碧水工程。具体包括：土壤污染修复试点工程，造林绿化工程，城市水生态系统修复工程，重点城镇生活垃圾处理工程，农村饮用水安全保障工程，农村环境综合整治工程。

三 加强流域污染防治

河北省积极实施《河北省海河流域水污染防治规划》。2008年3月6日，河北省人民政府办公厅印发《河北省子牙河水系污染综合治理实施方案》（办字〔2008〕21号）。该实施方案提出：到2010年底，子牙河流域企业实现稳定达标排放，水污染物排放总量得到有效控制，所有县级以上城市、县城都要建成污水处理厂且达产达标运行。2008年，《河北省海河流域水污染防治实施计划（2006~2010年）》经11个设区市政府批准发布并陆续实施。

截至2009年底，全省七大水系水质有所改善，Ⅰ~Ⅲ类水质比例为42.4%，比上年升高了9.1个百分点；劣Ⅴ类水质比例为41.7%，比上年降低了4.2个百分点。河北省出境断面水质好于入境断面水质。13座水库水质均达到了Ⅱ类水质标准（不计总氮、总磷两项富营养化指标）。近岸海域水质总体为良。主要城市地下水水质良好。[①]

自2008年4月起，河北省运用财政和环保两个手段，率先在子牙河水系实施跨界断面水质目标考核生态补偿机制，即"河流水质超标，扣缴上游财政资金，补偿下游地区损失"。借鉴子牙河流域生态补偿的经验做法，省人民政府自2009年4月起，在全省七大水系56条主要河流实行跨界断面水质目标考核生态补偿金扣缴政策。2012年1月8日，河北省"流域生态补偿机制"获得"中国地方政府创新奖"，成为全国首个获得"中国地方政府创新奖"的

---

① 《河北省环境保护丛书》编委会编《河北环境污染防治》，中国环境科学出版社，2011，第85页。

环保类项目。[①] "河北省全流域生态补偿机制"实现了环境管理的三个创新，即环境管理的理念创新、手段创新和模式创新。河北省环保厅认为，该项机制在全国实现了"四个首次"：首次试行；首次在省级行政区域全流域实施；首次被环保部确定为全国全流域生态补偿唯一试点省份；首次以地方法规的形式予以明确，写入《河北省减少污染物排放条例》。[②]

2009 年，河北省还相继出台《河北省区域禁（限）批建设项目实施意见（试行）》（冀政〔2009〕89 号）[③]、《河北省减少污染排放条例》[④]等相关政策办法，并将水污染防治任务分解，执行建设项目环保审批"总量指标"与"容量许可"双重控制，实行建设项目水资源论证，对项目取退水严格管理，对不符合国家产业政策的项目一票否决。为抓好海河流域水污染防治工作，河北省加大了污水处理厂建设力度，截至 2009 年底，全省建设污水处理厂 180 座，建成运行 174 座，城市（含县城）污水处理率达到 75%，可削减 COD 能力约为 25 万吨 / 年。[⑤]

四 补水济淀，保护白洋淀

自 20 世纪 60 年代开始，白洋淀入淀水量持续减少，干旱缺水逐渐成为白洋淀的常态化问题。进入 21 世纪，白洋淀的入淀水量比 20 世纪 90 年代又下降 55%。1983~1987 年、1996~2011 年连续干旱，造成了白洋淀的两次长时间的、持续的干淀，对白洋淀生态系统造成了毁灭性破坏，白洋淀的湿地面积由 20 世纪 50 年代的 561 平方公里锐减至 366 平方公里。[⑥]

---

① 徐俊华、吴艳荣：《河北省流域生态补偿机制获"中国地方政府创新奖"》，《河北日报》2012 年 1 月 9 日。
② 徐俊华、吴艳荣：《河北省流域生态补偿机制获"中国地方政府创新奖"》，《河北日报》2012 年 1 月 9 日。
③ 河北省人民政府：《河北省区域禁（限）批建设项目实施意见（试行）》（冀政〔2009〕89 号）。
④ 河北省人大常委会：《河北省减少污染排放条例》。
⑤ 《河北省环境保护丛书》编委会编《河北环境污染防治》，中国环境科学出版社，2011，第 95 页。
⑥ 梁世雷、李岚：《雄安新区生态安全问题及应对策略》，《河北学刊》2017 年第 4 期。

2003 年，白洋淀上游的各水库基本没有蓄上水，河北省与水利部联合制定了"引岳济淀"方案，到 2004 年 2 月，从岳城水库引水 4.17 亿立方米，这次补水量达到 1.59 亿立方米。"引岳济淀"补水工程的总投资 2543 万元，由河北省与水利部共同负担。[①]1996~2006 年，水利部门先后组织白洋淀上游安各庄、王快、西大洋三座水库为白洋淀放水济淀 15 次。2006 年 11 月，由于天气干旱，白洋淀水位再次大幅下降，降至干淀水位。因为白洋淀的上游水库都已不具备为白洋淀提供补水的能力，故水利部门决定，引黄河水济淀。2008 年上半年，水利部再次引黄济淀。引水济淀工程存在许多弊端，浪费了大量的财力、物力、人力，还是治标不能治本的应急之策，[②]解决白洋淀的水荒问题，还得建立白洋淀生态环境的保护机制与常态化的输水工程体系，以减少资源浪费和环境污染。

五 加强海洋生态环境保护

河北省内环京津，外环渤海。为了改善环渤海区域生态环境，加强环渤海陆域污染防治的力度，河北省委、省政府主要做了四个方面的工作：一是从完善政策制度入手，强化政策规划和规章制度的引导作用，不断提高海洋生态环境保护的硬约束和制度控制力；二是以信息服务、技术支撑和行政管理为保障，保证海洋生态环境保护工作顺利实施；三是以海上污染防治和陆源污染治理为重点，改善流域、海域环境质量；四是以保护海洋生态环境与资源为目标，加快海洋生态恢复与建设。

河北省沿海地表水资源质量总体较差，河口段水质多为Ⅴ类或劣Ⅴ类。[③]为了有力地保护海洋生态环境和海洋资源，河北省制定了《河北省海域管理

① 邓睿清：《白洋淀湿地水资源—生态—社会经济系统及其评价》，河北农业大学硕士学位论文，2011。

② 梁世雷、李岚：《雄安新区生态安全问题及应对策略》，《河北学刊》2017 年第 4 期。

③ 《河北省环境保护丛书》编委会编《河北生态环境保护》，中国环境科学出版社，2011，第 288 页。

条例》等政策法规，编制了《河北省海洋资源利用总体规划》，完成了河北省海域使用现状调查和污染基线调查，加强海洋管理法制建设，建立了海洋功能区划等五种海洋管理制度，为海洋生态环境保护提供了政策保障。[①]

（一）海洋生态环境保护规划体系

海洋功能区划是我国海洋环境管理的一项基本法律制度，为保护海洋环境、维持海洋生态系统良性循环提供依据和指导。为充分发挥环渤海的区位优势，合理开发利用海洋资源，河北省修编和编制完成了《河北省海洋功能区划》及沿海三市海洋功能区划，启动了11个县（市、区）的海洋功能区划编制工作。[②]

河北省海洋局于2001年组织沿海市、县人民政府的海洋管理部门以及河北师范大学开展河北省海洋功能区划，其成果包括《河北省海洋功能区划》《河北省海洋功能区划登记表》等六个专业报告及六个专题报告。2006年对其进行了修订。[③]

河北省于1993年完成《河北省近岸海域环境功能区划》工作。按照国家环保局《关于近岸海域环境功能区划工作有关问题的通知》（环发〔1998〕316号）的要求，结合国家颁布执行的《海水水质标准》（GB3097—1997）和河北省近岸海域水质现状，对原《河北省近岸海域环境功能区划》进行了相应调整，并于1999年2月2日发布实施。[④]

2004年4月，河北省编制完成《河北省海洋经济发展规划》，通过制定区划和完善海洋经济发展规划，加强了海洋经济发展的整体性、宏观性布局

① 《河北省环境保护丛书》编委会编《河北生态环境保护》，中国环境科学出版社，2011，第296页。
② 《河北省环境保护丛书》编委会编《河北生态环境保护》，中国环境科学出版社，2011，第297页。
③ 《河北省环境保护丛书》编委会编《河北生态环境保护》，中国环境科学出版社，2011，第297页。
④ 《河北省环境保护丛书》编委会编《河北生态环境保护》，中国环境科学出版社，2011，第300页。

和产业布局，为海洋经济的发展奠定了基础。海洋资源保护与生态环境建设作为一项重要内容列入河北省海洋经济发展规划当中，从海洋污染防治、海洋资源保护、海洋生态环境建设和保护和海洋灾害防治四个方面指明了工作的目标和内容。[①]

（二）河北省海域使用管理条例

2001年10月，国家《海域使用管理法》出台后，河北省根据新形势、新情况，认真做好《河北省海域管理条例》（曾于1999年11月29日颁布）的修订工作。2006年11月25日，河北省第十届人大常委会第25次会议审议通过《河北省海域使用管理条例》，这是《河北省海域管理条例》修改后的新名称。虽然《河北省海域使用管理条例》在名称中仅加了"使用"一词，却突出了对海域的"使用"管理，有助于使海域的"使用"管理制度化、规范化。

为了促进《河北省海域使用管理条例》的执行落实，河北省还相应编制了《河北省海域使用申请审批管理暂行办法》《河北省海洋监察工作管理办法》等10个配套制度，印发了《关于进一步加强海洋管理工作的若干意见》。这些法规和制度的出台，逐步形成全省涵盖海域使用管理、海洋环境保护和海洋执法监察各个领域的完整的法规制度体系，为保护海洋生态环境、促进海洋经济的可持续发展提供了法律依据和制度保障。[②]

2012年11月22日，河北省政府第112次常务会议讨论通过的《河北省海洋环境保护管理办法》对海洋环境监督管理、海洋生态环境保护、海洋环境污染防治、海洋环境影响评价、法律责任等做出了详细的规定。[③]

[①] 《河北省环境保护丛书》编委会编《河北生态环境保护》，中国环境科学出版社，2011，第303页。

[②] 《河北省环境保护丛书》编委会编《河北生态环境保护》，中国环境科学出版社，2011，第306页。

[③] 河北省人民政府：《河北省海洋环境保护管理办法》。

（三）河北省渔业条例

河北省于 1990 年 9 月 8 日公布施行的《河北省渔业管理条例》，是河北省第一部保护渔业资源的地方性法规。该条例对渔业资源的增殖保护做了详细的规定。

2007 年 11 月 23 日，河北省第十届人民代表大会常务委员会第三十一次会议上审议通过《河北省渔业条例》，于 2008 年 1 月 1 日起正式实施。这一条例是对《河北省渔业管理条例》的修订和创新。《河北省渔业条例》对水域与滩涂的水产养殖业、捕捞业、渔业资源的增殖和保护、水产品质量安全、法律责任等内容都做了全面的详细规定。[1]《河北省渔业条例》是一部保护渔业资源、促进渔业可持续发展的重要的地方性法规，为保护渔业资源提供了执法依据。

（四）海洋环境保护的成效

通过认真执行落实海洋环境保护的法规与政策，河北省的海洋生态环境有了明显改善。"2008 年河北省海域海水环境质量基本保持良好状态，全省未达到清洁海域水质标准的面积比 2007 年减少了 11.8%；陆源入海排污口超标排放污染物的势头有所好转，实现达标排放的入海排污口比率由 2007 年的13% 提高到 34%。"[2]2009 年河北入海河流水质主要超标污染物浓度均出现不同程度的降低[3]，近岸海域水质总体为良。[4]2011 年河北省近岸海域海水环境质量基本保持良好，以Ⅰ、Ⅱ类水质为主。[5]上述成效的取得，主要是河北省

---

① 河北省人大常委会:《河北省渔业条例》。
② 张艳:《河北省海洋环境保护工作坚持在开发中保护　在保护中开发》,《中国海洋报》2009 年 11 月 24 日。
③ 《河北省环境保护丛书》编委会编《河北生态环境保护》,中国环境科学出版社,2011,第287 页。
④ 河北省环境保护厅:《2009 年河北省环境状况公报》,河北省环境保护网,2010 年 8 月 25 日。
⑤ 河北省环境保护厅:《2011 年河北省环境状况公报》,河北省环境保护网,2010 年 6 月 5 日。

围绕环渤海陆域污染防治做了以下工作：（1）以《河北省环境保护 "十一五" 规划》《河北省渤海碧海行动计划》《河北省海洋环境保护规划》等规划为引领，加强规划的执行与落实，不断提高海洋环保的科学性和约束性；（2）以部门联动为基础，开展联合海洋检查等工作，形成海洋环保工作合力；（3）以陆源污染治理为重点，加快改善流域环境质量，切实加大污染减排力度，加快污水处理厂和垃圾处理设施的建设，实行了省内跨界水质断面目标责任考核并扣缴生态补偿金政策；（4）严格沿海工程建设项目的审批，合理开发海域；（5）加大船舶及海洋监管，防范海上油污染；（6）以暑期工作为关键，加强秦皇岛近岸海域环境保护；（7）不断加大海洋生物资源保护力度，提高海洋生态环境保护水平。①

第八节　环境保护的成效与面临的形势

一　生态环境保护的成效

（一）2001~2005 年环境保护的成效

2001~2005 年，河北省大力实施可持续发展战略，进一步强化了环境保护规划的实施力度。河北省委、省政府把环境保护作为一项主要工作来抓，先后就加强环境保护、防治重点流域水污染、建设生态省和发展循环经济做出一系列部署，全力推进环境保护资金投入、污染监控、科技支撑和公众参与四大体系建设，环境保护工作取得积极进展。（1）切实建立健全各项环境制度，主要污染物排放总量基本得到控制。坚持环境影响评价制度和"三同时"制度，在重点行业和重点企业实行排污许可证制度，依法关停、淘汰落后生产能力、工艺和设备，推行清洁生产，建成一批循环经济试点。在实行

---

① 张艳：《河北省海洋环境保护工作坚持在开发中保护　在保护中开发》，《中国海洋报》2009 年 11 月 24 日。

总量控制的六项污染物指标中，与 2000 年相比，2005 年有五项指标下降，即烟尘、工业粉尘、化学需氧量、氨氮和工业固体废物排放总量分别比 2000 年降低 19.0%、12.3%、0.2%、10.6%、59.2%。但由于以煤炭为主的能源消耗量大幅度增加，二氧化硫排放量比 2000 年增加了 13.2%。（2）重点流域和近岸海域污染防治步伐加快，认真落实《海河流域水污染防治"十五"计划》和《渤海碧海行动计划》，水环境质量恶化趋势初步得到了遏制。加快水污染防治重点工程项目建设，加强重点流域污染源环境监管，初步遏制了水环境恶化的势头。全省饮用水水质稳定，作为城市集中式地表饮用水源地的 14 座大中型水库，除富营养化指标总氮、总磷外，均达到饮用水水源地水质标准。全省七大水系中Ⅲ类和好于Ⅲ类的河流断面比例为 31.3%，比 2000 年上升 8.5 个百分点；Ⅴ类和劣Ⅴ类水质河流断面比例为 53.0%，比 2000 年降低 9.1 个百分点。[①] 海域水环境质量基本保持良好状态，大部分海域符合清洁和较清洁海域水质标准，秦皇岛近岸海域水质达到Ⅰ类标准。（3）城市环境质量明显改善。2005 年全省设区城市环境空气质量二级和好于二级的天数平均达 295 天，比 2001 年增加 123 天，增幅 71.5%；空气综合污染指数平均为 2.75，比 2000 年下降 20.1%。城市污水集中处理率达 49.25%，流经城市的河段水质有所好转；建成无害化垃圾处理厂 15 座，生活垃圾处理率达 41.92%，垃圾围城现象得到初步缓解。（4）自然保护区建设加快。发布实施《河北生态省建设规划纲要》，生态环境保护和建设迈出新步伐。按照重要生态功能区抢救性保护、重点资源开发区强制性保护和生态良好区积极性保护的要求，努力实施"三北"防护林、太行山绿化、退耕还林还草、21 世纪首都水资源保护、京津风沙源及水土流失治理等生态建设工程，缓解了生态环境恶化的趋势。河北省作为全国生态省建设试点。新增 5 个国家级自然保护区、14 个省级自然保

---

① 《河北省人民政府关于印发河北省环境保护"十一五"规划的通知》（冀政函〔2007〕12 号）。

护区，自然保护区面积占总面积的2.48%。①（5）林业建设加快。2000年时，河北省林地面积为365.5万公顷，是全国少林省份之一。在2001~2005年实施"三北防护林"、太行山绿化、京津风沙治理、退耕还林还草、21世纪首都水资源保护等一系列生态建设工程后，2005年底全省林地面积达到434.13万公顷。（6）治理水土流失速度加快。2001~2005年，河北省通过小流域治理等综合方式，5年累计治理水土流失面积1.4万平方公里，是1995~1999年治理面积总和的1.4倍。治理速度由过去的每年1000多平方公里提高到每年近3000平方公里。通过治理，京津风沙源区水蚀面积减少了14.2%，辽河、滦河、潮河流域每年减少河流泥沙流失量100多万吨，但是仍然存在边治理边破坏的现象，全省水土流失依然严重。②（7）环境保护能力建设扎实推进。制定实施《河北省人民政府关于建设环境保护"四大体系"的实施意见》，环境保护能力逐步提高。"十五"期间环保投入逐年增加，2005年达到191.37亿元，占全省GDP的比例由2000年的1.0%提高到1.89%。（8）环境法治不断强化，环境执法力度不断加大，深入开展环保专项治理，检查各类企业12.5万家，取缔、关闭违法企业2359家，停产治理企业440家，限期治理企业679家，解决了一批危害群众健康的突出环境问题。③（9）生态环境面临的主要问题。2001~2005年生态环境建设主要面临四个问题。一是水资源短缺且污染严重。全省饮水困难人口达200余万人，全省年均超采地下水50亿立方米左右，导致平原区的地下水水位持续下降，已形成总面积近40000平方公里的区域下降漏斗，成为全国地下水水位下降漏斗面积和地面沉降最大的区域。全省七大水系主要河流57%的河段处于重污染状态。二是土地沙化、荒漠化问题局部缓解，总体还比较严重。全省沙漠化土地面积272万公顷，在全国排第6

---

① 《河北省人民政府关于印发河北省环境保护"十一五"规划的通知》（冀政函〔2007〕12号）。

② 《河北省志·环境保护志》编委会编《河北省志·环境保护志（1979~2005）》（内审稿），2013，第145~146页。

③ 《河北省人民政府关于印发河北省环境保护"十一五"规划的通知》（冀政函〔2007〕12号）。

位。三是农业环境污染日益突出。全省污水灌溉面积938.5公顷。全省化肥平均施用量是发达国家化肥安全施用上限的2倍，平均利用率仅40%。不合理及超量使用农药、化肥和地膜等，造成土壤退化和土壤污染。四是矿产资源过度开发。据统计，河北省矿山开采占用土地总数达5.8万公顷。[①]

由于环保投入等问题，河北省环境保护能力薄弱的问题尚未得到很好解决，污染治理进程缓慢，"十五"期间海河流域污染防治计划完成率不足50%，全省主要污染物排放总量控制目标、环境质量改善目标等均没有全部完成。[②]

（二）2006~2010年环境保护的成效

2006~2010年，河北省以政府名义印发了环保专项规划《河北省环境保护"十一五"规划》，这是河北省环境保护历史上的里程碑。在规划内容上，"十一五"环境规划突出了化学需氧量（COD）与二氧化硫（SO_2）两项排放总量减排指标，不但成为经济社会发展的约束性指标，而且还成为官员政绩考核的刚性指标。并且在"十五"规划的基础上精简指标，强调了规划的可操作性与可考核性。在规划实施上，规划印发的同时明确要求，在规划中期进行规划实施情况的评估，在规划末期进行规划实施的考核，环境保护规划制度至此得到补充和完善，评估、考核制度能够保障规划从编制到实施的一致性，保障规划实施的执行力，保障规划的不断优化和客观性。环境保护规划真正进入数字化、科学化和制度化阶段，完成了从理论到实践层面的过渡。

2006~2010年，环境保护规划实施效果好、力度大，目标指标基本完成，具体表现在四个方面。一是饮用水安全得到高度重视，重点流域水污染治理初见成效。完成了河北省城镇饮用水水源地环境基础调查及评估报告的编制

---

① 《河北省志·环境保护志》编委会：《河北省志·环境保护志（1979~2005）》（内审稿），2013，第146~147页。

② 《河北省环境保护丛书》编委会：《河北生态环境保护，中国环境科学出版社，2011，第383页。

工作，调整、划分全省城市集中式饮用水水源保护区，颁布实施《河北省城市集中式饮用水水源地环境保护规划（2008—2020年）》；加强子牙河流域、白洋淀区域的环境监督管理，在全省七大水系201个断面实行生态补偿金政策，全省重点流域水污染治理初见成效。二是编制《河北省城镇面貌三年大变样环保行动计划》，城市环境空气质量持续改善。燃煤电厂脱硫工程取得积极进展，二氧化硫减排目标顺利完成；城市空气质量持续改善；工业废气污染防治工作正常开展；机动车污染防治工作有序推进；加强限制鸣笛监管，交通噪声得到有效控制。三是生态省建设工作不断推进，生态安全保障水平得到提高。河北省人民政府颁布实施《河北省生态功能区划》，启动《河北生态省建设规划纲要》，为遏制生态环境恶化提供了科学依据；不断加强开发建设活动的环境监管，建立矿山环境恢复保证金制度，生态环保执法得到加强。四是农村环境整治有序开展，社会主义新农村建设全面推进；编制完成《河北省农村环境综合整治规划》，开展百乡千村环境综合整治工作；农村面源污染防治工作进展顺利。

2006~2010年，河北省把治理大气污染与水污染作为环境保护的重点工作，并紧紧围绕重点工作治理环境污染，推进生态省建设。具体做法包括以下八点。（1）以"双三十"示范工程为龙头大力推进节能减排。制定了一系列节能减排的政策、制度、措施，强化调度与考核。（2）全省实施了城镇面貌三年大变样环保行动计划，深化大气综合整治，下大力量根治各种产生大气污染的污染源，促进了全省城市大气环境质量的改善。（3）积极开展生态补偿，破解水环境污染治理难题。2008年，在子牙河水系试行扣缴生态补偿金政策，效果良好。2009年4月，开始在全省各流域全面实行生态补偿机制，进一步将子牙河水系的扣缴生态补偿金政策的经验扩大到在全省七大水系201个断面。到2010年底，共扣缴生态补偿金8970万元。按流域实施生态补偿机制，提高了上游企业和单位减少排污的自觉性，有效遏制了上游向下游排污，推动了各个领域的水质与水环境的改善。因此，环保部把河北省定为全国省级全流域生态补偿试点。河北省还加强了饮用水水源地的环境调查、环境评估和生态环境监察工作，颁布实施了《河北省城市集中式饮用水水源地环境保护规划（2008~2020年）》，促进了全省饮用水水源地保护工作的开展。（4）积极编制生态规划，开展环保系列创建活动。省委、省政府认真树典型，以点带面，以规划为引领、以典型为榜样，促进全省的生态省建设。2005年9月，国家环保总局批准河北省为全国生态省建设试点。2006年5月，河北省正式印发实施《河北生态省建设规划纲要（2005-2030）》。到2010年底，全省11个设区市和136个县（市）全部完成了生态市（县）规划的编制工作。生态规划成为引领全省及各市县生态建设的指南，加快了全省生态省建设的步伐。（5）连续开展"整治违法排污企业，保障群众健康"等环保专项行动，开展"北京护城河"环境执法检查等活动，全省检查企业45万家（次）。（6）加强地方立法，不断创新环境保护政策机制，推动绿色发展。严格区域禁限批，推动区域限批工作规范化、制度化。实行环境信用等级管理。（7）强化环境监测（监控）能力建设，提升环境监督管理水平。加大环保资金投入，"十一五"期间，省财政拿出近10亿元专项资金用于环境监察、监测能力建设和污染治理等领域。（8）加快自然保护区建设，推进生态造林工程，治理水土流失，提高全省的生态安全保障水平。2006~2010年，全省共建成9个自然保护区，新增保护区面积99804.5公顷，占总面积的比例达3.25%；全省森林覆盖率达到26%；完成治理水土流失面积10280平方公里；不断改善海洋环境质量，使近岸海域环境功能区达标率不断提高。①

2008~2012年，河北省不断调整经济结构、优化产业结构、加快经济增长方式的转变，大力发展战略性新兴产业。深入开展"对标行动"，坚定有序淘汰落后产能，强力实施"双三十"和"双千"示范工程，节能减排效应十分明显。2012年单位生产总值能耗比2007年下降22%，化学需氧量、氨氮、

---

① 《河北省人民政府办公厅关于印发河北省生态环境保护"十二五"规划的通知》（冀政办函〔2012〕8号）。

二氧化硫排放量分别比 2010 年削减 4.49%、4.57%、4.94%，超额完成国家下达的任务。①

（三）2010~2012 年环境保护的成效

2010 年，河北省重点开展了十项环境保护工作：（1）截至 2010 年 12 月底，全省共扣缴生态补偿金 8440 万元；（2）到 2010 年底，全省 11 个设区市的城市空气质量首次全部达到国家环境空气质量二级标准，集中式饮用水水源地水质 100% 达标；（3）"双三十"单位削减烟粉尘 10.17 万吨；（4）2010 年，全省共完成 146 个工业聚集区、开发区（园区）规划环评审查；（5）2010 年 12 月，省政府出台《河北省主要污染物排放权交易管理办法（试行）》，就主要污染物排放权的界定、排放权的取得、交易主体、交易方式、交易价格、监督管理等做了具体的规定；（6）2010 年 4 月，河北省被环保部确定为全国唯一一个尾矿库环境应急管理试点省份；（7）拒批"两高"项目 160 多个；（8）2010 年 4 月，省政府与环境保护部签署了全省农村环境综合整治目标责任制考核试点工作协议书，河北省成为全国农村环境综合整治目标责任制考核试点省份，同时，河北省加大农村环境整治力度，累计投入资金 5808 万元；（9）开全国环保智能化执法之先河，启用环保移动执法系统；（10）列入国家和省计划的落后产能淘汰任务全部完成。②

2011 年，河北省重点开展了十项环境保护工作：（1）河北省委、省政府继续深入实施"双三十"节能减排示范工程，与"十一五"期间"双三十"工程相比，问责更加严格；（2）河北省"流域生态补偿机制"获第六届"中国地方政府创新奖"，成为全国首个获得"中国地方政府创新奖"的环保类项目；（3）河北省建立健全规划环境影响评价和建设项目环境影响评价的联动机制，以源头控制助推产业优化升级；（4）强化千家重点企业环境监管，着力提升

---

① 张庆伟在河北省第十二届人民代表大会第一次会议上做的《河北省政府工作报告》，2013 年 1 月 26 日。
② 《2010 年河北十大环境新闻揭晓》，《河北青年报》2011 年 1 月 11 日。

污染防治水平；（5）2011年10月，首笔省级排污权交易竞拍成功。标志着该省排污权交易活动正式启动，排污权有偿使用和交易进入实施阶段；（6）"绿色保险"试点工作正式启动，15家企业投保，标志着河北省在重点行业和区域开展环境污染责任保险工作正式拉开帷幕；（7）加快生态县（市）建设规划编制，截至2011年底，全省11个设区市和136个县（市）全部编制了生态县（市）建设规划，500多个建制镇编制了环境规划；（8）河北省政府出台《河北省城镇污水集中处理设施环境保护监督管理规定》，保障城镇污水处理设施正常运行；（9）河北环保专项行动取缔关闭环境违法企业431家；（10）河北省政府启动燃煤电厂烟气脱硝限期治理，制定《机动车氮氧化物总量减排实施方案》，严控氮氧化物排放总量，明确了完成时限、技术要求和责任单位。[①]

2012年，河北省重点开展了十项环境保护工作：（1）2012年10月，河北省对全省"生态环境"和"发展环境"建设做出新部署，并全方位、大力度地加以推进，正式印发《关于着力改善生态环境的实施意见》和《关于着力改善发展环境的实施意见》两个重要文件，标志着河北省对生态环境建设的认识上升到了新高度、新境界；（2）河北省在全国首批开展$PM_{2.5}$监测。按照环境空气质量新标准要求，2012年河北省完成了全省空气质量灰霾自动监测质控系统建设，同时对11个设区市的53个空气自动监测点全部进行了升级改造；（3）《河北省生态环境保护"十二五"规划》出台，推动环保与经济社会融合发展；（4）北戴河近岸海域、洨河综合整治工程启动实施，全省水污染治理取得积极进展；（5）河北省被纳入全国农村环境连片整治示范省区，优选200个片区约3000个村庄率先开展农村环境连片整治示范建设，2012年全省确定了首批81个片区，以农村生活污染为主，同时兼顾生活污水和畜禽养殖业污染，进行农村环境连片整治，截至2012年底，已经完成当年整治任务；（6）深入开展环保专项行动，全省突出重点行业重金属

---

① 《2011河北十大环境新闻出炉 首笔排污权交易入选》，中国新闻网，2012年1月18日，http://www.chinanews.com/df/2012/01-18/3615265.shtml。

污染整治、危险废物管理、污染减排重点企业监管三项重点，立案查处环境违法企业 368 家；（7）先后出台《河北省机动车氮氧化物总量减排实施方案》《机动车排气污染防治办法》，对机动车污染预防控制、检测治理、监督管理以及法律责任等做出了具体规定，机动车污染治理有了实质性举措；（8）2012 年 2 月，出台《河北省钢铁工业大气污染物排放标准》，以国内最严"标准"倒逼钢铁工业结构调整、改造提升，该标准对钢铁业的炼钢、热轧等工序中的 14 个生产设施或单元进行了限制，对生产中的 22 个排污项进行了限制。在 22 项排放限值中，16 项严于现有国家标准，2 项现有企业排放限值与国家标准相同，但新建企业仍严格于国家标准，4 项氮氧化物排放限值填补了目前国家标准的空白；（9）积极推动建立区域大气污染联防联控机制，改善区域大气环境质量；（10）完善流域生态补偿机制，考核标准和补偿金扣缴额度双提高。[1]

二　环境保护面临的严峻形势

"十二五"时期，河北省面临双重压力：一个是经济结构调整的压力，一个是资源环境的硬约束。二者叠加，致使河北省的环境保护与生态建设的形势更加严峻，具体表现在以下六个方面。[2]

一是城市大气环境治理形势严峻。随着工业化、城镇化的加快推进，工业排放量增大，燃煤总量增加，汽车拥有量增多，各种扬尘多发，特别是省会等一些城市群受不利大气扩散的地理环境和气象因素的协同影响，2012 年入冬以后发生了持续的雾霾天气。新的空气质量标准的实施与发布，给大气污染防治工作带来巨大压力，社会关注度空前提高。2013 年上半年，河北省

---

① 《2012 年河北省十大环境新闻公布　监测 PM2.5 上榜》，人民网，2013 年 2 月 7 日，http://www.people.com.cn/24hour/n/2013/0201/c25408-2040859.html。

② 河北省环境保护厅：《2012 年河北省陈国鹰在全省环境保护工作会议上的讲话》，载《河北省环境保护文稿选编（2013 卷）》，2014，第 61~63 页。

11 个设区市空气平均达标天数比例仅为 30.9%（全国 74 个重点城市平均为 54.8%）。河北省在传统煤烟型污染尚未得到有效控制的情况下，以细颗粒物 $PM_{2.5}$ 为代表的区域复合型大气环境污染日益加重，大气环境形势极其严峻。[①] 解决大气环境污染是当前乃至今后很长时间要面临的一个复杂而艰巨的任务，需要以更加强烈的使命感、责任感和紧迫感，动员各方面力量，通过艰苦努力，采取新措施，实现新突破。

二是流域水环境治理任务艰巨，水环境形势十分严峻。2012 年，全省七大水系水质总体为中度污染。V 类和劣 V 类水质比例分别为 6.9% 和 29.2%，Ⅳ类水质比例为 15.4%，而 Ⅰ～Ⅲ类水质比例仅为 48.5%，也就是说，可作为饮用水水源的不足一半。全省河流水质总体为中度污染，主要污染物为氨氮、化学需氧量和生化需氧量。湖库淀水质均不同程度存在富营养化现象，局部地区地下水污染问题突出。

三是主要污染物减排压力大。以河北省 2012 年的产业结构和能源结构，加之巨大的人口基数和工业规模，完成国家下达的"十二五"减排刚性指标绝非易事。"十一五"期间，虽然大量治污基础工程及污染防治设施投入运行，在实现污染减排上发挥了突出作用，但仍不同程度地存在运行不稳定、减排效能发挥不充分的问题。

四是国家实施京津冀及周边大气污染防治行动计划，对环保工作提出了新的更高的要求。2013 年初，环保部严格确定了河北省二氧化硫、氮氧化物、颗粒物和挥发性有机污染物的下降比例，特别是对大幅度削减煤炭消费总量提出了严格要求。可谓任务艰巨，压力巨大。

五是影响环境安全的因素增多。2012 年，河北省正处于社会转型和环境敏感、环境风险高发时期。大气污染严重，雾霾天气频发、水污染事件的时有发生、食品安全的潜在隐患和公开曝光等，都会成为引发环境纠纷与社会矛盾的导火索。一些环境纠纷与其他社会矛盾交织在一起，成为影响社会稳

---

① 《河北大气环境形势极其严峻　多重阻碍待突破》，中国金融信息网，2013 年 8 月 30 日。

定的"引爆点"，涉及环保的群体性事件正逐步显露出行动组织化、诉求专业化的新趋势，成为社会管理的"新课题"，对如何应对和处置好突发环保事件提出新要求。

三　绿色发展与生态环境建设面临的主要问题

河北省生态环境主要面临六大问题，包括减排任务大、空气质量差、水体污染重、生态系统问题多、农村污染涉及面广、环境风险防范难。生态环境问题的成因是综合性的。从河北省总体状况看，产业结构不合理、发展方式粗放，是导致生态环境恶化的主要因素。

（一）河北省的绿色发展滞后

2012年3月，中国科学院发布了《2012中国可持续发展战略报告》，该报告对1990~2009年世界主要国家的绿色发展水平进行了综合评估。该报告指出：2009年，在参与排名的72个国家中，丹麦的资源环境综合绩效或绿色发展水平最高，越南最低，中国排在第69位，总体水平偏低。

中国绿色发展水平偏低，河北省与全国其他省份相比又处于较低水平。2010年，由北京师范大学科学发展观与经济可持续发展研究基地等单位发布的《2010中国绿色发展指数年度报告——省际比较》显示，2008年河北省绿色发展指数在全国30个省（区、市）中排名第26位，在衡量绿色发展的三个一级指标中，河北省的经济增长绿化度排名第17位、资源环境承载潜力排名第25位、政府政策支持度排名第11位［2008年中国各省（区、市）绿色发展指数排名按照绿色发展指数的指数值从大到小排序］。[1]

---

① "中国绿色发展指数排名"，中国经济网，2010年11月4日。

（二）水资源匮乏、水体污染严重

河北省环保厅于 2012 年 6 月公布的《2011 年河北省环境状况公报》显示，2011 年全省生态环境质量总体评价为一般，其中 9 个市生态环境质量评价为一般，只有承德和秦皇岛 2 个市生态环境质量评价为良。水环境状况也是令人担忧：七大水系水质总体为中度污染，全省七大水系Ⅲ类和好于Ⅲ类水质的断面比例达 45.2%，Ⅳ类水质比例为 17.5%，Ⅴ类及劣Ⅴ类水之比例为 37.3%。七大水系中，北三河水系、子牙河水系和黑龙港运东水系为重度污染，大清河水系和漳卫南运河水系为中度污染，只有滦河水系和永定河水系为轻度污染。

此外，河北省的水土流失与土地荒漠化问题也十分严重。全省水土流失面积约为 598 万公顷，全省荒漠化土地总面积 674.267 万公顷，全省约有 1600 万人和 230 万公顷的农田受到荒漠化的威胁和危害。

（三）农村环境污染日趋严重

河北省农村在农用化肥、农药、农用塑料薄膜等方面的使用量远远超过全国平均水平，超过土地的承载力与吸纳力，较大的使用量、较低的利用率，加剧了农村土地环境与水环境的污染。河北省 2012 年环境状况公报显示：2012 年河北省农用化肥施用量（折纯）为 329.33 万吨；农药使用量为 8.48 万吨；农用塑料薄膜使用量为 12.69 万吨，其中地膜使用量为 68248 吨，地膜覆盖面积达 1159.06 千公顷。与 2011 年相比全省农药、化肥、地膜的使用量呈上升趋势。与 2011 年相比，2012 年全省农药、化肥、地膜的使用量呈上升趋势。过度地和不合理地使用农药、化肥、农膜等农业投入品，危害了农业生态环境质量，增加了农产品质量不安全因素。[①] 大量地使用农用塑料薄膜，但缺少对废弃塑料薄膜的合理处置，一些废弃的农业塑料薄膜被随意丢弃在田间道边和村庄周边，加剧了农村白色污染，破坏了农村生态环境。

---

① 《河北省发布 2012 年环境状况公报 质量总体一般》，长城网，http://www.hebei.com.cn。

（四）环境治理效果有待提高

2011年，赵峥、李娟选取五个正指标（即人均当年新增造林面积、工业二氧化硫去除率、工业废水化学需氧量去除率、工业氮氧化物去除率、工业废水氨氮去除率）和一个逆指标（即突发环境事件次数）分别对东、中、西、东北四大区域环境治理成效进行分析。其分析结果显示，河北省的环境治理效果在东部十个省市中处于较落后的位置。在五个正指标中，河北省只有"人均当年新增造林面积"一个指标排在东部十个省的第一位，在其余四个正指标的排列中，河北省的四个指标值均在东部省份的平均值之下。在工业二氧化硫去除率、工业废水化学需氧量去除率、工业氮氧化物去除率和工业废水氨氮去除率四项指标中，河北省比东部省份的均值分别低8.1个百分点、12个百分点、4.2个百分点和11.9个百分点。显然，在这四个方面的环境治理上，河北省还存在明显的不足。在逆指标突发环境事件次数方面，河北省是表现最好的省份，仅为4次。[①]

[①] 赵峥、李娟：《我国绿色发展中的环境治理：成效评价与趋势展望》，《鄱阳湖学刊》2011年第5期。

第五章 京津冀生态环境协同保护时期
（2013~2018）

2013~2018 年，河北省进入京津冀生态环境协同保护时期。2014 年，国家提出京津冀协同发展战略，并将河北省定位为京津冀生态环境支撑区。河北省加强了京津冀生态环境支撑区建设，加快了生态文明建设。习近平高度赞扬和倡导"塞罕坝精神"，为河北省的生态文明建设再添新内容。这一时期，河北省以打赢环境治理三大攻坚战为核心，积极开展大气污染、水污染、土壤污染和农村环境治理，积极开展白洋淀和雄安新区的生态环境建设，环境保护与生态建设的力度再上新台阶。

这一时期，河北省处于重要的战略机遇期。继河北省沿海地区发展规划上升为国家战略后，首都经济圈发展规划编制全面启动，全省 11 个设区市有望全部纳入国家发展战略；全省经济总量扩大，竞争实力日益增强。但同时面临的主要问题是：区域发展不平衡；经济增长依赖资源能源消耗，资源环境约束加剧；消化过剩产能和稳定就业之间存在两难选择。经济社会发展中不可持续的问题还十分突出，仍面临经济转型升级和保护环境的双重巨大压力。①

----

① 张庆伟在河北省第十二届人民代表大会第一次会议上做的河北省政府工作报告，2013 年 1 月 26 日。

2014 年 2 月，国家提出京津冀协同发展战略，为河北省提供了千载难逢的机遇。中央关于京津冀协同发展的战略部署，第一次把河北全域纳入国家战略来谋划，第一次把解决河北与京津发展落差问题上升到国家层面来部署，第一次明确界定了河北的功能定位，第一次系统制定了支持河北发展的政策举措。[①]京津冀协同发展把生态环境建设作为三大突破口之一，把河北省定位为京津冀生态环境支撑区，对河北省的环境保护与生态建设提出了新的任务与挑战，敦促河北省加强环境保护与生态建设工作。

进入京津冀生态环境协同保护时期，河北省环境保护与生态建设面临的最大难题与难点仍然是严重的大气污染、水污染和土壤污染。千方百计治理三大污染，仍然是这一时期环境保护工作的重中之重。

第一节　实施京津冀协同发展战略

京津冀同属京畿重地，濒临渤海，背靠太岳，携揽华北、东北和西北，战略地位十分重要。地域面积 21.6 万平方公里，2014 年末常住人口 1.1 亿人，地区生产总值 6.6 万亿元，以全国 2.3% 的地域面积承载了 8% 的人口，创造了 10.4% 的经济总量；2014 年人均地区生产总值 6 万元，是全国平均水平的 1.3 倍。京津冀地区与长三角、珠三角地区比肩而立，是我国经济最有活力、开放程度最高、创新能力最强、吸纳人口最多的地区之一，是拉动我国经济发展的主要引擎。[②]京津冀区域因河北环抱京津两地的独特区位结构而使区域内部各地市在地理空间上毗邻，具有地域的完整性和较强的经济上和人文上的亲缘性，长期的经济活动和社会交往使其客观上形成了一个不可分割的经

---

① 赵克志在省委中心组学习会上做的《解放思想　抢抓机遇　奋发作为　协同发展》的发言，2015 年 9 月 9 日。

② 《京津冀协同发展规划纲要》（中发〔2015〕16 号），第 5 页。

济统一体，成为中国北方对外开放的前沿。① 但京津冀地区经济发展滞后，与长三角和珠三角经济发展水平差距较大，2013 年京津冀地区的 GDP 只有长三角的 57%，京津冀协同发展效应较长三角和珠三角弱已成为各界的共识。②

一 京津冀协同发展上升为重大国家战略

推进京津冀协同发展，是习近平主席亲自谋划与推动的一个重大国家战略。2014 年 2 月 26 日，习近平主席在北京考察工作并发表重要讲话，全面深刻阐述了京津冀协同发展的重大意义、推进思路和重点任务，之后多次主持召开会议，发表重要讲话、做出重要指示，为推动京津冀协同发展指明了方向。李克强总理、张高丽副总理等国家领导人，多次主持召开会议研究部署京津冀协同发展工作，并多次做出重要指示、批示。自 2014 年始，京津冀三省市按照中央部署，主动作为，积极协作配合，有序、有效地推进京津冀协同发展。③

2015 年 3 月 23 日，中央财经领导小组第九次会议审议研究了《京津冀协同发展规划纲要（以下简称《纲要》）》。2015 年 4 月 30 日，中共中央政治局召开会议，审议通过《纲要》。《纲要》指出，推动京津冀协同发展"是一个重大国家战略"，核心是"有序疏解北京非首都功能"，京津冀要在"交通一体化、生态环境保护、产业升级转移"三个重点领域"集中力量先行启动、率先突破"。④《纲要》对京津冀环境保护的定位布局是：生态修复环境改善示范区。"以区域大气污染防治、水生态环境修复和净化土壤为重要突破口，推动经济发展、人口布局、资源开发与环境保护相协调，落实主体功能区制度，科学划定和严格执行生态保护红线，健全生态环境保护机制，推动

① 程恩富、王新建：《京津冀协同发展：演进、现状与对策》，《管理学刊》2015 年第 1 期。
② 孙久文、李坚未：《京津冀协同发展的影响因素与未来展望》，《河北学刊》2015 年第 4 期。
③ 《十八大以来推动京津冀协同发展不断取得重大进展》，发展改革委网，http://www.gov.cn/xinwen/2017-08/21/content_5219279.htm，2017 年 8 月 21 日。
④ 《京津冀协同发展规划纲要》（中发〔2015〕16 号），第 25 页。

绿色低碳发展，促进人与自然和谐相处，率先建立系统完整的生态文明制度体系。"①《纲要》的颁布实施，表明京津冀协同发展的顶层设计基本完成，"标志着京津冀协调发展进入全面推进阶段"②。

二 京津冀生态环境协同保护

《京津冀协同发展规划纲要》明确了京津冀协同发展的战略意义、总体要求、定位布局、率先突破的三大重点领域、统筹推进的任务、组织实施与保障措施等一系列问题。

（一）京津冀生态功能定位

《纲要》科学确定了京津冀区域的四大功能定位，其中之一是"生态修复环境改善示范区"。这一功能定位，要求京津冀以区域大气污染防治、水生态环境修复和净化土壤为重要突破口，推动经济发展、人口布局、资源开发与环境保护相协调，落实主体功能区制度，科学划定和严格执行生态保护红线，健全生态环境机制，推动绿色低碳发展，促进人与自然和谐相处，率先建立系统完整的生态文明制度体系。③

《纲要》将河北省定位为"全国现代商贸物流重要基地、产业转型升级试验区、新型城镇化与城乡统筹示范区、京津冀生态环境支撑区"④。明确了河北省在京津冀区域协调发展中的地位、作用和路径，为河北融入京津冀协调发展大局、加速实现绿色崛起指明了方向、提供了基本遵循。《纲要》第一次把河北全域纳入国家战略，第一次明确了河北"三区一基地"的功能定位，使河北能够在更高更广的平台上，参与区域功能重构、世界级城市群建设和更

① 《京津冀协同发展规划纲要》（中发〔2015〕16号），第14~15页。
② 中共河北省委、河北省人民政府：《关于贯彻落实〈京津冀协同发展规划纲要〉的实施意见》（冀发〔2015〕10号）。
③ 《京津冀协同发展规划纲要》（中发〔2015〕16号），第5页。
④ 《京津冀协同发展规划纲要》（中发〔2015〕16号），第5页。

大生产力布局调整，将极大拓展河北发展空间、提升发展层次。

在空间布局上，《纲要》确定了京津冀地区发展的总体布局与定位布局及未来的发展方向，确定了"以交通干线、生态廊道为纽带的网络型空间格局"。《纲要》根据京津冀三地的自然地理环境、产业发展特点和北京需要疏解的非首都功能，把京津冀分成了四个功能区。四个功能区分别是"中部核心功能区""东部滨海发展区""南部功能拓展区""西北部生态涵养区"。《纲要》对"西北部生态涵养区"的定位是："生态系统较为完整、环境质量相对较好、水资源比较丰富，是支撑京津冀协同发展的生态保障区域"[①]。"西北部生态涵养区"的范围包括：北京市山区、天津市山区、河北省张（张家口）承（承德）地区及其他山区。"西北部生态涵养区"的功能主要有四个：水源涵养、生态保障、绿色产品供给和旅游休闲。

（二）京津冀生态建设的任务

《纲要》在生态环境保护方面提出，京津冀地区要"建立完善的国土空间用途管理制度，打破行政区域限制，推动能源生产和消费革命，促进绿色循环低碳发展，加强生态环境保护和治理，扩大区域生态空间"。京津冀生态保护与建设的具体任务是：（1）联防联控环境污染，建立一体化的环境准入和退出机制，构建京津冀区域生态环境监测网络，统筹区域环境质量管理，加快推进区域环境信息共享机制，建立跨界的大气、地表水、地下水和海域等环境监测预警体系和协调联动机制，建立陆海统筹的海洋污染防治联动机制；（2）加强环境污染治理，强化大气污染治理，确定大气环境质量底线，实施清洁水行动，开展饮用水水源地保护，推进"六河"绿色生态河流廊道治理，实施湖泊湿地保护与修复，整治渤海湾环境污染，推进土壤与地下水治理和农村环境改善工程；（3）大力发展循环经济，加快推进区域间、产业间循环式布局，鼓励企业间、产业间建立循环经济联合体，搭建区域共享的循环经济

[①] 《京津冀协同发展规划纲要》（中发〔2015〕16号），第17页。

技术、市场、产品等服务平台，积极开展园区循环改造；（4）推进生态保护与建设，优化生态安全格局，划定生态保护红线，实施分区管理，明确生态廊道；（5）积极应对气候变化，协同推进碳排放控制，加快推进低碳城镇化，推动形成以低碳排放为特征的产业体系。到 2017 年，区域生态环境保护协作机制基本完善，重大生态环保工程全面实施，区域生态环境质量恶化趋势得到遏制。到 2020 年，区域生态环境质量明显改善，主要水功能区达标率在 75% 左右，森林覆盖率在 30% 以上，治理退化草原面积在 200 万公顷以上，湿地保有量在 130 万公顷以上。[①]

2015 年 12 月 3 日，京津冀三地环保厅（局）正式签署《京津冀区域环境保护率先突破合作框架协议》，明确以大气、水、土壤污染防治为重点，以联合立法、统一规划、统一标准、统一监测、信息共享、协同治污、联动执法、应急联动、环评会商、联合宣传十个方面为突破口，联防联控，共同改善区域生态环境质量。协议的签署，意味着三地在协同发展中生态环保领域实现率先突破。[②]该协议的签署，意味着三地在贯彻落实《纲要》精神、加快推进生态环保领域率先突破、共同打造京津冀生态修复环境改善示范区方面又迈出了实质性的一步。[③]该协议的签署给京津冀区域生态保护率先突破定下了工作框架，可以为京津冀三地环境保护协同工作提供有力的指导。[④]

2015 年 12 月 30 日，国家发展和改革委员会、环境保护部对外发布《京津冀协同发展生态环境保护规划》，从国家层面首次给出京津冀地区的生态保护红线、环境质量底线和资源消耗上限。[⑤]该规划明确了 2016~2020 年京津冀生态环境保护的任务目标、实现路径和体制机制保障，并从空气质量、水环

---

① 《京津冀协同发展规划纲要》（中发〔2015〕16 号），第 28~31 页。
② 《省环境保护厅发布"2015 年河北省十大环境新闻"》，长城网，https://www.toutiao.com/i6252297737459466753/，2016 年 2 月 17 日。
③ 《京津冀区域环境保护率先突破合作框架协议》，2015 年 12 月 3 日。
④ 北京市环境保护局协调处：《〈京津冀区域环境保护率先突破合作框架协议〉解读》，北京市环境保护局网，http://www.bjepb.gov.cn/bjhrb/xxgk/fgwj/qtwj/zcjd/808350/index.html，2017 年 1 月 24 日。
⑤ 童克难：《〈京津冀协同发展生态环境保护规划〉解读》，《中国环境报》2016 年 1 月 4 日。

境质量和资源消耗上限三个方面规定了 2017 年、2020 年应分别达到的具体目标。[1]据悉，这是国家首次给京津冀区域空气质量画出红线，给出具体的浓度限值。

2016 年 2 月，《"十三五"时期京津冀国民经济和社会发展规划》正式印发，明确了京津冀地区未来五年的发展目标，[2]进一步增强了京津冀发展的整体性。这是我国第一个跨省市的区域"十三五"规划。该规划确定了京津冀三地互联互通、加快重大基础设施建设等九方面的重点任务，强调了京津冀环境的协同治理。如在绿色发展、建设生态修复环境改善示范区的任务中，提出要强化大气污染的区域联防联控。

第二节　建设京津冀生态环境支撑区

为了贯彻落实《京津冀协同发展规划纲要》，实现河北跨越发展、绿色崛起，2015 年 8 月 4 日，河北省委、省政府印发《关于贯彻落实〈京津冀协同发展规划纲要〉的实施意见》（以下简称《纲要实施意见》），提出要充分发挥河北地域广阔、生态多样优势，"主动承担改善京津冀生态环境的责任"，加强承张地区和燕山、太行山区生态涵养，推进绿色低碳发展，扩大生态空间，"建设天蓝地绿水清的生态环境，为京津冀协同发展提供生态环境支撑"。[3]

一　生态环境支撑区建设的主要任务

《纲要实施意见》提出了建设生态环境支撑区的八项主要任务。（1）全

---

① 童克难：《〈京津冀协同发展生态环境保护规划〉解读》，《中国环境报》2016 年 1 月 4 日。
② 《"十三五"时期京津冀国民经济和社会发展规划》，2016 年 2 月。
③ 中共河北省委、河北省人民政府：《关于贯彻落实〈京津冀协同发展规划纲要〉的实施意见》（冀发〔2015〕10 号）。

面深化大气污染综合防治。着力压减煤炭消费，组织开展控煤"歼灭战"，大力实施燃煤锅炉综合治理，深化钢铁、水泥、电力、玻璃、石化等重点行业大气污染治理，推进能源生产和消费革命。实施农村清洁能源开发利用工程，加大农村燃煤治理力度，推广洁净型煤和高效清洁燃烧炉具。着力发展清洁能源，着力推进烟尘综合治理，着力优化城市功能布局，划定生态廊道和生态保护空间，形成有利于大气污染物扩散的城市空间格局。（2）加强水污染治理和水资源保护。实施最严格的水资源管理制度，实行取水量、水污染物排放量双控制。大力开展重污染河流治理攻坚行动，深入开展地下水超采综合治理。制定区域水资源开发利用红线、水功能区限制纳污红线。（3）大力开展绿色河北攻坚工程。以环京津、环城、环村林带建设和廊道、街道绿化为重点，扩大绿量，提升景观效果。构建绿色生态屏障，恢复草原生态功能，确定草原"生态红线"，加强沙化、碱化、退化草原治理。（4）推进山区综合开发和山林修复。统筹山区生态建设、经济发展和扶贫攻坚，大力发展集生态治理、种养业、林果业、生态旅游、观光农业和美丽乡村建设于一体的沟域经济，实现统筹规划、合理开发、多业兴山。严格控制和治理土壤污染，实施农业面源污染治理行动计划（2015~2018年）。（5）加快湿地修复和海域治理。推进白洋淀、衡水湖和潘大水库、官厅水库等湖泊湿地综合治理与生态保护，加强湿地自然保护区和湿地公园建设，分类推进退耕还湖还湿，恢复湿地生态功能。（6）建设环首都国家公园。加大湖泊、湿地、自然保护区、风景名胜区等保护力度，加快建设具有生态保障、水源涵养、旅游休闲、绿色产品供给等功能的国家公园。（7）大力推进生态建设产业化、产业发展生态化。运用产业化的办法抓生态项目建设，形成良性循环的生态建设投入机制。发挥政府采购的导向性作用，扩大政府绿色采购清单，完善鼓励绿色消费的政策，形成生态建设产业化、产业发展生态化的激励机制。（8）推动京津冀联防联控和共建共享。与京津共同整合生态环境监测资源、开展污染防治技术联合攻关、开展联合监察执法、建立区域生态环境保护基金、建立横向生态补偿机制、强化区域突发环境事件应急响应机制。①

《纲要实施意见》提出的目标是：到 2017 年，区域生态环境保护协作机制基本完善，全面完成化解过剩产能"6643"工程任务。PM$_{2.5}$平均浓度比 2013 年下降 25%。到 2020 年，河北省生态环境质量明显改善，非化石能源在一次能源消费中比重在 10% 以上，湿地率达到全国平均水平，地下水超采区基本实现采补平衡。

二　生态环境支撑区建设的基本内容

2016 年 2 月 23 日，河北省政府第 76 次常务会议通过《河北省建设京津冀生态环境支撑区规划（2016—2020 年）》（以下简称《规划》）。《规划》提出到 2030 年，全省生态文明建设步入良性循环，生态环境质量显著改善，构筑起功能稳定和可持续发展的生态安全体系，建成人与自然和谐相处、山清水秀的美丽河北。②

《规划》明确规定了生态环境支撑区的范围、主体生态功能和主要任务，合理划定了生态功能分区。《规划》以县（市、区）为基本单元，构建了"一核、四区、多廊、多心"的生态安全格局。"一核"是京津保中心区生态过渡带，包括廊坊、保定、沧州市的 33 个县（市、区）的全部或部分。主体生态功能是为京津城市发展提供生态空间保障。"四区"：一是坝上高原生态防护区，本区地处河北省坝上高原，包括张家口市 4 个县和承德市 2 个县的全部或部分，主体生态功能是防风固沙和涵养水源；二是燕山—太行山生态涵养区，本区包括张家口、承德、唐山、秦皇岛、保定、石家庄、邢台、邯郸市的 65 个县（市、区）的全部或部分，作为京津冀生态安全屏障，主体生态功

---

① 中共河北省委、河北省人民政府：《关于贯彻落实〈京津冀协同发展规划纲要〉的实施意见》（冀发〔2015〕10 号），第 24~28 页。
② 河北省人民政府：《关于印发〈河北省建设京津冀生态环境支撑区规划〉的通知》（冀政发〔2016〕8 号）。

能是涵养水源、保持水土、生态休闲；三是低平原生态修复区，本区地处华北平原中部，包括石家庄、沧州、衡水、邢台和邯郸市的77个县（市、区）的全部或部分，主体生态功能是京南生态屏障，农田生态保护、水源涵养和环境宜居，主要任务是全面实施地下水超采综合治理，加强湿地和农田保护；四是海岸海域生态防护区，本区地处河北省沿海地带，包括唐山、秦皇岛和沧州的11个县（市、区）的全部或部分，主体生态功能是提供海洋生态服务，保障海洋生态安全。"多心"为白洋淀、衡水湖、南大港、唐海湿地、滦河口湿地以及潘家口－大黑汀水库、王快－西大洋水库、岗南－黄壁庄水库、岳城水库、大浪淀水库、桃林口水库等重要饮用水源地组成的区域生态绿心。[①]

《规划》着眼解决突出的环境问题，细化发展目标，实化政策举措，构建了河北省完善的生态建设框架体系。《规划》可以概括为"一条红线、五大分区、六大行动"。在总体把握上，坚守"一条红线"，即资源环境生态红线，划定森林、湿地、草原、海洋、河湖等生态保护红线，划定空气、水、土壤等环境质量底线，划定控制能源、水资源和耕地消耗上限；在功能定位上，将全省划分为"五大分区"，即京津保中心区生态过渡带、坝上高原生态防护区、燕山—太行山生态涵养区、低平原生态修复区和海岸海域生态防护区五个区域，构建"一核四区"的生态安全格局。《规划》部署了实施生态建设的"六大攻坚行动"，即强力实施大气污染防治攻坚、强化区域水安全保障、加快建设区域生态屏障、积极改善土壤和城乡环境、强化资源节约和综合利用、推进京津冀生态建设联动。

三　生态环境支撑区建设纳入"十三五"规划

国务院和河北省委、省政府高度重视京津冀生态环境支撑区建设，并分别将其纳入国务院"十三五"生态环境保护规划和河北省生态环境保护

---

① 河北省人民政府：《关于印发〈河北省建设京津冀生态环境支撑区规划〉的通知》（冀政发〔2016〕8号）。

"十三五"规划，注重顶层设计，强化规划的引领作用，提升了生态环境支撑区建设的规格和高度。

国务院十分重视河北省的生态环境支撑区建设。2016 年 11 月，国务院"十三五"生态环境保护规划提出了京津冀环境协同保护的总任务：以资源环境承载能力为基础，优化经济发展和生态环境功能布局，扩大环境容量与生态空间；加快推动天津传统制造业绿色化改造；促进河北有序承接北京非首都功能转移和京津科技成果转化；强化区域环保协作，联合开展大气、河流、湖泊等污染治理，加强区域生态屏障建设，共建坝上高原生态防护区、燕山—太行山生态涵养区，推动光伏等新能源广泛应用；创新生态环境联动管理体制机制，构建区域一体化的生态环境监测网络、生态环境信息网络和生态环境应急预警体系，建立区域生态环保协调机制、水资源统一调配制度、跨区域联合监察执法机制，建立健全区域生态保护补偿机制和跨区域排污权交易市场。①

2017 年 3 月，河北省政府印发《河北省生态环境保护"十三五"规划》，提出以提高环境质量为核心，实施最严格的环境保护制度。明确指出要实施大气、水、土壤污染防治三大行动计划，建设京津冀生态环境支撑区，全力改善环境质量。统筹构建包括海岸海域生态防护区的"一核四区"生态安全格局。

四 张承地区的生态保护和修复

为了改善张承地区生态环境、保护密云水库饮用水源，2014 年 11 月，北京市水务局和河北省水利厅联合编制了《河北省密云水库上游承德、张家口两市五县生态清洁小流域建设规划》，决定利用 3 年时间，在承德市的丰宁满族自治县、滦平县、兴隆县以及张家口市的赤城县和沽源县，建设 22 条生态

---

① 国务院：《"十三五"生态环境保护规划》（国发〔2016〕65 号）。

清洁小流域，总面积达到 600 平方公里。[①] 为了加强河北省承德、张家口两市五县生态清洁小流域建设，2016 年 12 月 6 日，北京市水务局与河北省水利厅联合制定《密云水库上游河北省承德、张家口两市五县生态清洁小流域建设管理办法（试行）》（京水务郊〔2016〕89 号）。该管理办法对两市五县生态清洁小流域建设的前期工作、建设管理、资金管理、工程验收和运行管护等内容提出了具体要求。项目资金由北京市政府投资、河北省统筹相关资金解决。北京市政府投资按照 33 万元 / 平方公里的标准给予支持，其他资金由河北省政府统筹安排解决。[②] 不论是资金投入、治理措施，还是成果验收，"北京标准"都将原封不动地复制到张承地区。把北京市生态清洁小流域治理的模式和经验推广运用到张承地区，开展水土流失治理工作，将有助于改善密云水库上游生态环境，保护北京重要的饮用水水源地。

张承地区是京津冀地区重要的水源涵养区和防风固沙区，是京津冀生态环境支撑区的重要组成部分。由于自然、历史原因，张承地区生态保护与修复仍面临不少困难和问题，为实现张承地区生态环境的根本性好转，加快构建京津冀生态屏障，2016 年 9 月 29 日，河北省发展和改革委员会颁布《河北省张承地区生态保护和修复实施方案》。《河北省张承地区生态保护和修复实施方案》提出张承地区生态保护和修复的三期目标：（1）到 2017 年，怀来、涿鹿、赤城、滦平、丰宁、兴隆六县林草植被达到北京郊县的生态保护和修复水平，建成京津冀区域第一道绿色生态屏障；（2）到 2020 年，全面提高生态涵养能力；（3）到 2030 年，全面形成符合主体功能定位的开发格局，生态文化体系基本建立，生态文明制度体系基本形成。该实施方案要求张、承两市在 2017 年、2020 年和 2030 年三个年度，森林覆盖率分别在 45% 以上、50% 以上和稳定在 50% 以上；"三化"草原治理率三个年度分别在 30% 以上、50% 以上和 70% 以上；草原植被盖度分别在 50% 以上、60% 以上和 70% 以上。

---

① 《北京市和河北省三市共建密云水库生态小流域》，《北京日报》2017 年 2 月 24 日。
② 北京市水务局、河北省水利厅：《密云水库上游河北省承德、张家口两市五县生态清洁小流域建设管理办法（试行）》（京水务郊〔2016〕89 号）。

从这些指标的提高幅度看，张承两地的生态修复与生态建设的任务十分繁重。该实施方案要求张承地区全面完成生态文明先行示范区建设各项目标，使张承地区成为生态环境脆弱、经济欠发达地区转型发展和绿色崛起的先进典范。此外，还提出了张承地区生态保护和修复实施的具体方案。[①]

第三节　加快推进生态文明建设

2007年10月，党的十七大第一次将"生态文明"写入党代会报告，提出"建设生态文明，基本形成节约能源资源和保护生态环境的产业结构、增长方式、消费模式"。2012年11月，党的十八大做出"大力推进生态文明建设"的决策，深入全面地描绘了生态文明建设的蓝图，自此，中国的环境保护事业就进入了生态文明建设的新时期。2015年5月，国务院发布《中共中央国务院关于加快推进生态文明建设的意见》，全面部署了加快推进生态文明建设；2015年10月，在党的十八届五中全会上，"生态文明建设"首次被纳入国家五年规划并放在"十三五"规划的突出地位。2016年12月，《"十三五"生态环境保护规划》发布，指出生态环境是全面建成小康社会的突出短板，提出源头防控等措施，并将环境质量指标首次列入五年规划的约束性指标。

河北省自党的十八大之后，加大了生态文明建设的步伐和力度，提出一系列政策和改革措施来推动全省的生态文明建设。

一　弘扬塞罕坝精神

1962年2月，林业部经过充分的调研论证和科学的规划设计，决定建立

---

① 河北省发展和改革委员会：《关于印发〈河北省张承地区生态保护和修复实施方案〉的通知》（冀发改农经〔2016〕1217号）。

林业部直属的塞罕坝机械林场。自 1962 年建场以来，塞罕坝坚持不懈地植树造林、营林护林，林地面积由建场前的 24 万亩增加到 112 万亩，森林覆盖率由 12% 增加到 80%，林木蓄积量由 33 万立方米增加到 1012 万立方米，有效阻止了浑善达克沙地南侵。同时，这片林场每年为京津地区涵养水源、净化水质 1.37 亿立方米，释放了 545000 吨氧气。[1] 塞罕坝人在茫茫的塞北荒原上成功营造起了全国面积最大的集中连片的人工林海，谱写了不朽的绿色篇章。塞罕坝人用忠诚和执着凝结出了"忠于使命、艰苦奋斗、科学求实、绿色发展"的塞罕坝精神。2017 年 12 月 5 日，塞罕坝林场建设者荣获联合国环保最高奖项"地球卫士奖"。

习近平总书记高度赞扬了塞罕坝建设者创造的人间奇迹，认为塞罕坝的建设者们用实际行动诠释了绿水青山就是金山银山的理念，创造了荒原变林海的人间奇迹，并把"塞罕坝精神"高度概括为"牢记使命、艰苦创业、绿色发展"，倡导全党全社会都要弘扬"塞罕坝精神"，全面推动生态文明建设和绿色发展。[2]

2018 年 1 月 25 日，省长许勤在《2018 年河北省政府工作报告》提出，今后五年河北省"要更加注重高质量绿色发展"，"加快建设天蓝、地绿、水秀的美丽河北"。持续实施大气污染综合治理攻坚行动，打赢蓝天保卫战。加快水污染防治，强化土壤污染管控和修复。统筹山水林田湖草系统治理，实行最严格的生态环境保护制度，严守"三条控制线"，"提升生态系统质量和稳定性"。[3] 该政府工作报告部署了 2018 年的十项重点工作，其中之一是"坚决打好三大攻坚战"。"三大攻坚战"包括"打好污染防治攻坚战"，要求加强大气污染综合治理，全面推进传输通道城市"保底线、退后十"集中攻坚；全面落

① 《2017 年河北省十大环境新闻发布"大气污染防治"唱主角》，央广网，http://hews.cnr.cn/native/city/20180210/t20180210_524131772.shtml，2018 年 2 月 11 日。
② 《河北省委省政府作出〈关于大力弘扬塞罕坝精神　深入推进生态文明建设和绿色发展的决定〉》，《河北日报》2018 年 1 月 23 日。
③ 许勤：《2018 年河北省政府工作报告——2018 年 1 月 25 日在河北省第十三届人民代表大会第一次会议上》，《河北日报》2018 年 2 月 5 日。

实河长制、推行湖长制，开展水污染集中治理攻坚；加强农业面源污染防治，建立固体危险废物全过程监管制度；加强湿地、海洋保护和自然保护区管理。

2018年1月，河北省委、省政府做出《关于大力弘扬塞罕坝精神　深入推进生态文明建设和绿色发展的决定》。该决定提出了河北省生态文明建设和绿色发展的总体要求，到2020年"京津冀生态环境支撑区初步建成，绿色、循环、低碳发展方式基本形成"。主要目标有四个：到2020年国土空间布局得到优化、环境质量全面提升、资源利用更加高效和生态文明重大制度基本确立。优化绿色发展空间格局的途径包括四个方面：一是推行主体功能区制度，二是构建绿色城镇体系，三是实施乡村振兴战略，四是打造雄安新区绿色发展样板。该决定提出打赢"三大攻坚战"，即"打赢大气污染防治攻坚战""打赢水污染防治攻坚战""打赢土壤污染防治攻坚战"。并在每个攻坚战中都提出了到2020年应该达到的具体目标和要求。为了促进河北省的生态文明建设与绿色发展，该决定提出系统治理山水林田湖草的六大工程，即实施矿山环境综合治理工程、水生态保护工程、造林绿化工程、耕地保护工程、湿地恢复工程和草原保护工程。[①]

二　加强生态文明建设

2012年11月，党的十八大报告正式提出了生态文明制度这一概念，提出了经济建设、政治建设、文化建设、社会建设、生态文明建设"五位一体"总布局。这标志着从改革开放初期单一追求生产力的发展到现在包括了经济、政治、文化、社会、生态文明建设在内的更为全面的发展，中国的发展道路步入一个全面推进、全面协调，并且更加具备中国特色的新阶段。[②]十八届三中

① 《河北省委省政府作出〈关于大力弘扬塞罕坝精神　深入推进生态文明建设和绿色发展的决定〉》，《河北日报》，2018年1月23日。
② 牛二耀：《十八大以来国内生态文明制度建设研究综述》，《西安建筑科技大学学报》（社会科学版)2014年第4期。河北省委省政府：《关于加快推进生态文明建设的实施意见》，《河北日报》2015年11月19日。

全会中，中央提出要实行最严格的源头保护制度、损害赔偿制度、责任追究制度，完善环境治理和生态修复制度，建立一套系统完整的生态文明制度体系。

2015年11月14日，河北省委、省政府出台《关于加快推进生态文明建设的实施意见》，提出了河北省生态文明建设的总体要求、重点任务、制度体系和保障措施。该实施意见提出，河北省生态文明建设必须要坚持"五个基本原则"，即坚持节约保护为先、坚持协同推进为重、坚持绿色发展为本、坚持重点突破为要和坚持改革创新为基。到2020年，总体目标是初步建成京津冀生态环境支撑区。具体目标分为四个方面：一是城乡布局和国土空间得到优化；二是绿色循环低碳产业体系初步建立；三是生态环境质量明显好转，"主要河湖水功能区水质达标率提高到75%以上，地下水超采区基本实现采补平衡，森林覆盖率达到35%，湿地保护率达到48%"[1]；四是生态文明重大制度基本确立。生态文明建设的五大重点任务是：一是着力优化国土空间格局；二是推动绿色低碳循环发展；三是推进能源生产消费变革；四是努力改善环境质量，开展"蓝天""清水""净土"三大行动；五是实施山水林田湖海生态修复，实施"六大"工程，即实施山体修复工程、节水综合治理工程、绿色河北攻坚工程、高标准农田建设工程、湖泊湿地保护工程和海岸海域整治修复工程。该实施意见还提出建立健全六大环境管理制度：一是建立资源环境生态红线制度；二是建立自然资源资产产权制度和用途管制制度；三是健全法规标准体系；四是完善经济政策体系；五是创新市场机制；六是健全生态补偿机制。[2]

2016年1月，河北省委、省政府正式印发的《河北省生态文明体制改革实施方案》是河北省生态文明体制改革与制度体系建设的顶层设计。该实施方案提出的目标是：到2020年，通过着力打造京津冀生态环境支撑区，着力解决生态环境领域突出问题，着力加快生态环境质量改善，基本确立"系统

---

[1] 河北省委省政府：《关于加快推进生态文明建设的实施意见》，《河北日报》2015年11月19日。

[2] 河北省委省政府：《关于加快推进生态文明建设的实施意见》，《河北日报》2015年11月19日。

完整、权责明确、协调联动的生态文明制度体系"①。这一制度体系主要包括建立健全八项重大制度：（1）健全自然资源资产产权制度，包括建立统一的确权登记系统、建立权责明确的自然资源产权体系、健全国家自然资源资产管理体制、探索建立分级行使所有权的体制、开展水流和湿地产权确权试点等；（2）建立国土空间开发保护制度，包括建立四项具体的制度，即完善主体功能区制度、健全国土空间用途管制制度、探索建立国家公园体制、完善自然资源监管体制；（3）建立空间规划体系，一是编制空间规划，二是推进市县"多规合一"，三是创新市县空间规划编制方法；（4）完善资源总量管理和全面节约制度，在此，河北将着力"完善四项制度，健全两项制度，建立五项保护制度"，通过这 11 项制度建设破解资源浪费和利用效率不高等问题，11项制度建设包括完善最严格耕地保护制度、完善节约集约用地制度、完善最严格水资源管理制度、建立能源消费总量管理和节约制度等；（5）健全资源有偿使用的生态补偿制度，包括加快自然资源及其产品价格改革、完善土地有偿使用制度、完善矿产资源有偿使用制度、建立生态旅游资源有偿使用和收益分享制度等 9 项具体制度；（6）建立健全环境治理体系，包括完善污染物排放许可制、建立污染防治区域联动机制、建立农村环境治理体制机制、健全环境信息公开制度等 6 项具体制度；（7）健全环境治理和生态保护市场体系，包括培育环境治理和生态保护市场主体、推行用能权和碳排放权交易制度、推行排污权交易制度、推行水权交易制度等 6 项具体制度；（8）完善生态文明绩效评价考核和责任追究制度，包括建立生态文明目标体系、建立资源环境承载能力监测预警机制、探索编制自然资源资产负债表、开展领导干部自然资源资产离任审计和建立生态环境损害责任终身追究制 5 项具体制度。该实施方案完整展现了河北省生态文明体制改革的推进路径与策略体系，表明河北省生态文明体制系统性改革的正式启动。

2016 年 1 月 13 日，河北省第十二届人民代表大会第四次会议批准《河北

---

① 河北省委、省政府：《河北省生态文明体制改革实施方案》，搜狐网，http://www.sohu.com/a/53193527_119586，2016 年 1 月 8 日。

省国民经济和社会发展第十三个五年规划纲要》。该纲要提出，"十三五"的生态文明发展目标是：污染治理和生态修复实现重大突破，"天蓝、地绿、水清、村美的美丽河北基本展现"。①该纲要提出，实施"四美五改·美丽乡村"行动，建设"四美乡村"。到2020年，基本实现美丽乡村建设覆盖全省，具备条件的农村全部建成"环境美、产业美、精神美、生态美"的美丽乡村。该纲要第五篇专门阐述了"坚持绿色发展，建设京津冀生态环境支撑区"，并分四章提出如何完善生态文明制度体系，建设京津冀生态环境支撑区。（1）强力推进大气污染防治。坚持全面推进与重点突破相结合，实施大气污染攻坚行动，大力推进能源清洁化，建立节能减排长效机制，推进重点领域节能减排。（2）加强生态修复与建设。实施山水林田湖生态保护和修复工程，着力提高水环境质量，持续推进绿色河北攻坚行动，开展"净土"行动，加大土壤治理与山体修复力度。（3）推动资源节约循环利用。实行最严格的水资源管理制度，加强节水和水资源循环利用；严格划定城市开发边界、永久基本农田和生态保护红线，保护耕地，节约集约利用土地；大力发展循环经济，推进生态建设产业化；实施循环经济八大工程。（4）加强生态文明制度建设。构建"产权清晰、多元参与、激励约束并重、系统完整的生态文明制度体系"，包括两个方面：一是落实主体功能区制度，建立横向和流域生态补偿机制，强化对禁止开发区域的保护，二是深化生态文明体制改革，实行能源和水资源消耗、建设用地等总量和强度"双控制"，健全生态保护补偿机制，严格生态文明责任追究。②

　　"十二五"期间，河北省坚决向大气污染宣战。加强山水林田湖生态修复，治理水土流失面积1.1万平方公里，加大14条重污染河流综合整治力度，北戴河及相邻地区近岸海域环境综合治理三年任务基本完成，地下水超采治理国家试点扩至5市63个县，通过"节、引、蓄、调、管"综合治理，形成

① 《河北省国民经济和社会发展第十三个五年规划纲要》，河北省人民政府网，http://www.hebei.gov.cn/hebei/10731222/10751796/10758975/13998722/index.html，2016年4月19日。
② 《河北省国民经济和社会发展第十三个五年规划纲要》，河北省人民政府网，http://www.hebei.gov.cn/hebei/10731222/10751796/10758975/13998722/index.html，2016年4月19日。

农业地下水压采能力 15.2 亿立方米。扎实推进绿色河北攻坚工程，累计植树造林 2300 万亩，森林覆盖率达到 31%。[①]

三 提升生态质量

2018 年 1 月，省委、省政府出台《关于开展质量提升行动加快质量强省建设的实施意见》，提出"质量强省"：到 2020 年，全省基本形成大质量、大标准体系，并提出六项质量目标，其中之一是生态质量。该实施意见对"生态质量"提出三方面要求：一是绿色循环低碳产业体系初步建立；二是空气、水、土壤环境质量持续改善好转，美丽河北的目标"天蓝、地绿、水清、村美"基本实现；三是生态环境监管体制进一步完善。为了提升全省"生态质量"，该实施意见提出了"开展生态质量提升专项行动"。具体措施是：（1）实行能源消费总量和强度"双控"制度，提高能源利用质量，提高绿色低碳循环发展质量，逐步提高非化石能源占一次能源消费比重到 2020 年在 10% 以上；（2）深入实施"蓝天、碧水、净土"三大行动，全面推行"河长制"，加快改善环境质量；（3）建立资源环境承载能力监测预警长效机制，健全生态文明制度体系，开展承载能力评价，完善生态保护补偿机制等。[②]

四 划定生态保护红线

2013 年 12 月 18～20 日，中共河北省第八届委员会第六次全体会议在石家庄召开。会议对河北省全面深化改革进行了研究部署，提出划定生态保护红线。制定全省环境功能区划，研究划定"三个类型的红线"，即禁止开发

---

① 张庆伟：《2016 年河北省政府工作报告——在河北省第十二届人民代表大会第四次会议上》，《河北日报》2016 年 1 月 15 日。
② 《河北省委省政府出台〈关于开展质量提升行动加快质量强省建设的实施意见〉》，《河北日报》2018 年 1 月 3 日。

区红线，重要生态功能区红线，生态环境敏感区、脆弱区红线，生态红线区域面积不低于全省面积的20%。落实最严格水资源管理制度，实行用水总量、用水效率、水功能区限制纳污控制，核定全省地下水超采区范围，明确超采区和限采区，逐步修复和改善水生态环境。建立农产品产地划分制度，对土壤环境质量不符合标准的，划定为农产品禁止生产区。[①]

2014年6月，省环保厅印发《关于开展全省生态功能红线划定工作的通知》。该通知强调，划定全省生态功能红线是全省环保工作的一项重要任务。红线划定的类型分为三种：重要生态功能区红线，生态环境敏感区、脆弱区红线，禁止开发区红线。根据全省实际自然状况，重要生态功能区红线包括水土保持、涵养水源、生物多样性、洪水调蓄和防风固沙5种类型；生态环境敏感区、脆弱区红线包括水土流失敏感性、土壤沙化敏感性、河滨带和湖滨带敏感性3种类型；禁止开发区红线包括自然保护区等9种类型。重要生态功能区红线，生态敏感区、脆弱区红线采取"自上而下"的划定方法，由省厅组织技术单位（省环科院）负责划定。禁止开发区红线采取"自下而上"的划定方法。[②]

2017年11月29日，省长许勤主持召开省政府常务会议，审议并原则通过了《河北省生态保护红线划定方案》。会议指出，要精准辨识生态红线范围，对已确定的红线区域认真复核审查，全面准确摸清原始数据，确保生态保护红线布局合理、落地准确、边界清晰，为常态化督察、审计和管理奠定基础。要正确处理好发展和保护的关系，坚持对人民负责的态度，科学界定红线内的生产生活等活动，进一步理顺法律关系、经济关系，做好资料备案工作，建立动态信息化管理系统，加强实时监管。要狠抓责任落实，各市县要层层签字、明确职责、建立台账，健全责任追究机制，以精确、细致的生态保护红线划定工作为全省生态保护与建设、自然资源有序开发和产业合理

---

① 《河北推进12方面改革59条举措细绘改革路线图》，《河北日报》2013年12月30日。
② 河北省环保厅：《关于开展全省生态功能红线划定工作的通知》（冀环办字函〔2014〕14号），2014年6月6日。

布局提供重要支撑。①

2017 年 11 月 28~30 日，环境保护部与国家发展和改革委共同组织召开了生态保护红线部际协调领导小组会议，对北京、天津、河北等 15 个省（区、市）的生态保护红线划定方案进行了审核。会议原则审核通过 15 个省（区、市）的生态保护红线划定方案。②

五 推进生态修复

2016 年 11 月 21 日，河北省第九次党的代表大会报告提出，全面推进生态修复。精准确定生态功能分区，划定森林、湿地、草原、海洋、河湖水域等生态保护红线，将各类开发活动严格限制在资源环境承载能力范围之内。大力推动节水和水资源循环利用，持续抓好地下水超采综合治理，科学用好"南水北调"水。编制并实施白洋淀环境治理和生态修复规划，建设国家公园，抓好河流治理和现代水网建设，加快水生态环境改善步伐。

2017 年 11 月 30 日，河北省人民政府办公厅印发《河北省湿地保护修复制度实施方案》。该实施方案包括湿地保护修复的总体要求、湿地分级管理、湿地保护目标责任制、湿地用途管制、退化湿地修复、湿地监测评价、保障机制 7 个方面的内容。（1）湿地保护修复目标任务是：实行湿地面积总量管控，建立健全湿地分级管理体系，全面提升湿地保护与修复水平。到 2020 年，全省湿地面积在 1413 万亩以上。（2）建立健全湿地分级管理体系。该实施方案把河北省湿地划分为三种类型：国家重要湿地、省级重要湿地和一般湿地。要根据湿地的不同类型，制定不同的认定标准和管理办法，建立适应的管理机制，创新湿地保护管理形式，探索开展湿地管理事权划分改革。待国家重

---

① 《省政府常务会议审议并原则通过〈河北省生态保护红线划定方案〉》，河北新闻网，http://hebei.hebnews.cn/2017-11/29/content_6697226.htm，2017 年 11 月 29 日。

② 《北京、天津、河北等十五省份生态保护红线划定方案通过审核》，《中国环境报》2017 年 12 月 5 日。

要湿地管理事权划分改革方案出台后，研究制定河北省省级重要湿地和一般湿地的事权划分。对国家和省级重要湿地，要通过设立国家公园、湿地自然保护区等多种方式加强保护，在生态敏感和脆弱地区加快湿地保护管理体系建设。（3）建立湿地保护目标责任制。落实湿地面积总量管控。提升湿地生态功能。建立健全奖励机制和终身追责机制。（4）加强湿地利用监管，建立湿地利用管控机制，规范湿地用途管理，严肃惩处破坏湿地行为。（5）建立退化湿地修复制度，明确湿地修复责任主体，实施湿地保护修复工程，完善生态补水机制，强化湿地修复成效监督。（6）健全湿地监测评价体系。明确湿地监测评价主体，完善湿地监测网络。（7）完善湿地保护修复保障机制。[①]

六 完善生态文明制度与生态建设体制机制

生态文明的基本内涵包括三个基本方面：生态物质（器物）文明、生态制度文明、生态精神（观念）文明。[②]夏光认为，"生态文明制度是指在全社会所制定的或者形成的所有支持、推动和保障生态文明建设的各种引导性、规范性和约束性规定与准则的总和，其表现形式有正式制度与非正式制度，其中正式制度是指各种原则、法律、规章、条例等，而非正式制度是指伦理、道德、习俗、惯例等"。[③]沈满洪认为生态文明制度"就是着力于推进生态文明建设的行为规则，是关于推进生态资源建设、生态环境发展、生态消费行为、生态产业保护、生态文化开发、生态科技创新等一系列制度的总称"。[④]

（一）深化生态文明制度改革

2013年12月18~20日，中共河北省第八届委员会第六次全体会议在石

---

① 河北省人民政府办公厅：《河北省湿地保护修复制度实施方案》。
② 严耕、杨志华：《生态文明的理论与系统建构》，中央编译出版社，2009，第169页。
③ 夏光：《生态文明与制度创新》，《理论视野》2013年第1期。
④ 沈满洪：《生态文明制度的构建和优化选择》，《环境经济》2012年第12期。

家庄召开。会议提出六项深化生态文明制度改革的举措：一是建立健全以大气和水污染防治为重点的环境保护制度；二是建立淘汰落后产能的倒逼机制，对重点排污企业实行排污浓度和排污总量"双控制"，探索建立落后产能退出机制，建立健全防范和化解产能过剩的长效机制；三是大力发展节能环保市场；四是加强自然资源产权管理制度和用途管制制度建设；五是制定全省环境功能区划，划定生态保护红线，确保生态红线区域面积不低于全省面积的20%；六是实行资源有偿使用制度和生态补偿制度。[①]

（二）构建生态文明体制改革的系统工程

2016年1月，河北省委、省政府正式印发《河北省生态文明体制改革实施方案》，提出了开展八项重大生态环境制度建设，并对每项制度的主要内容、建设重点、制度目标等问题做出了规定。"八项制度"基本覆盖了生态环境保护的各个领域，全面展现了河北省生态文明体制改革的系统性和整体性，表明河北省生态文明体制系统性改革的正式启动。

2016年11月21日，在河北省第九次党的代表大会上，时任省委书记赵克志做《紧密团结在以习近平同志为核心的党中央周围为建设经济强省、美丽河北而奋斗》的报告。在报告中，赵克志提出，今后五年，河北省要切实做到五个明显提升，其中之一是"生态环境质量明显提升"，环境改善程度"明显高于以往"。并提出大气、水、土三个方面的目标分别是"$PM_{2.5}$平均浓度降至55微克/立方米"、"水功能区水质达标率达到78%"和"全省森林覆盖率达到36%以上"。[②]报告提出，"提升环境保护和生态建设水平"要从四个方面抓起：一是坚持不懈治理环境污染，实施"蓝天行动""碧水行动""净土行动"，抓好以大气、水、土壤为重点的污染防治工作；二是精准确定生态功能分区，全

---

① 《中共河北省委关于学习贯彻党的十八届三中全会精神的决议》，《河北日报》2013年12月30日。

② 赵克志：《紧密团结在以习近平同志为核心的党中央周围为建设经济强省、美丽河北而奋斗——在中国共产党河北省第九次代表大会上的报告》，《河北日报》2016年11月28日。

面推进生态修复，加快"再造三个塞罕坝"；三是运用产业化的办法抓好生态建设，大力促进经济生态协调发展，建立循环型产业体系；四是推动环保工作法治化，切实完善生态建设体制机制。探索环境治理市场化，建立地区间横向生态补偿机制，推进严格监管常态化，实行生态环境损害责任终身追究制度。

2017年7月26日，《河北省人民政府关于全民所有自然资源资产有偿使用制度改革的实施意见》（冀政发〔2017〕11号）颁布。该实施意见提出，健全全民所有自然资源资产有偿使用制度，要坚持"保护优先"、"扩权赋能"和"市场配置"三个基本原则。[①]并提出六项重点任务：（1）完善国有土地资源有偿使用制度，优化土地利用布局，规范经营性土地有偿使用；（2）推进水资源有偿使用制度改革，严守水资源管理的"三条红线"刚性约束，全面落实水资源消耗总量和强度的"双控行动"，继续深化水资源税改革试点工作；（3）完善矿产资源有偿使用制度，强化矿产资源保护，建立矿产开发综合评估论证制度，建立符合市场经济要求和矿业规律的矿业权出让制度；（4）建立国有森林资源有偿使用制度，实行最严格的国有林地和林木资源管理制度，确保国有森林资源不破坏、国有资产不流失、生态红线不突破，严格控制林地转为非林地；（5）建立国有草原资源有偿使用制度，健全基本草原保护制度，加快推进国有草原确权登记颁证工作，稳定和完善国有草原承包经营制度，依法规范推进国有草原承包经营权有序流转；（6）完善海域海岛有偿使用制度，努力做到"四严格，一严控"，即一是严格实施海洋生态红线制度，二是严格限制"三高"（高耗能、高污染、高耗水）和产业资源消耗型产业用海，三是严格实行围填海总量控制制度，四是严格落实无居民海岛有偿使用制度，"一严控"是"严控新增围填海活动"。

[①] 河北省政府办公厅：《河北省人民政府关于全民所有自然资源资产有偿使用制度改革的实施意见》（冀政发〔2017〕11号）。

（三）建立生态环境保护责任制

2017 年 7 月 28 日，时任省委书记赵克志主持召开省委全面深化改革领导小组第三十一次会议。会议审议并原则通过了《关于落实雄安新区管理体制机制的实施意见》《河北省生态环境保护责任规定（试行）》《关于加强环境保护行政执法与刑事司法衔接工作的实施意见》等 14 个改革文件。

2017 年 8 月 28 日，《河北省生态环境保护责任规定（试行）》正式印发。该责任规定是河北省生态环境保护委员会成立以来印发的"1 号文件"。其第二条明确：实行最严格的生态环境保护制度。坚持党政同责、一岗双责、责权一致、齐抓共管，按照"谁主管、谁负责""谁决策、谁负责"的原则建立责任体系及问责制度，实行终身追责。第三条明确：各级党委、政府对本地区生态环境保护工作负总责，党委、政府及其有关部门的主要领导承担本行政区域、本部门生态环境保护工作主要责任，党委和政府主要领导对生态环境质量负总责，分管生态环境保护工作的领导承担综合监管领导责任，其他班子成员在职责范围内承担相应责任。该责任规定还分别对各级党委及其有关部门、各级政府及其有关部门、中直驻冀单位、金融机构、人民法院和人民检察院的生态环境保护责任做了详细的规定，提出了建立生态环境保护责任的考核与奖惩制度。[①] 该责任规定的出台，细化、厘清了责任边界，在河北生态环境保护史上具有里程碑式意义。它的实施将推动河北建立健全条块结合、各司其职、权责明确的环境保护管理新体制。与已经出台相关文件的省份相比，河北环保责任主体突出或增加了审判、检察机关的环保工作职责，这些规定将推动河北加快构建环境保护治理体系，推动依法行政、依法治污，加快环境质量改善。

（四）建立环保垂改新体制

2016 年 9 月，中共中央办公厅、国务院办公厅印发《关于省以下环保机

---

① 河北省生态环境保护委员会：《河北省生态环境保护责任规定（试行）》。

构监测监察执法垂直管理制度改革试点工作的指导意见》。随后，包括河北在内的多个省市提出了改革试点申请。根据国家的部署，河北、上海、江苏、福建、山东、河南、湖北、广东、重庆、贵州、陕西、青海12省市要力争在2017年6月底前完成试点工作，形成自评估报告。

2016年12月17日，河北省委办公厅、省政府办公厅印发《河北省环保机构监测监察执法垂直管理制度改革实施方案》，河北省成为中国第一个省以下环保垂直管理改革试点省，也成为中国首个完成省级环保垂直管理改革的试点省份。[①]进行环保机构监测监察执法垂直管理制度改革的目的是通过改革"解决现行以块为主的环保管理体制存在的突出问题"，加快治理环境污染，推进生态文明建设。该实施方案提出了环保垂直管理改革要坚持五个基本原则，即坚持问题导向、强化履职尽责、理顺工作机制、搞好统筹协调和加强基础建设。[②]环保垂直管理改革的主要任务有五项。（1）强化各级党委和政府及其相关部门的环境保护责任。强化各级党委和政府环境保护主体责任，强化环保部门监管职责，明确相关部门环境保护责任。（2）调整环境保护管理体制。一是调整市县环保机构管理体制，二是建立健全环境监察体系，三是调整环境监测管理体制，四是加强基层环境执法工作。（3）规范和加强环保机构和队伍建设，加强环保能力建设，加强环保系统党组织建设。（4）建立健全高效协调的运行机制。一是建立健全各级环境保护议事协调机制，二是加强跨流域、跨区域环境管理，三是建立健全环境保护联动协作机制，四是实施环境监测执法信息共享。（5）确保新老体制平稳过渡。要稳妥做好人员划转工作，妥善处理资产债务，调整经费保障渠道。[③]

2017年4月28日，河北省环境执法监察局调整为河北省环境综合执法局。

---

① 《河北基本完成省级环保垂直管理改革　专家：监管主体权责须对等》，界面网，https://www.jiemian.com/article/1291225.html，2017年5月2日。

② 《河北省委办公厅省政府办公厅印发〈河北省环保机构监测监察执法垂直管理制度改革实施方案〉》，《河北日报》2016年12月20日。

③ 《河北省委办公厅省政府办公厅印发〈河北省环保机构监测监察执法垂直管理制度改革实施方案〉》，《河北日报》2016年12月20日。

同时，河北省还挂牌成立了河北省环境监测中心以及 6 个环境监察专员办公室、11 个驻市环境监测中心。时任河北省环保厅厅长陈国鹰介绍，"新机构的挂牌，标志着我省环保机构监测监察执法垂直管理制度改革省级层面的改革基本完成。这次环保垂直改革涉及环境监测、监察、执法等基础制度的重构，是对环保管理体制的一次改革"[1]。自 4 月 28 日起，河北环境管理将按照新体制正式运行。

2017 年 4 月 28 日，河北省环境监测中心站更名为河北省环境监测中心。虽然一字之差，却是河北省环境监测管理体制的重大调整。过去河北省的环境监测是"考核谁、谁监测"；改革后，河北省生态环境质量监测将实现"谁考核、谁监测"。"实行生态环境质量省级监测、省级考核，可以保证监测数据的权威、真实，逐步构建起以环境质量为核心的管理模式。"[2]

2017 年 4 月 28 日，河北省环境执法监察局更名为河北省环境综合执法局，这是河北省环保垂改机构调整的又一重点。时任河北省环境保护厅副厅长杨智明认为，"改名后，省环境综合执法局剥离了环境监察职能，将重点查处重大环境违法案件、开展执法情况后督察，增强环境执法的针对性、有效性，同时，统筹解决跨区域、跨流域环境问题"。[3]

2017 年，河北省环保垂改新体制正式运行。作为全国第一个试点省，河北 6 个环境监察专员办公室、11 个省驻市环境监测中心正式挂牌成立，机构调整、人员划转、职能定位、经费保障等基本到位，管理新体制正式运行。2017 年共督察政府部门 2276 个，对大气污染治理进展缓慢和落实不力的市、县政府进行公开约谈，追责问责相关责任人 339 人、县处级干部 9 人。[4]

实行省以下环保机构监测监察执法垂直管理制度，是深入推进生态文

---

[1] 《河北省环保垂改省级层面基本完成》，《河北日报》2017 年 4 月 29 日。
[2] 《河北省环保垂改省级层面基本完成》，《河北日报》2017 年 4 月 29 日。
[3] 《河北省环保垂改省级层面基本完成》，《河北日报》2017 年 4 月 29 日。
[4] 《2017 年河北省十大环境新闻发布"大气污染防治"唱主角》，央广网，http://news.cnr.cn/native/city/20180210/t20180210_524131772.shtml。

明体制改革的重要举措，是实现生态环境治理体系和治理能力现代化的重大决策部署。"垂改"着力破除体制机制制约、地方保护主义和人为干扰弊端、监管盲区盲点，一年来，河北初步建立起了条块结合、各司其职、权责明确、保障有力、权威高效的环境保护管理新体制，有力促进了环境质量改善。截至 2017 年底，河北各环境监察专员办将 969 个环境问题移交给党委政府，并提出追责问责建议，建立了生态环境保护领域问责清单，2017 年全省有 1632 人因生态环境保护工作不力被问责。为确保环境监测数据真实、准确，河北在"垂改"中重构监测职能，将生态环境质量监测上收到省级，将执法监测、应急监测等下沉到市县，推动监测执法协同作业。与机构改革同步，将全省原有的 143 个环境空气质量自动监测站和 450 个水质考核断面监测事权全部上收到省，有效避免了地方政府、企业和个人对环境监测数据的人为干扰。与此同时，河北省环境监测中心组织各驻市环境监测中心，对省控站点监测数据进行交叉审核，由过去对颗粒物一项进行比对，逐步增加臭氧、气态污染物的溯源和比对，为环境管理科学决策提供支撑。[①]

（五）建立环境保护督察制度

环境保护督察制度，是党中央、国务院关于推进生态文明建设和环境保护工作的一项重大制度安排。作为中央环保督察的首个试点省份，河北省参照中央督察模式，在全国率先建立了省级环保督察制度，有效推动了地方党委、政府环境保护主体责任的落实。

2016 年 3 月 31 日，中共河北省委办公厅、河北省人民政府办公厅联合印发了《河北省环境保护督察实施方案（试行）》。该方案提出，将环境保护督察作为推动生态文明建设的重要抓手，落实地方党委和政府环境保护主体的责任，全面改善生态环境质量。方案列出了党委、政府将被追究责任的 16

[①] 周迎久、张铭贤：《河北全力推进环保垂直管理制度改革　为生态文明建设增添新动能》，《人民日报》2018 年 4 月 28 日。

种行为。督察针对各设区市及2个省直管县（市）党委和政府及其有关部门开展，并下沉至部分环境重点县（市、区）党委和政府及其有关部门、开发区、工业园区。每两年左右对各设区市和省直管县（市）督察一遍，对存在突出环境问题的地方，可不定期开展专项督察。对负有环境保护监督管理职责的有关部门，不定期开展环境保护督察。督察的内容有：环境保护责任落实情况，主要包括地方党委和政府及其有关部门落实环境保护党政同责和一岗双责等情况；对法律法规及国家、省环境保护决策部署贯彻落实情况；突出环境问题及处理情况；环境监管执法等环境监管能力建设情况。督察结果将按照干部管理权限，移交省委组织部或当地党委组织部门，作为对被督察地方党政领导班子和领导干部考核评价、干部使用、组织处理的重要依据。涉嫌刑事犯罪的，移交公安机关。

在出台《河北省环境保护督察实施方案（试行）》的基础上，河北省制定了《河北省环境保护督察工作规程》《河北省环境保护督察操作指南》，规范了督察准备、组织构成、督察进驻、市级督察、下沉督察、报告起草、督察反馈、结果运用等全流程工作程序和操作细则，实现了闭合循环。

（六）加强生态环境监测网络建设

2015年12月25日，河北省人民政府办公厅印发关于《河北省生态环境监测网络建设实施方案》的通知。该实施方案提出的工作目标是："到2020年，全省生态环境监测网络基本实现环境质量、重点污染源、生态状况监测全覆盖。"该实施方案对加强生态环境监测网络建设提出了五项任务：（1）完善生态环境监测网络，建立全省统一的环境质量监测网络，健全重点污染源监测网络；（2）实现生态环境监测信息集成共享，建立生态环境监测数据集成共享机制，构建生态环境监测大数据平台，统一发布生态环境监测信息；（3）科学引导环境管理与风险防范，加强环境质量监测预报预警，建立重点监控污染源监测自动报警体系，健全各级环境应急监测体系，提升生态环境风险监测评估和预警能力；（4）建立生态环境监测与监管联动机制，加强生态环境监测机构监管，实现生态环境监测与执法同步；（5）健全生态环境监测管理制度与保障体系。①

（七）规范生态文明建设目标评价考核工作

为了规范河北省生态文明建设目标评价考核工作，2017 年 4 月 14 日，省委办公厅、省政府办公厅印发《河北省生态文明建设目标评价考核办法》。该考核办法明确了生态文明建设的年度评价主要是"评估各市资源利用、环境治理、环境质量、生态保护、增长质量、绿色生活、公众满意度等方面的变化趋势和动态进展，生成各市绿色发展指数"。年度评价应在每年 9 月底前完成。生态文明建设目标考核的内容主要包括"省国民经济和社会发展规划纲要确定的资源环境约束性指标，以及省委、省政府部署的生态文明建设重大目标任务完成情况，突出公众的获得感"。目标考核在五年规划期结束后的次年开展，并于 9 月底前完成。②

第四节　打好环境治理三大攻坚战

进入京津冀生态环境协同保护时期，河北省环境保护与生态建设面临的最大难题与难点仍然是严重的大气污染、水污染和土壤污染。每年的省政府工作报告都会强调对三大污染的治理，并反复强调打赢三大污染防治攻坚战。

一　打赢三大污染防治攻坚战

2013 年 1 月，时任省长张庆伟在河北省政府工作报告中提出："实施生态

---

① 《河北省人民政府办公厅关于印发〈河北省生态环境监测网络建设实施方案〉的通知》（冀政办字〔2015〕170 号）。

② 河北省委办公厅、河北省政府办公厅：《河北省生态文明建设目标评价考核办法》。

立省战略"，推进"绿色""低碳""循环"三大发展，落实生态功能区规划，强化主体功能区管理，促进生产空间集约高效、生活空间宜居舒适、生态空间山清水秀。加强城乡环境污染综合整治和绿色生态建设，进一步减少主要污染物的排放总量，抓好水、大气、土壤、海域、陆域等污染防治，实施一批生态建设工程。把资源消耗、环境损害、生态效益纳入经济社会发展评价体系，为生态环境的持续改善提供有力保障，使全省的生态环境年年都有新变化、五年实现大跨越，基本形成主体功能区布局，在建设美丽河北、促进永续发展上迈出重大一步。[1]

2013 年 9 月 6 日，河北省委、省政府出台《关于实施环境治理攻坚行动的意见》（冀发〔2013〕22 号），决定实施"大气污染防治、水污染防治、农村环境整治"三大环境攻坚行动，并提出了三大环境攻坚行动的指导思想、主要目标、主要任务和保障措施，对攻坚行动的工作任务进行了划分。按照"远近结合、分步实施、重点突破、标本兼治"的原则，全省环境治理攻坚行动分两个阶段实施：第一阶段为 2013~2015 年，第二阶段为 2016~2017 年。大气污染防治行动目标是：到 2015 年，全省环境空气质量得到改善，优良天数明显增加；到 2017 年底，全省环境空气质量明显好转，重污染天数大幅减少。水污染防治行动目标是：到 2015 年，全省水环境质量明显改善，主要污染物浓度稳步下降；到 2017 年，水环境质量全面提升，基本消除地表水国控、省控断面劣 V 类水质。农村环境整治行动目标是：到 2015 年，农村环境污染加剧的趋势得到基本控制，环首都和设区市城市周边及重点流域环境状况得到改善；到 2017 年，农村污染防治整体水平得到有效提升，重点区域生态环境保护与建设不断加强。[2]

2016 年 1 月，《河北省国民经济和社会发展第十三个五年规划纲要》明确提出，强力推进大气污染防治、加强生态修复与建设。坚定不移地落实国

---

① 张庆伟在河北省第十二届人民代表大会第一次会议上做的河北省政府工作报告，2013 年 1 月 26 日。

② 河北省委、省政府：《关于实施环境治理攻坚行动的意见》（冀发〔2013〕22 号）。

家大气污染防治行动计划和河北省实施方案，坚持全面推进与重点突破相结合、总量削减与浓度控制相结合、综合治污与联防联控相结合，铁腕治理大气污染，确保空气质量明显好转。提出实施大气污染攻坚行动，坚持标本兼治，强化大气环境质量改善导向，采取综合防治和全面控制措施，推进科学治霾、精准治污。大力推进"6643工程"，深化钢铁、水泥、电力、玻璃、石化等重点行业大气污染治理，加快脱硫、脱硝和除尘改造。进一步强化煤炭消费总量控制，在实现2017年比2012年减少煤炭消费量4000万吨的基础上，2020年煤炭消费量比2017年进一步下降。推进面源、移动源综合管理，实施道路车辆污染综合整治、露天矿山污染整治、焦化行业污染防治三大专项行动。严格排放标准，采取"双零控制"，对现有企业环保不达标"零容忍"，坚决采取强制措施，对新上项目环保不达标"零出生"，从源头上严格控制新增污染。大气污染治理和生态修复被纳入国民经济和社会发展五年规划，提升了大气污染治理和生态修复的层次，也表明了省委、省政府对环境保护与生态建设的重视。

2016年11月21日，时任省委书记赵克志在中国共产党河北省第九次代表大会上的报告中提出，今后五年要切实做到生态环境质量明显提升，环境"改善程度"明显高于以往。提升环境保护和生态建设水平要重点做好四个方面的工作：坚持不懈治理环境污染、全面推进生态修复、大力促进经济生态协调发展和切实完善生态建设体制机制。强调以大气、水、土壤污染防治为重点，实施"蓝天行动""碧水行动""净土行动"，打好环境治理攻坚战。今后五年的三大环境目标是：PM$_{2.5}$平均浓度降至55微克/立方米，水功能区水质达标率达到78%，全省森林覆盖率在36%以上。[1]

2017年1月，时任省长张庆伟在省政府2017年《政府工作报告》中提出，努力建设天蓝地绿水秀的美丽河北。建立生态文明制度"四梁八柱"，加快营造良好人居环境。2017年环境保护的重点工作是开展"三大行动"：一是深

① 赵克志：《紧密团结在以习近平同志为核心的党中央周围　为建设经济强省、美丽河北而奋斗——在中国共产党河北省第九次代表大会上的报告》，《河北日报》2016年11月28日。

入开展"蓝天行动"，工程减排、结构减排并举，坚决控制污染物排放；二是大力实施"碧水行动"，开展十大重点行业清洁化改造、城市黑臭水体治理、入河排污口污染综合整治三大专项行动；三是有序推进"净土行动"，实施燕山太行山绿化攻坚、"再造三个塞罕坝"等工程。[①]

2017 年 3 月，省政府印发《河北省生态环境保护"十三五"规划》。该规划提出，实施最严格的环境保护制度，"打好大气、水、土壤污染防治三大战役"，"着力加强生态修复保护"。为了推进落实《河北省生态环境保护"十三五"规划》，2018 年 1 月 25 日，河北省环境保护厅印发《关于印发河北省生态环境保护"十三五"规划重点工作部门分工方案的通知》（冀生态环保办〔2018〕1 号），对河北省生态环境保护"十三五"规划的重点工作做了分工与部署，再次强调"实施大气、水、土污染防治三大行动计划"，全力改善环境质量。

2018 年 1 月，河北省委、省政府做出《关于大力弘扬塞罕坝精神 深入推进生态文明建设和绿色发展的决定》。该决定明确提出切实加大环境治理力度，"打赢三大污染防治攻坚战"。一是"打赢大气污染防治攻坚战"，明显增强群众的蓝天幸福感；二是"打赢水污染防治攻坚战"，恢复河畅淀清的水环境；三是"打赢土壤污染防治攻坚战"，有序推进土壤污染的治理和修复。

2018 年 1 月 25 日，省长许勤在河北省政府工作报告中再次强调，2018年要打好污染防治攻坚战，着力解决突出环境问题。全面推进传输通道城市"保底线、退后十"集中攻坚。开展水污染集中治理攻坚，编制实施土壤污染治理与修复规划，开展国土绿化三年行动。[②]

二 打赢大气污染防治攻坚战

2013 年河北省委、省政府集中出台了一系列关于大气污染防治的管理办

---

① 张庆伟：《2017 年河北省政府工作报告》，《河北日报》2017 年 1 月 16 日。
② 许勤：《2018 年河北省政府工作报告》，《河北日报》2018 年 2 月 5 日。

法与行动方案。如，2013 年 3 月 1 日，省政府印发《关于印发〈河北省空气严重污染应急管理办法（暂行）〉的通知》（冀政函〔2013〕33 号）。该管理办法将河北省空气重污染分为三级：重度污染（201 ≤ AQI ≤ 300），严重污染（300 < AQI < 500），极重污染（AQI 达到 500）。规定：空气重污染应急管理坚持政府主导、部门联动、属地管理、社会参与的原则。环境保护部门负责开展空气质量实时监测，监测信息与气象部门气象信息联合发布。应急预案应根据空气重污染级别，分级明确相应的污染应急措施，包括健康防护措施、建议性污染减排措施和强制性污染减排措施。

2013 年 7 月，河北省环保厅与环保部卫星环境应用中心签署环境遥感监测与综合应用合作协议，重点开展大气环境、水环境、重大工程实施区域、自然保护区、重要水源保护区、重要生态功能区等方面的卫星遥感监测，为全面掌握环境污染物的时空变化规律、治理大气环境提供数据支撑和科学依据，河北也成为全国第一个实现省域全要素全覆盖"天地一体化"环境监测的省份。[①]

2013 年 9 月，省环保厅与省气象局签署环境保护工作合作框架协议，共同推进重污染天气过程的趋势分析和信息发布工作，实现环境监测和气象信息双方共享，建立联合工作机制。

2013 年 11 月 26 日，省政府印发《关于印发河北省钢铁水泥电力玻璃行业大气污染治理攻坚行动方案的通知》（冀政函〔2013〕154 号）。提出在全省钢铁、水泥、电力、玻璃行业集中开展大气污染治理攻坚行动，并提出了攻坚行动的主要目标、重点任务和行动措施，确定在 2014 年四个行业所有企业重点治污减排工程大部分建设完毕。

2013 年 12 月 16 日，省政府办公厅发出《关于印发河北省重污染天气应急预案的通知》（冀政办函〔2013〕96 号），河北省启动重污染天气预警工作，首次对机动车实施限行。《河北省重污染天气应急预案》包括总则、组织机

---

① 《河北公布 2013 年十大环境新闻"绿色崛起"居首》，长城网，http://news.ifeng.com/gundong/detail_2014_01/24/33315416_0.shtml，2014 年 1 月 24 日。

构与职责、监测与会商、预警、应急响应、保障措施、信息报告和总结评估、应急保障、预案管理、附则十个部分。河北省将重污染天气预警按由低到高顺序依次划分为蓝色、黄色、橙色、红色四个等级，根据不同等级分别采取对应的应急措施。根据预警相关规定，河北省石家庄等地首次在重污染天气情况出现时对机动车实施限行。①

（一）《河北省大气污染防治行动计划实施方案》的主要内容

2013 年 9 月 17 日，环境保护部、国家发展和改革委员会等六部门联合印发《京津冀及周边地区落实大气污染防治行动计划实施细则》，对京津冀三地提出的空气质量的具体指标是：到 2017 年，"细颗粒物（$PM_{2.5}$）浓度在 2012 年基础上下降 25% 左右"②。

2013 年 9 月 12 日，河北省委、省政府颁布《河北省大气污染防治行动计划实施方案》（亦称"大气 50 条"）。该实施方案分为四部分，共 50 条。可以概括为以下四个方面的内容。

一是防治大气污染的目标高。总目标是力争五年"基本消除重污染天气"。该实施方案最大的特点是制定的任务目标高。根据国务院颁布的"国十条"规定，京津冀地区的细颗粒物浓度到 2017 年要下降 25%。为了确保完成国家对河北省提出的这一目标要求，河北省提出了更高更严的目标，尤其是对空气质量较差，且处于全国"后十"的城市更是如此。在细颗粒物浓度下降比例上，要求石家庄、唐山、保定、廊坊、定州、辛集下降 33%，邢台、邯郸下降 30%。

二是突出四个重点：一是突出重点控制城市；二是突出淘汰落后产能；三是突出燃煤总量削减；四是突出严格环境监管。

---

① 《河北省人民政府办公厅发出〈关于印发河北省重污染天气应急预案的通知〉》（冀政办函〔2013〕96 号）。

② 环境保护部等：《关于印发〈京津冀及周边地区落实大气污染防治行动计划实施细则〉的通知》（环发〔2013〕104 号）。

三是开展八项重点工作：（1）提高工业企业治理力度，重点治理燃煤小锅炉、重点行业脱硫和挥发性有机物污染；（2）加强农村面源污染治理，严格整治和控制施工工地扬尘、矿山扬尘和餐饮业排污；（3）强化防治移动源污染，减少机动车污染排放；（4）严格控制高污染、高消耗行业新增产能，加快淘汰落后产能，压缩过剩产能，综合整治小型企业环境；（5）加大清洁能源供应量，加快能源结构调整步伐，控制和消减煤炭消费总量，推进清洁能源替代利用和煤炭清洁利用，划定和扩大城市高污染燃料禁燃区域；（6）严格节能环保准入制度，通过调整生产力布局、强化节能环保指标约束、实行重点控制城市特别排放限值等措施，形成有利于大气污染扩散的城市和区域空间格局；（7）提高企业科技创新能力，大力发展循环经济节能环保产业，提升环境保护发展能力；（8）制定环境应急预案，健全监测预警应急体系。

四是构筑五大保障体系，包括：构建高规格的组织领导体系、完善环境法规制度政策、提升环境监管能力、加大环境执法力度及建立环境治理和大气污染防治倒逼机制。

（二）大气污染防治行动的目标与主要任务

2013 年 9 月 6 日，河北省委、省政府在《关于实施环境治理攻坚行动的意见》中提出，大气污染防治行动的目标是到 2015 年，全省环境空气质量得到改善，优良天数明显增加。到 2015 年，河北省二氧化碳、二氧化硫、氮氧化物的排放量要比 2010 年分别削减 18%、12.7% 和 13.9%。到 2017 年底，全省环境空气质量明显好转，重污染天数大幅度减少。全省 $PM_{2.5}$ 浓度在 2012 年基础上下降 25% 以上，规模以上工业单位增加值能耗比 2012 年下降 20%。首都周边及大气污染较重的石家庄、唐山、保定、廊坊市和定州、辛集市 $PM_{2.5}$ 浓度在 2012 年基础上下降 33% 以上，邢台、部郸市 $PM_{2.5}$ 浓度在 2012 年基础上下降 30% 以上，秦皇岛、沧州、衡水市 $PM_{2.5}$ 浓度在 2012 年基础上下降 25% 以上，承德、张家口市 $PM_{2.5}$ 浓度在 2012 年基础上下降 20% 以上。[①]

大气污染防治行动的主要任务有以下四项。（1）控制煤炭消费总量，加快淘汰落后产能，提高清洁能源使用比重，优化产业和能源结构。到 2017 年底，各设区城市建成区全部淘汰每小时 35 蒸吨及以下的燃煤锅炉，全省煤炭消费量在 2012 年基础上净削减 4000 万吨，全省钢铁产能削减 6000 万吨；（2）控制重点行业污染物排放，强化清洁生产审核，集中搬迁改造石钢等一批主城区重污染企业，优化空间格局，到 2017 年底，基本完成主城区重污染企业搬迁改造，50% 以上国家级园区和 30% 以上省级园区实施循环化改造；（3）控制机动车尾气污染，加快淘汰"黄标车"和老旧车辆，提升燃油品质，强化机动车环保管理，根据城市发展规划，各设区市制定机动车保有量上限，限制大气污染较重城市机动车保有量增长，2017 年底全省"黄标车"全部淘汰；（4）开展城市及周边扬尘综合整治，推进城市及周边绿化和防风防沙林建设，着力控制扬尘污染，到 2017 年，全省城市建成区绿地覆盖率达到 37%，90% 以上县城达到省级园林城市标准。[②]

2015 年，河北省大气污染防治工作领导小组办公室印发《河北省大气污染深入治理三年（2015—2017）行动方案》。该方案提出到 2017 年，全省在 2013 年基础上 $PM_{2.5}$ 年均浓度下降 25%，并将目标分解到地方政府，纳入年度考核，考核情况作为干部选拔任用和奖惩的重要依据。[③]

2016 年 1 月，《河北省国民经济和社会发展第十三个五年规划纲要》提出："十三五时期"，河北省"污染严重的城市力争退出全国空气质量后 10 位"。

（三）出台《河北省大气污染防治条例》

2016 年 1 月 13 日，河北省第十二届人民代表大会第四次会议通过《河

---

① 河北省委、省政府：《关于实施环境治理攻坚行动的意见》（冀发〔2013〕22 号）。
② 河北省委、省政府：《关于实施环境治理攻坚行动的意见》（冀发〔2013〕22 号）。
③ 《省环境保护厅发布"2015 年河北省十大环境新闻"》，长城网，https://www.toutiao.com/i6252297737459466753/，2016 年 2 月 18 日。

北省大气污染防治条例》。该条例自 2016 年 3 月 1 日起施行，1996 年 11 月 3 日河北省第八届人民代表大会常务委员会第二十三次会议通过的《河北省大气污染防治条例》同时废止。新的大气污染防治条例是新大气污染防治法实施后完成修订的第一部地方法规。[①]

《河北省大气污染防治条例》按照"源头管控、过程严管、后果严惩"的思路对大气污染防治工作做出全面规范，对政府及其部门责任、各类污染源防治措施、重污染天气应对机制、区域协作机制等做出规定。其中，对燃煤污染防治方面煤炭减量、禁燃区划定、煤质管理、锅炉改造、集中供热、农村清洁能源六个方面进行了详细规定。该条例强化了政府责任，将大气污染防治责任细化分解到环保、公安、城管等多个政府部门，确保责任落实。该条例规定，县级以上人民政府环境保护主管部门对本行政区域内的大气污染防治实施统一监督管理；还规定，河北省实行大气环境质量目标责任制和考核评价制度。省人民政府制定考核奖惩办法，对各设区的市、县（市、区）大气环境质量改善目标、大气污染防治重点任务完成情况实施考核。考核结果应当向社会公开。

河北省是用煤大省，燃煤消耗量巨大，削减燃煤总量是改善大气环境质量的重中之重。《河北省大气污染防治条例》对河北省燃煤污染防治做出全面规定，并提出，设区的市人民政府应将不低于城市建成区面积 80% 的范围划定为高污染燃料禁燃区。

（四）依法治理大气污染

2015~2016 年，河北省修订颁布了《河北省大气污染防治条例》（2016 年 1 月），制修订了《钢铁工业大气污染物排放标准》（2015 年 2 月）、《水泥工业大气污染物排放标准》、《燃煤电厂污染物排放标准》和《工业企业挥发性有机物排放标准》等一系列地方环境保护标准，增强了治污法制依据。建立

[①] 《深入推进环境资源保护工作座谈会在京举行》，《光明日报》2017 年 4 月 11 日。

完善了网格化环境监管体系，实现了环境监管全覆盖。认真抓好中央环保督察整改落实，按照环保部要求组织开展了环境保护大检查。开展了钢铁、煤炭行业环境执法"雷霆行动"，促进化解过剩产能。完善环保行政执法与刑事司法衔接机制，省环保厅、省公安厅、省法院、省检察院多次联合开展"利剑斩污"和大气污染执法专项行动，以查处超标排放、偷排偷放和自动监控数据弄虚作假等环境违法行为重点，对违法排污采取按日计罚、查封扣押等措施，严厉打击严重污染环境的违法行为和违法企业，持续保持高压态势。全省共查处环境违法企业 3333 家，关停取缔 1545 家，行政处罚 918 家，责令整改 1370 家，挂牌督办 58 家。公安机关共立案侦办环境污染刑事案件 518 起，抓获犯罪嫌疑人 1184 人，查处治安案件 2236 起，治安拘留 2335 人，对不法分子形成强大威慑。[1]

河北省委、省政府高度重视大气污染防治和重污染天气应对工作。2016 年，省政府把目标责任层层分解，逐级落实，并与各市（含定州、辛集市）政府签订了 2016 年大气污染防治目标责任书。制发了《2016 年河北省大气污染防治工作要点》《河北省大气污染防治强化措施实施方案（2016–2017 年）》以及《河北省散煤污染整治专项行动方案》《河北省焦化行业污染整治专项行动方案》《河北省露天矿山污染深度整治专项行动方案》《河北省道路车辆污染专项行动方案》4 个专项行动方案，各部门密切配合，协调督导，分别制定落实方案和工作标准，深化细化各项防控措施，共同推进落实。[2]

2017 年 2 月 17 日，环境保护部印发《京津冀及周边地区 2017 年大气污染防治工作方案》。该方案明确要求 2017 年京津冀地区做好大气污染防治工作。

2017 年 3 月 31 日，省委、省政府制定出台《关于强力推进大气污染综

---

① 河北省环境保护厅：《河北省 2016 年大气污染防治工作总结和 2017 年工作计划》，http://www.hebhb.gov.cn/root8/auto454/201703/t20170310_53036.html。

② 河北省环境保护厅：《河北省 2016 年大气污染防治工作总结和 2017 年工作计划》，http://www.hebhb.gov.cn/root8/auto454/201703/t20170310_53036.html。

合治理的意见》和 18 个专项实施方案。该意见明确了河北省及各市（含定州、辛集市）大气污染综合治理的主要目标，2017 年全省 $PM_{2.5}$ 浓度力争比 2016 年下降 10% 左右，冬季取暖期 $PM_{2.5}$ 浓度力争比 2016 年同期下降 15% 以上；到 2020 年，全省 $PM_{2.5}$ 浓度降低到 57 微克／立方米左右。18 个专项实施方案分别是：《河北省农村散煤治理专项实施方案》《河北省城镇集中供暖专项实施方案》《河北省燃煤锅炉治理专项实施方案》《河北省火电行业减煤专项实施方案》《河北省劣质散煤管控专项实施方案》《河北省重点产业结构优化专项实施方案》《河北省城市工业企业退城搬迁改造专项实施方案》《河北省工业污染源全面达标排放专项实施方案》《河北省集中整治"散乱污"工业企业专项实施方案》《河北省挥发性有机物污染整治专项实施方案》《河北省强化交通运输领域污染防治专项实施方案》《河北省扬尘综合整治专项实施方案》《河北省露天矿山污染深度整治专项实施方案》《河北省造林绿化和湿地保护专项实施方案》《河北省重污染天气应对及采暖季错峰生产专项实施方案》《河北省大气环境监测专项实施方案》《河北省大气污染防治监察考核专项实施方案》《河北省大气污染综合治理宣传工作专项实施方案》。该意见和18 个专项实施方案，明确了河北省大气污染综合治理的时间表、路线图和工作举措、政策保障。通过"1+18"方案的顶层设计，力推大气污染治理尽快步入规范化、法治化、常态化轨道。①

2017 年 7 月 31 日，京津冀及周边地区大气污染防治协作小组第十次会议对做好秋冬季大气污染治理进行安排部署，提出了更高要求。环保部又出台了《京津冀及周边地区 2017—2018 年秋冬季大气污染综合治理攻坚行动方案》和六个配套文件，提出了目标任务，并对 2+26 个城市进行强化督察和专项巡查、督察，着力推动京津冀区域环境质量的改善。2017 年 9 月，河北省政府印发了《河北省 2017—2018 年秋冬季大气污染综合治理攻坚行动方案》；经省政府同意，省大气污染防治工作领导小组印发了配套的 5 个方案，包括专项督察、执

---

① 《2017 年河北省十大环境新闻发布"大气污染防治"唱主角》，央广网，http://news.cnr.cn/native/city/20180211/t20180211_524131772.shtml，2018 年 2 月 11 日。

法检查、信息公开、宣传报道方案和量化问责暂行规定 5 个配套文件，形成了"1+5"方案体系。参照环保部的方案，省大气污染防治工作领导小组制发《河北省 2017—2018 年秋冬季大气污染综合治理攻坚行动量化问责暂行规定》。制定该暂行规定的主要目的是明确工作职责，压实工作责任，保障省委、省政府"1+18"专项实施方案和秋冬季攻坚行动"1+5"方案的有效落实。该暂行规定坚持问题导向，聚焦突出问题和薄弱环节，检查各地大气环境突出问题及整改落实情况，着力解决压力传导不够、责任落实不力的问题。[①]

（五）大气污染治理的效果

2017 年，河北省"大气十条"5 年目标任务超额完成：2013 年，国务院发布《大气污染防治行动计划》十条措施，其中明确提出，到 2017 年，京津冀细颗粒物浓度下降 25% 左右。2017 年，河北细颗粒物（$PM_{2.5}$）平均浓度为 65 微克 / 立方米，与 2013 年同期相比下降 39.8%，超额完成大气十条确定的目标。2017 年秋冬，河北省空气质量改善幅度领跑全国，秋冬季空气质量创五年来最好水平。2017 年，全省平均达标天数 202 天，占全年总天数的 55.3%，较 2013 年增加了 73 天。2017 年 10 月 1 日到 12 月 31 日，全省 $PM_{2.5}$ 平均浓度比 2016 年同期下降了 37.4%。[②]

三 打赢水污染防治攻坚战

（一）水污染防治行动的目标与主要任务

2013 年 9 月 6 日，河北省委、省政府在《关于实施环境治理攻坚行动的意见》中提出，水污染防治行动的目标是：到 2015 年，全省化学需氧量、氨

---

① 《〈河北省 2017—2018 年秋冬季大气污染综合治理攻坚行动量化问责暂行规定〉有关解读说明》，新浪河北，http://hebei.sina.com.cn/city/tidt/2017-09-30/city-ifymkwwk7250776. shtml，2017 年 9 月 30 日。

② 《2017 年河北省十大环境新闻发布 "大气污染防治" 唱主角》，央广网，http://news.cnr.cn/ native/city/20180211/t20180211_524131772.shtml，2018 年 2 月 11 日。

氨排放量分别比 2010 年削减 9.8% 和 12.7%，总量控制在 128.26 万吨和 10.14 万吨；北戴河及相邻地区近岸海域水质达到海洋功能区划要求。到 2017 年，全省化学需氧量、氨氮排放量比 2015 年均削减 3%，主要河流水功能区达标率达到 65%。跨界断面、饮用水水源保护区、主要污染源全部实现自动监控和全省联网，近岸海域水质达到功能区划要求。[①]

水污染防治行动的主要任务是全面提升重点流域水环境质量。具体包括以下四个方面。（1）严格控制地下水超采，防治地下水污染。划分治理区、防控区及一般保护区，建立地下水质量和污染源监测网络，强化重点污染源地下水污染预防和环境准入。工作重点：突出污染源头防治，重点治理重金属、有机污染和"三氮"（氨氮、硝酸盐、亚硝酸盐），着力解决群众反映强烈的水污染环境问题。实行区域地下水开采总量和地下水水位"双控制"，严格控制地下水超采，遏制地下水恶化趋势，城镇集中式地下饮用水水源水质状况得到改善。（2）防治重点河流和输水沿线水污染，针对不同行业实行更严格的水污染物排放标准，对重点流域控制单元实行分类整治和污染物排放总量控制制度，以点带面改善水环境质量。工作重点是细化 34 个控制单元的分类治理措施。开展滦河水质调查，积极推进建立生态补偿机制，采取综合措施改善滦河水质。（3）保护饮用水源地环境安全，做好饮用水源保护区划分与环境管理工作。加强饮用水源保护区专项检查，建立饮用水源环境基础调查与信息公开制度，完善饮用水源环境应急管理体系。（4）防治北戴河近岸海域和重点湖淀水污染，完善陆海统筹的污染综合防治体系和预警应急系统。加强近岸海域环境监测与应急系统建设。积极开展近岸海域水生态修复，2017 年底湖淀水质达到Ⅲ类标准要求。[②]

（二）着力提高水环境质量

2016 年 1 月 13 日，《河北省国民经济和社会发展第十三个五年规划纲要》

---

① 河北省委、省政府：《关于实施环境治理攻坚行动的意见》（冀发〔2013〕22 号）。
② 河北省委、省政府：《关于实施环境治理攻坚行动的意见》（冀发〔2013〕22 号）。

提出"着力提高水环境质量"。实施一系列的水环境综合治理工程是提高水质量的有效途径。"十三五"时期，河北省要重点实施的水环境治理包括：（1）实施地下水超采综合治理工程，通过综合"节、引、蓄、调、管"等措施，扩大地下水的治理范围，遏制河北省地下水超采过量、超采范围扩大的趋势；（2）实施河流、湖泊、海域生态修复治理重点工程，重点是白洋淀、衡水湖环境综合治理与生态修复及北戴河近岸海域环境综合治理；（3）对永定河等七大重点河流实施水生态保护与修复工程；（4）实施河流生态水网建设工程；（5）实施湿地综合整治与生态修复工程；（6）实施水源地保护工程，提升燕山、太行山水源涵养功能；（7）实施城市黑臭水体整治工程，治理城市黑臭水体。

2017年3月，省政府印发的《河北省生态环境保护"十三五"规划》提出"精准发力提升水环境质量"[①]，重点做好四个方面的工作。一是优先保障饮用水水源安全。实施水源地隔离、水源地综合整治工程；强化饮用水供水全过程监管。二是全面改善地表水环境质量。进一步开展流域水污染防治，编制并落实河北省海河流域水污染防治规划。加大重污染河流综合整治，加强城市黑臭水体整治。三是综合整治白洋淀和衡水湖生态环境，加强良好水体保护，实施山前良好水体生态环境修复。四是开展地下水污染防治和修复，开展全省的地下水污染防治区划工作。

（三）加强水污染防治工作

针对河北省严峻的水环境形势，省委、省政府审时度势，提出"要像抓大气污染防治一样，高度重视和全力抓好水污染治理"。[②]2016年2月22日，省委、省政府印发《河北省水污染防治工作方案》。该方案对河北省的水污染防治工作提出了总体要求、总体目标和三个阶段性目标、染防治工作的重点

---

① 河北省人民政府：《关于印发河北省生态环境保护"十三五"规划的通知》（冀政字〔2017〕10号）。

② 《河北省人民政府新闻办公室召开〈河北省水污染防治工作方案〉新闻发布会》，河北省人民政府网，http://www.hebei.gov.cn/hebei/11937442/10757006/10757152/13289317/index.html，2016年2月19日。

任务与保障措施。总体目标是"到本世纪中叶，全省生态环境质量全面改善，生态系统实现良性循环"。该方案提出水污染防治的八项重点任务：（1）优化发展格局，在源头上为水污染防治提供规划性引导与产业发展的结构性引导，以产业绿色转型升级促进水环境保护，提高水环境承载力，包括严格城市规划蓝线管理、编制河湖岸线开发利用规划、编制环境功能区划，制定和实施全省范围内的差别化环境准入政策等；（2）加强源头控制，严控水污染物排放总量，严格控制工业污染源排放，专项整治"十大"重点行业，全面取缔"十小"落后企业，推动工业企业入园进区，推进农村农业污染防治、农业面源污染综合整治和农村生活环境综合整治；（3）严格水资源管理，实现水资源可持续利用，严控取用水总量，"确立水资源开发利用控制红线"，严格控制地下水超采，开展地下水污染防治和修复试点；（4）科学划定饮用水水源保护区，保护饮用水源，保证城乡居民饮水安全；（5）保护良好水体，促进河湖水质持续改善，重点加强三个保护，即河湖水生态保护，山前湖库和山区河流良好水体保护，白洋淀、衡水湖生态环境保护；（6）保护海洋环境，恢复近岸海域生态功能，重点加强近岸海域污染防治、加强北戴河及相邻地区环境综合整治、开展海洋生态系统保护、提升船舶港口治污水平；（7）开展水污染治理攻坚，改善污染严重河流的水质，持续推进海河流域综合整治，严格控制入河排污总量，全面整治不达标重污染河流，消除城市建成区黑臭水体；（8）全面提升监控能力，全面推进河长制，建立水环境监测预警与响应系统及机制，统筹建设水资源与水环境监测网。①

2016年9月，河北省水污染防治工作领导小组办公室印发《河北省重污染河流环境治理攻坚专项行动方案》。该行动方案提出的整治对象是河北省河流水质为劣Ⅴ类的58条重污染河流（段），争取到"十三五"时期末，"基本形成河道'水清、流畅、岸绿'的水生态新格局"。②方案还确定了河北省重污染河流环境治理攻坚的九大重点任务。

---

① 河北省人民政府：《河北省水污染防治工作方案》，《河北日报》2016年2月22日。
② 《河北省出台重污染河流环境治理攻坚专项行动方案》，《河北日报》，2016年9月7日。

（四）改革水价，促进节约用水

2014 年 6 月 18 日，河北省发展和改革委员会、河北省住房和城乡建设厅印发《河北省加快建立完善城镇居民用水阶梯水价制度的实施意见》。该实施意见提出，全省设市城市在 2015 年 3 月底前全面实行阶梯水价制度，县城和具备实施条件的建制镇争取在 2015 年底前实行。该实施意见明确了阶梯水价的实施办法，对阶梯水价的计量、阶梯水量的基数、阶梯水价的级差、计量周期和缴费方式、阶梯差价收入的使用等内容，都做了明确规定。[1]

2016 年 1 月，河北省委、省政府印发《关于推进价格机制改革的实施意见》（冀发〔2016〕4 号）。该实施意见提出，推进供水价格改革。逐步提高水利工程供水价格，将供非农业用水价格调整到补偿成本费用、合理盈利的水平。推行"定额管理、超用加价""一提一补、全额返还"等节奖超罚水价管理模式。建立精准补贴机制，逐步将农业水价调整到补偿成本水平。积极促进水资源税费改革。全面推行并完善居民生活用电、用气、用水阶梯价格制度。加快"一户一表"改造进度，进一步扩大居民阶梯电价和水价覆盖面。[2]

为了促进农业节水和农业可持续发展，2016 年 4 月 11 日，省政府办公厅印发了《关于推进农业水价综合改革的实施意见》（冀政办字〔2016〕51 号）。这一实施意见从三个方面对农业水价综合改革提出了要求。（1）夯实农业水价改革基础。一是完善供水计量设施，井灌区逐步推行"一井（泵）一表、一户一卡"；二是建立农业水权制度，实行总量控制，实现分水到户、水随地走、明晰水权；三是加强水资源调配管理，全面提升引蓄灌排能力；四是推广节水灌溉技术；五是创新终端用水管理。（2）建立健全农业水价形成机制。逐步实现成本定价，定额管理超用加价，推行终端水价制度，探索实行分类

---

[1] 河北省发展和改革委员会、河北省住房和城乡建设厅：《河北省加快建立完善城镇居民用水阶梯水价制度的实施意见》（冀发改价格〔2014〕888 号）。

[2] 中共河北省委、河北省人民政府：《关于推进价格机制改革的实施意见》（冀发〔2016〕4 号），河北新闻网，2016 年 1 月 19 日。

水价，分级制定农业水价，加强水费征收监管。（3）建立精准补贴和节水奖励机制，多方筹集节水资金。[①]

（五）保障用水安全

水安全是国家和省域安全战略的重要组成部分。河北省的水安全面临水资源严重短缺、水质污染严重、水生态脆弱、洪涝灾害与旱灾频发、水利基础设施建设滞后等一系列的问题。2015 年 3 月 7 日，河北省委、省政府印发《河北省保障水安全实施纲要》。该纲要分析了河北省的基本水情，提出了保障水安全实施的总体要求、总体目标、主要任务和保障措施等。总体目标是"到 2020 年水安全形势明显改善，到 2030 年水安全保障能力与经济社会发展和生态文明建设要求相适应"。总体要求是"把空间均衡作为保障我省水安全的重大原则"，全面推进节水型社会建设，为建设山清水秀的河北提供水安全保障。"着力构建五大体系，努力实现五大目标"，即着力构建水资源优化配置体系、构建水生态修复保护体系、构建水环境污染防控体系、构建防汛抗旱减灾体系和构建水安全现代管理体系。对应"五大体系"，要努力实现的"五大目标"是：实现高效利用、保障可靠；实现山清水秀、生态多样；实现水质达标、河湖洁净；实现蓄泄兼筹、江河安澜；实现依法治水、科学管理。围绕实现保障水安全的总体目标，河北省"十二五"和"十三五"期间重点推进"六大工程"，深化"五项改革"。"六大工程"是：集约高效节水工程、重大水资源配置工程、水生态修复工程、水环境防控治理工程、防洪抗旱工程和信息化建设工程。深化的"五项改革"是：涉水管理体制改革、水权水价改革、水利投融资体制改革、水利工程管理体制改革和水生态环境补偿机制改革。[②]《河北省保障水安全实施纲要》是河北省今后一个时期解决水安全重大问题、加快水利现代化建设的纲领性文件。

---

① 河北省政府办公厅：《关于推进农业水价综合改革的实施意见》（冀政办字〔2016〕51 号）。
② 中共河北省委、河北省人民政府：《关于印发〈河北省保障水安全实施纲要〉的通知》（冀字〔2015〕6 号）。

（六）全面推进河长制

河长制，即由各级党政主要负责人担任"河长"，负责组织领导相应河湖的管理与保护的一项保护水环境的制度。"河长制"是从河流水质改善领导督办制、环保问责制所衍生出来的水污染治理制度。①

2016 年 2 月，《河北省水污染防治工作方案》提出"全面推进河长制"，"建立入河排污口、河段、重点监控断面全覆盖的省市县乡村五级'河（段）长制'管理体系"。②

2016 年 12 月，中共中央办公厅、国务院办公厅正式印发《关于全面推行河长制的意见》，表明在全国范围内全面启动河长制工作。

2017 年 3 月 1 日，河北省委办公厅、省政府办公厅印发《河北省实行河长制工作方案》。该工作方案提出了实行河长制的总体要求、基本原则、工作目标、组织体系、主要任务和保障措施等。实行河长制的主要任务是六个"加强"，即加强水资源保护、加强河湖水域岸线管理保护、加强水污染防治、加强水环境治理、加强水生态修复和加强执法监管。③

2017 年 3 月，《河北省生态环境保护"十三五"规划》提出"实施以控制单元为空间基础、以断面水质为管理目标、以排污许可证为核心的流域水环境质量目标管理"。

为了推进实行河长制，河北省加强了对全省各地实行河长制情况的督导检查，2017 年 5 月 22 日，省水利厅与省环境保护厅联合印发了《河北省河长名单公告制度（试行）》和《2017 年度河长制工作督察方案》，前者明确了河长名单公告的原则、方式、时限、责任主体、公告要求等内容。后者明确了督察的目的、原则、对象、时间、组织、方式、内容、整

---

① "河长制"，360 百科，https://baike.so.com/doc/5903866-6116767.html。
② 河北省人民政府：《河北省水污染防治工作方案》，《河北日报》2016 年 2 月 22 日。
③ 河北省委办公厅、政府办公厅：《河北省实行河长制工作方案》，2017 年 3 月 1 日。

改要求等。①

2017年，河北省推进河长制取得阶段性成果。一是出台专项工作方案，进行全面指导，2017年3月1日，河北省正式印发《河北省实行河长制工作方案》。二是2017年6月底，11个设区市、193个县（市、区）、1148个乡镇的河长制工作方案全部出台。②三是全面建立机制，河北省建立健全了《河长制信息报送制度》《2017年度河长制工作督察方案》等6项制度。

截至2017年底，河北省、市、县、乡四级河长制工作方案全部由党委或政府印发，"是全国率先全部出台省、市、县、乡四级工作方案的省份"；③省、市、县、乡全部设立由党政一把手担任的双总河长，全省河湖分级、分段、分片设立省、市、县、乡四级河长15350名，建立了河湖全覆盖的河长组织体系。2017年，河北省开展省级河长制专项督察6次，各市、县组织开展督导检查470余次。④

（七）加强城镇排水与污水处理管理

2016年12月23日，省政府第100次常务会议讨论通过《河北省城镇排水与污水处理管理办法》。该办法对城镇排水与污水处理的规划与建设、排水管理、污水处理与再生水利用、设施维护与保护和法律责任等内容都做出了明确规定。该办法提出，"鼓励和支持城镇排水与污水处理科学技术研究，提高城镇排水与污水处理能力"。⑤县级以上人民政府可以采取特许经营、购买

---

① 《河北省出台河长名单公告制度和河长制工作督察方案》，搜狐，http://www.sohu.com/a/143333954_364126，2017年5月25日。
② 《河北省有序推进河长制》，光明网，http://difang.gmw.cn/ro112/2017-11/27/conten_120163111.htm，2017年11月27日。
③ 《河北省召开实施河长制湖长制情况新闻发布会》，http://www.hebwater.gov.cn/a/2018/06/01/2018060136493.html。
④ 《河北省召开实施河长制湖长制情况新闻发布会》，http://www.hebwater.gov.cn/a/2018/06/01/2018060136493.html。
⑤ 《河北省城镇排水与污水处理管理办法》（河北省人民政府令〔2016〕第7号）。

服务和与社会资本合作等多种形式，多渠道筹集资金用于城镇排水与污水处理设施的建设和运营。县级以上政府应该"编制本行政区域内的城镇排水与污水处理规划和城镇内涝防治专项规划"，应当按照城镇排水与污水处理规划和城镇内涝防治专项规划，制定年度建设计划，并组织实施；加大对城镇排水与污水处理设施建设和维护、防涝应急专用设备购置和防汛应急工程建设的投入；鼓励城镇污水处理再生水利用，再生水实行有偿使用，鼓励成立再生水经营企业。

（八）加强海洋生态环境治理

2017年11月，河北省发展和改革委员会印发《河北省渤海环境保护与治理实施方案》，提出到2020年，河北省入海污染物总量要得到有效控制，海洋生态环境质量实现稳中趋好。其中，海洋自然岸线保有率将不低于35%，生态红线区面积占管辖海域面积比例不低于25%，入海河流基本消除劣V类水体，近岸海域水质优良比例要达到70%，湿地保护率达到24.14%。[1] 为实现以上目标，重点做好四方面的工作：一是开展重点流域综合整治，以饮马河、戴河、洋河、汤河等15条入海河流为重点，实施河道综合整治，建设生态护坡护岸，修复与恢复河道自然岸线，严格入河水体水质管理，2020年底前完成黑臭水体治理；二是持续削减点源污染，全面排查水污染物排放情况；三是加快城镇排水系统雨污分流建设，推进城镇环境基础设施建设；四是全面实施农村污水、垃圾处置等农村清洁工程，努力控制农村、农业面源污染。

四 打赢土壤污染防治攻坚战

（一）加大土壤污染治理力度，推进河北绿化行动

2013年9月，河北省委、省政府印发《关于实施环境治理攻坚行动的意

---

① 曹智：《我省自然岸线保有率将不低于35%》，《河北日报》2017年11月14日。

见》。该意见提出了治理土壤污染，建设绿色生态屏障。（1）加大土壤治理与山体修复力度。该意见提出"实施土壤和矿山污染综合治理工程，整治矿山生态环境，建立健全土壤环境污染综合防治机制"。[①]工作重点包括：一是严格保护耕地和集中式饮用水源地土壤环境；二是开展重点区域土壤污染加密调查；三是实施矿山环境治理和生态修复工程；四是开展农产品产地污染区域修复试点示范和被污染土壤治理与修复的试点示范工作。到2017年底，矿山生态环境得到基本治理和恢复。（2）实施生态管护工程，建设绿色生态屏障。工作重点包括：一是实施好京津风沙源治理、退耕还林、三北防护林、太行山绿化、沿海防护林、京冀水源林等林业重点工程，大力推进造林绿化，构筑多功能的绿色生态屏障；二是加强湿地保护，禁止开垦占用重要湿地；三是实施生态环境保护分区、分类管理。到2017年，首都绿色经济圈生态屏障完成绿化，造林500万亩，沿海防护林生态屏障完成绿化造林80万亩，坝上防风固沙绿色生态屏障完成绿化造林120万亩，太行山保土蓄水绿色生态屏障完成绿化造林300万亩，燕山及冀西北山地水源涵养绿色生态屏障完成绿化造林460万亩，平原多效综合绿色生态屏障完成绿化造林70万亩。[②]

2016年1月，《河北省国民经济和社会发展第十三个五年规划纲要》提出，加大土壤治理与山体修复力度。一是落实土壤污染防治行动计划，开展"净土"行动；二是开展全省露天矿山污染整治专项行动，实施山体修复工程。加快绿色矿山建设，以水源涵养区为重点，构建水土流失综合防护体系。到2020年，治理水土流失面积10000平方公里。[③]

2017年3月，省政府印发《河北省生态环境保护"十三五"规划》。该规划提出，实施最严格的环境保护制度，"打好大气、水、土壤污染防治三大战役"，"着力加强生态修复保护"。为了推进落实《河北省生态环境保护"十三五"规划》，2018年1月25日，河北省环境保护厅印发《关于印发河

① 河北省委、省政府：《关于实施环境治理攻坚行动的意见》（冀发〔2013〕22号）。
② 河北省委、省政府：《关于实施环境治理攻坚行动的意见》（冀发〔2013〕22号）。
③ 《河北省国民经济和社会发展第十三个五年规划纲要》。

北省生态环境保护"十三五"规划重点工作部门分工方案的通知》（冀生态环保办〔2018〕1号），对河北省生态环境保护"十三五"规划的重点工作做了分工与部署。

（二）开展净土行动

2016年5月28日，国务院印发《土壤污染防治行动计划》（又被称为"土十条"），这是当前和今后一个时期全国土壤污染防治工作的行动纲领。

为落实《国务院关于印发土壤污染防治行动计划的通知》（国发〔2016〕31号）精神，进一步加强河北省土壤污染防治，改善土壤环境质量，2017年2月26日，河北省政府印发《河北省"净土行动"土壤污染防治工作方案》，要求明确重点区域、行业和污染物，促进土壤与大气、水污染协同治理，严控新增污染，减少污染存量，提升土壤环境承载力。该方案提出的主要指标是：到2020年，全省受污染耕地安全利用率达到91%左右；污染地块安全利用率在90%以上。根据该方案，河北将在分析整合相关调查成果的基础上，开展土壤污染状况详查。到2018年底，全面查明农用地污染面积、分布及其污染程度；2020年底前，全面掌握重点行业在产企业用地和关闭搬迁企业用地土壤污染状况及污染地块分布，初步掌握污染地块环境风险情况。该方案将国家"土十条"细化为50条防治措施，可概括为"夯实一个基础，突出两项重点，推进三项任务，强化四个保障"。这50条措施重点围绕农用地和建设用地两大领域来推进。按照方案要求，河北将符合条件的优先保护类耕地划为永久基本农田或纳入永久基本农田整备区，结合土地整治规划，加快实施高标准农田建设。该方案从十个方面将国家"土十条"细化为50条防治措施，这十个方面是：（1）加强基础监测调查，全面掌握土壤污染状况；（2）实施农用地分类管理，保障农产品质量安全；（3）推进建设用地用途管控，防范城乡人居环境风险；（4）强化未污染土壤保护，源头防控新增污染；（5）突出重点领域监督管理，综合防控土壤环境污染；（6）开展污染治理与修复，改善区域土壤环境质量；（7）加快修复技术体系研究，促进环境保护产业发展；（8）创新激励约束机制，构建污染防治政策体系；（9）完善土壤环境法治建设，提升污染防治管理水平；（10）明确污染防治目标责任，建立协同共治工作格局。[①]

河北"净土行动"50 条措施确定了三项重点任务，即源头防控新增污染、深化现有污染源治理、开展受污染土壤治理修复。其中，防控源头污染和深化现有污染治理中，河北结合实际，将重点监管行业由国家确定的 8 个增至 12 个行业，增加了制药、铅酸蓄电池行业和生活垃圾填埋场、危险废物处置企业。

（三）加强水土保持，分类防控土壤污染

2017 年 3 月，《河北省生态环境保护"十三五"规划》提出，分类防控土壤环境污染。具体措施包括五个方面：一是开展土壤污染状况详查，建立全省土壤环境质量状况定期调查制度；二是建立土壤环境质量监测体系，形成"数字土壤"管理体系；三是实施农用地土壤环境分类管理，以耕地为重点，分别采取相应管理措施，"到 2020 年，受污染耕地安全利用率达到 91% 左右"；四是加强建设用地环境风险管控，建立建设用地土壤环境质量强制调查评估制度，"到 2020 年，污染地块安全利用率达到 90% 以上"；[②]五是推进土壤污染治理与修复试点示范，实行土壤污染治理与修复终身责任制。

2017 年 10 月，河北省人民政府印发《河北省人民政府关于河北省水土保持规划（2016–2030 年）的批复》（冀政字〔2017〕35 号），同意实施《河北省水土保持规划（2016–2030 年）》。该规划提出的水土保持目标是：到 2020 年，全省基本建成水土流失防治体系，新增水土流失治理面积 11000 平方公里，减少土壤流失量 1500 万吨；到 2030 年，建成水土流失综合防治体系，全省新增水土流失治理面积 32500 平方公里，减少土壤流失量 4500 万

[①] 河北省政府办公厅：《河北省人民政府关于印发河北省"净土行动"土壤污染防治工作方案的通知》（冀政发〔2017〕3 号）。

[②] 河北省人民政府：《关于印发河北省生态环境保护"十三五"规划的通知》（冀政字〔2017〕10 号）。

吨。① 该规划提出，全面实施预防保护，重点加强重要水源地和水蚀风蚀交错区水土流失预防，加强小流域综合治理与生态清洁建设，强化水土保持监督管理。

五 加强固体废物污染治理

防治固体废物污染环境是环境保护的一项重要内容。河北省是工业大省，也是产生固体废物的大省。随着河北省工业化、城市化的发展以及人民生活水平的提高，生产和生活领域固体废物的产生量急剧增长，固体废物污染防治工作面临许多新的情况和问题：一是固体废物产生量大且呈逐年增长趋势；二是危险废物处置能力严重不足，非法倾倒现象时有发生；三是生活垃圾和新型固体废物快速增加，污染问题日益突出；四是固体废物管理处于起步阶段，基础工作十分薄弱。由于固体废物污染具有隐蔽性、滞后性、难恢复等特性，管理部门和公众对固体废物污染的危害性的认识还不到位。因为缺少对固体废物污染情况的实际调查，故无法出台具有针对性的治理措施，固体废物污染的防治就难以奏效。故河北省迫切需要固体废物污染防治方面的地方性法规和政策。

河北省曾于2002年制定过《河北省实施〈中华人民共和国固体废物污染环境防治法〉办法》，至2015年已有12年的时间。这期间，河北省的经济社会形势与环境保护形势都发生了较大变化，原办法的一些内容已经不能满足当前对固体废物管理工作的需要，与国家修订后的《固体废物污染环境防治法》也存在诸多不一致，迫切需要重新制定一部固体废物污染环境防治的地方性法规。

2015年3月26日，河北省十二届人大常委会第十四次会议通过了《河北

---

① 《河北省人民政府批复实施〈河北省水土保持规划（2016-2030年）〉（冀政字〔2017〕35号）》，河北省水利厅网，http://www.hebwater.gov.cn/a/2017/10/25/2017102521310.html，2017年10月25日。

省固体废物污染环境防治条例》，于 2015 年 6 月 1 日起施行。该条例共六章
46 条，就固体废物污染环境的防治、固体废物污染环境防治的监督管理、危
险废物污染环境防治、法律责任等内容做出相关规定。该条例进一步强化了
政府及相关部门的环境责任，规范了产生、收集、贮存、利用和处置工业固
体废物单位的环境行为，是一部操作性较强的地方性法规。该条例明确，县
级以上人民政府有关部门应当建立固体废物污染环境不良记录制度，并将不
良记录向社会公布，引入公益诉讼制度。同时，通过细化法律责任和提高罚
款下限，进一步加大对固体废物污染环境的处罚力度，提高了违法成本。这
是一部针对河北生态建设和环境保护而制定的重要法规，适应了河北省经济
社会发展的新形势，体现了立法引导、推动改革发展的新要求。①

　　该条例明确了固体废物污染防治的管理机制。该条例第四条规定，县级
以上人民政府应当对本行政区域的固体废物污染环境防治工作负责，将该项
工作以及所需经费分别纳入国民经济和社会发展规划、政府环境保护目标以
及财政预算，并建立健全固体废物污染环境防治工作的协调机制、责任制和
相关监督管理体系。第五条规定，县级以上人民政府环境保护主管部门对本
行政区域内的固体废物污染环境防治工作实施统一监督管理，其设置的固体
废物管理机构或者其他有关机构负责固体废物污染环境防治的日常监督管理
工作。②

六　鼓励公众参与环境治理

　　2014 年 11 月 28 日，河北省十二届人大常委会第十一次会议通过《河北
省环境保护公众参与条例》。该条例由河北省与环境保护部共同起草，首创省

① 《解读〈河北省固体废物污染环境防治条例〉》，河北省环境保护厅，2015 年 3 月 30 日。
② 《河北省固体废物污染环境防治条例》，河北省环境保护厅网，http://www.hebhb.gov.cn/hjzw/gfgl/gfzxzcfg/201512/t20151201_49038.html。

部联合立法模式。① 这部条例，无论是在立法模式上，还是在立法内容上，都极具特色，开创多项国内第一，在国内属于领先水平。该条例首次明确重点排污企业类型，并确立重点排污企业环境信息强制公开制度。重点排污单位是指国家级、省级、市级重点监控企业，污染物超标或者超总量排放的企业，发生过重大、特大环境污染事件的企业以及被环境保护主管部门挂牌督办的企业。公开的信息包括主要污染物名称、排放浓度和排放总量、环境违法行为记录、产生废物的处置和综合利用以及发生过污染事故、事故造成的损失情况等。该条例首次在地方立法中扩展按日连续处罚适用范围，规定：重点排污单位未依照本条例的规定公开企业环境信息的，处 4 万元以上 10 万元以下罚款，并责令限期公开。逾期不公开的，可以按照原处罚数额按日连续处罚。

2015 年 10 月 14 日，河北省人民政府办公厅转发省环境保护厅《关于进一步深化环评审批制度改革意见》的通知。该改革意见提出，深入实施主体功能区战略，针对不同主体功能区、环境功能区、污染防控区域的生态环境特征和环境承载力，分区实施建设项目环境准入政策。建立分级分类的环评审批制度，实行建设项目以环评属地管理为主的分级审批制度，并根据建设项目的性质和环境影响程度，对建设项目采取名录制、豁免制、备案制等方式进行分类管理。创建便民高效的环评审批流程：简化建设项目环评审批程序，强化园区规划环评与建设项目环评衔接，提高环境监测数据利用效率，实行建设项目环评网上审批，缩短环评审批时限。

2016 年 9 月 14 日，河北省人民政府办公厅印发《河北省环境污染第三方治理管理办法》。该办法提出，在重点行业、领域、企业有序推行环境污染第三方治理，建立排污者负责、第三方治理、政府监管、社会监督的创新机制，完善环境污染第三方治理制度体系，加快节能环保战略性新兴产业快速发展。该办法提出，鼓励在公共服务等领域开展环境污染第三方治理。环境

---

① 《省环境保护厅发布"2015 年河北省十大环境新闻"》，长城网，http://news.ifeng.com/a/20160218/4741795_0.shtml，2016 年 2 月 18 日。

公共服务领域包括河流（湖库）整治，农村环境综合整治，城镇污水、垃圾
处理特许经营服务，城镇集中供热减排治理与设施运营，大气、水环境质量
监测设施建设、运营。工业园区污染治理与设施运营服务领域，包括工业园
区的环境治理、监测、环保设施运营服务等。重点行业包括列入限期治理且
逾期不能完成治理任务的钢铁、水泥、电力、玻璃、焦化、化工、制药、印
染、电镀、制革企业。鼓励行业协会等社会组织对环境污染第三方治理机构
进行登记和推荐，对环境污染第三方治理机构实行信用管理，建立环境污染
第三方治理机构信用评价制度。

第五节　加强农村环境治理

自 2013 年开始，河北省逐步加强了农村环境治理工作，注重农村环境保护
法制化建设，着力开展了农村环境整治行动与农村人居环境整治三年行动等。

一　着力开展农村环境整治行动

2013 年 5 月 11 日，省委、省政府出台《关于实施农村面貌改造提升行
动的意见》，决定用 3 年时间，对全省近 5 万个行政村面貌进行配套改造、整
体提升。该行动以提升农民生活品质为目标，大力实施"环境整治、民居改
造、基础设施配套、公共服务提升、生态环境建设"五大工程，保持田园风
光，增加现代设施，绿化村落庭院，传承优秀文化，加快打造"环境整洁、
设施配套、田园风光、舒适宜居"的现代农村。[①]实施农村面貌改造提升行动，
是一个全面开展配套改造、整体提升的系统工程。"提升行动"的基本思路是
"发展中心村、提升一般村、打造特色村"，行动分三步走：第一步是 2013 年

[①]　中共河北省委、河北省人民政府：《关于实施农村面貌改造提升行动的意见》（冀发
〔2013〕10 号）。

全面启动、重点突破；第二步是 2014 年扩点扩面、明显见效；第三步是 2015
年全面提升、实现目标。

2013 年 9 月 6 日，河北省委、省政府在《关于实施环境治理攻坚行动的
意见》中提出，着力开展农村环境整治行动，不断加强生态环境保护与建设。
农村环境整治行动的目标是：到 2015 年，农村环境污染加剧的趋势得到基本
控制，环首都和设区市城市周边及重点流域环境状况得到改善。全省 50% 以
上的县（市、区）基本实现城乡一体化垃圾和污水处理，农业源化学需氧量、
氨氮总排放量比 2010 年分别下降 9.8% 和 12.7%。全省村庄绿化覆盖率在
30% 以上。到 2017 年，农村污染防治整体水平得到有效提升，重点区域生态
环境保护与建设不断加强。全省 70% 以上县（市、区）基本实现城乡一体化
垃圾处理和污水有效处理，畜禽养殖化学需氧量和氨氮排放量比 2015 年均削
减 3% 以上。全省完成造林 2100 万亩，森林覆盖率达到 33%，草原植被覆盖
率在 65% 以上；治理水土流失面积 10000 平方公里，受保护地区占总面积比
例在 13% 以上。①

　农村环境整治行动的主要任务有以下四点。（1）实施农村环境连片整治
示范工程，通过以奖促治、重点攻坚和示范引导，率先解决一批重点和敏感
地区的环境问题。到 2017 年，重点区域农村生活垃圾和污水处理基本实现全
覆盖。（2）实施畜禽养殖污染防治工程，科学确定养殖规模；优化调整养殖
场布局，加快环保和治污设施建设，深挖减排潜力。工作重点为：大力推行
清洁养殖，推广农牧结合和生态养殖模式，鼓励养殖小区专业户和散养户污
染物统一收集、统一处置、统一综合利用。（3）实施土壤和矿山污染综合治
理工程，整治矿山生态环境，建立健全土壤环境污染综合防治机制。（4）实
施生态管护工程，大力推进造林绿化，恢复草原生态，保护生物资源多样性，
优化自然生态空间布局，建设绿色生态屏障。

　2015 年 4 月，河北省农业厅印发《河北省 2015 年打好农业面源污染治

---

① 河北省委、省政府：《关于实施环境治理攻坚行动的意见》（冀发〔2013〕22 号）。

理攻坚战工作推进方案》。该推进方案要求，以"一遏制两减少三基本"（"一遏制"即农产品产地土壤重金属污染得到遏制；"两减少"即化肥、农药施用总量减少；"三基本"即地膜、秸秆、畜禽粪便基本资源化利用）为基本目标，来防治土壤污染。并要求：以保护农业资源环境、合理使用农业投入品、农业废弃物资源化利用、修复农业生态为手段，切实推进农业发展方式转变，确保资源环境对农业可持续发展的支撑能力。[①]

二 农村环境保护法制化

2016 年 7 月之前，"关于乡村环境保护和治理方面的立法不仅在河北省是空白，在全国也没有专门的法律法规，而有关乡村环境的法律规范仅散见于各单项法律，各省并没有专门针对乡村环境保护和治理的地方性法规"。[②]2016 年 7 月 29 日，河北省第十二届人大常委会第二十二次会议通过的《河北省乡村环境保护和治理条例》是一部适合河北省省情的法规，不仅"填补了河北农村环境保护和治理的立法空白，也从立法层面为今后破解垃圾围村、农村面源污染等问题提供了依据"。该条例的出台可以说"是我国乡村环保领域法制建设和生态文明制度建设的一件大事，是农村环保事业法制建设的一个重要里程碑"。[③]

《河北省乡村环境保护和治理条例》包括总则、规划与管理、家园清洁、田园清洁、水源清洁、法律责任和附则七章。"总则"提出了条例的适用范围、乡村环境保护涵盖的内容、坚持的原则、各级政府及环保部门的责任与分工等。"规划与管理"提出"县级人民政府编制本级的乡村环境整治规划和方案"，并要求乡村环境保护规划应该与县级的城乡规划、土地利用规划协调

---

① 《河北全面推进农业面源污染治理今年秸秆利用 95% 以上》，河北新闻网，http://hebei. hebnews.cn/2015-04/17/content_4707541.htm，2015 年 4 月 17 日。

② 河北省生态环境厅：《率先为河北乡村环境治理立法》，河北省生态环境厅网，http://hebhb. gov.cn/lishilanmu/hbhbzxd/tr/201608/t20160817_51488.html，2016 年 8 月 17 日。

③ 周迎久、张铭贤：《河北率先为乡村环境治理立法》，《中国环境报》2016 年 8 月 17 日。

一致，提出河北省"实行乡村环境保护和治理目标责任制"。这一章表明，河北省把乡村环境保护与治理提升到规划的高度，进行统筹安排。"家园清洁"明确了县级政府和村民委员会对乡村生活垃圾收集处置的责任、乡村企业与畜禽养殖场的废水废物的处置爆发与责任。要求县级政府及有关部门应根据实际情况"确定乡村生活垃圾收集、转运、处置模式"。"田园清洁"提出"推广高效生态循环农业模式"，开展农业面源污染综合防治。加强对耕地的保护和治理，对已被污染的耕地实施分类管理。"水源清洁"提出"因地制宜建设乡村集中式供水工程，确定乡村饮用水水源的保护区或者保护范围，推进乡村生活污水治理。"法律责任"对各级政府及有关部门、企业事业单位和生产经营者的违反该条例的行为，都明确了法律责任，做出了处罚规定。该条例在赋予乡镇人民政府处罚权的同时，还提出乡村环境保护和治理不是政府一肩挑的工程，要引导村民积极参与。[1]

为了解决乡村环境保护资金投入不足和环境治理机制不健全的问题，《河北省乡村环境保护和治理条例》突出了四个方面的内容：一是建立治理经费多元化投入机制，建立持续稳定的资金投入增长机制；二是开展农业面源污染综合防治；三是建设垃圾和污水处理体系；四是调动村民参与环境保护的积极性。

河北省是畜牧大省，每年在生产大量肉蛋奶的同时，会产生大量的养殖废弃物，每年畜禽养殖粪尿产生量约 1.08 亿吨，给环境带来极大的压力。[2]为了切实做好畜禽粪污治理和资源化利用工作，推进农牧业与生态环境协调发展，2017 年 9 月 18 日，河北省人民政府办公厅印发《河北省畜禽养殖废弃物资源化利用工作方案》（冀政办字〔2017〕119 号），提出，到 2020 年底，基本解决畜禽规模养殖污染。该工作方案提出了严格落实畜禽养殖环境保护制度的五项制度：一是编制畜禽养殖污染防治规划；二是落实环境评价制度，

---

① 河北省人大常委会：《河北省乡村环境保护和治理条例》。
② 《〈河北省畜禽养殖废弃物资源化利用工作方案〉政策解读》，河北省人民政府网，http://www.hebei.cn/hebei/13172779/13172783/13993598/index.html，2017 年 10 月 4 日。

督促新建或改扩建养殖场依法开展环境影响评价；三是落实政府属地管理责任；四是落实规模养殖场备案制度，实施畜禽规模养殖场分类管理；五是落实企业主体责任。该工作方案提出了构建资源化利用循环经济发展新机制的具体方案：（1）加快畜牧业转型升级；（2）建设省级畜禽养殖污染监测评估中心，提升监测评估能力；（3）落实肥料登记管理制度，强化商品有机肥原料和质量的监管与认证；（4）促进能源化利用；（5）开展养殖密集区治理，建立粪便污水分户贮存、统一收集、集中处理的市场化运行机制；（6）建立生态循环体系。①

三　实施乡村振兴战略

2017 年 10 月，党的十九大提出实施乡村振兴战略后，河北省加紧部署落实。

2018 年 1 月，河北省委、省政府在《关于大力弘扬塞罕坝精神　深入推进生态文明建设和绿色发展的决定》中提出，实施乡村振兴战略。坚持绿色生态理念，按照"产业兴旺、生态宜居、乡风文明、治理有效、生活富裕"的总要求，科学把握乡村发展规律，抓紧编制乡村振兴战略总体规划和专项规划。引导农民发挥主体作用，坚持政府、社会、市场协同发力，对 4.9 万个村分类施策，突出重点，统筹推进。制定实施农村人居环境整治三年行动方案，着力推进厕所革命、垃圾治理、污水治理、村庄绿化和村容村貌提升等工作，改善生产生活条件，提高群众获得感。到 2020 年，农村无害化卫生厕所普及率、垃圾无害化处理率均在 80% 以上，农村污水基本得到有效管控。

2018 年 1 月 25 日，省长许勤在《2018 年河北省政府工作报告》中指出，"大力实施乡村振兴战略"，为乡村振兴增添新动力；发展绿色农业，加快推

---

①　河北省人民政府办公厅：《河北省畜禽养殖废弃物资源化利用工作方案》。

动农业全面升级；持续推进美丽乡村建设，村容村貌整治为重点，改善农村生产生活条件；实施平安乡村创建行动，创新乡村治理体系；加快推动农民全面发展。实施强村富民行动，多渠道促进农民增收；加快培育新型职业农民。①

2018年2月27日，河北省委一号文件《中共河北省委河北省人民政府关于实施乡村振兴战略的意见》出台，指出：全面建设经济强省、美丽河北的"重头任务在'三农'"。河北省乡村振兴战略的三个阶段性目标是：到2020年，有条件的地区率先基本实现农业现代化；到2035年，农业农村基本实现现代化；到2050年，农业农村现代化强省全面建成。该意见从九个方面对全省实施乡村振兴战略进行了全面部署：（1）坚持质量兴农，推动乡村产业兴旺，包括优化农业生产布局，提升农业生产能力，大力发展质量农业、品牌农业和科技农业等；（2）持续改善农村人居环境，建设美丽宜居乡村，实施农村人居环境整治三年行动，实施垃圾治理专项行动、农村"厕所革命"等；（3）优化农村生态环境，推进绿色发展，措施包括推进山水林田湖草综合治理、开展农业节水节肥节药活动等；（4）繁荣农村文化，深入实施文化惠民工程，推进农村移风易俗，加强农村文化市场监管；（5）创新乡村治理，充分发挥党建引领乡村振兴的作用，深化村民自治实践，提升乡村法治水平，加强农村社会治安综合治理，建设平安乡村；（6）以深度贫困地区精准帮扶为重点，建立稳定脱贫长效机制，推进精准扶贫精准脱贫；（7）强化乡村振兴投入保障，创新资金筹集机制，强化金融支农力度，确保财政投入持续稳定增长；（8）完善农村承包地"三权分置"制度，强化乡村振兴制度保障，深化"三个改革"即农村集体产权制度改革、农垦改革和供销合作社改革；（9）加强党对"三农"工作的领导，强化乡村振兴政治保障。②

① 许勤：《2018年河北省政府工作报告——2018年1月25日在河北省第十三届人民代表大会第一次会议上》，《河北日报》2018年2月5日。
② 中共河北省委、河北省人民政府：《关于实施乡村振兴战略的意见》，河北省人民政府网，http://www.hebei.gov.cn/hebei/11937442/10761139/14166309/，2018年2月27日。

四 整治农村人居环境

2018年2月26日，河北省委办公厅省政府办公厅印发《河北省农村人居环境整治三年行动实施方案（2018—2020年）》，提出农村人居环境整治主要目标是：到2020年，全省农村人居环境明显改观，基本形成"农村垃圾污水、卫生厕所、村容村貌治理体系，村庄环境干净整洁有序，长效管护机制基本建立"。并针对平原地区与城市近郊区、山区与丘陵区、深度贫困地区农村三类不同类型的农村社区提出了不同的要求。农村人居环境整治要坚持四个基本原则，即聚焦重点领域，强化工作衔接；分级分工负责，健全推进机制；加强统筹谋划，解决关键问题；坚持分类指导，分步有序推进。农村人居环境整治的重点任务包括六个方面：（1）全面推进农村生活垃圾治理，建立垃圾分类、收集和转运体系，抓好垃圾终端处理；（2）大力推进农村厕所革命，因地制宜选择改厕模式，深入实施厕所粪污治理，将厕所革命与资源化利用有效结合起来；（3）积极开展农村生活污水治理，科学确定污水治理方式和技术，加强污水管控，梯次推进农村污水治理；（4）有效整治村容村貌，实施"五个推进"，即推进村庄街道硬化、村庄绿化、村庄亮化、村庄美化和地名标志设置标准化；（5）加强村庄规划管理，到2020年，实现乡村规划管理全覆盖；（6）完善建设和管护机制，建立完善投融资机制，推进专业化市场化建设和运行管护，完善财政补贴和农户付费合理分担机制。① 农村人居环境整治要分三步走：第一步是编制落实方案；第二步是开展典型示范；第三步是积极有序推进。农村人居环境整治充分发挥村民的主体作用，为此，一要强化农村基层组织作用，二要建立完善村规民约，三要提高村民文明素养。

---

① 河北省委办公厅、河北省政府办公厅：《河北省农村人居环境整治三年行动实施方案（2018—2020年）》。

第六节　白洋淀与雄安新区的生态环境建设

一　治理白洋淀生态环境的新举措

针对白洋淀严重的水污染和生态问题，河北省于 2015 年出台了《白洋淀环境综合整治与生态修复规划（2015—2020）》，于 2016 年出台了《河北省白洋淀和衡水湖综合整治专项行动方案》。

（一）出台《白洋淀环境综合整治与生态修复规划（2015—2020 年）》

省委、省政府高度重视白洋淀水环境综合整治工作。时任省委书记赵克志在省委常委会、深改会上多次提出要求、做出部署，时任省长张庆伟多次做出重要批示，要求尽快恢复白洋淀环境生态功能，实现水质达标。为尽快恢复白洋淀自然风貌，2015 年 3 月，河北省委办公厅、省政府办公厅以冀办发〔2015〕8 号文件印发实施了《白洋淀环境综合整治与生态修复规划（2015—2020 年）》。河北省发展和改革委员会为争取国家对白洋淀生态治理与修复的支持，由委领导带队多次赴国家有关部门汇报沟通，并以冀发改地区〔2015〕397 号文件将该规划呈报国家发展和改革委员会，同时抄送京津冀协同发展领导小组办公室。省财政厅综合利用各种财政资金加大对白洋淀综合整治和生态环境修复的支持，通过积极争取，白洋淀于 2012 年被环保部、发展和改革委员会、财政部正式批准为生态环境保护湖泊试点，中央财政累计支持资金 7200 万元，2015 年又投入资金 4.5 亿元，支持白洋淀片区美丽乡村建设。2015 年 12 月，河北省环境保护厅就白洋淀水环境整治工作向环保部进行了书面报告，恳请环保部在资金、人才和技术等方面给予重点支持。2016 年 2 月，环保部在北京组织召开了白洋淀水环境治理工作协调会，省环境保护厅、保定市相关人员参加了会议。会议议定，环保部把白洋淀水环境治理纳入京津冀协同发展生态环保率先突破中去落实，并将白洋淀水污染治理项目列入国家水体污染控制与治理重大科技专项试点和国家京津冀协同发展环境污染控制创新重大科技工程试点"两个国家重大试点"进行重点支持；由中国科学院生态环境研究中心、中国工程院院士、国家京津冀协同发展环境污染控制创新重大科技工程总设计师曲久辉研究员担任白洋淀水环境整治工作的专家组组长，中国科学院等单位的国家级专家和省环科院、保定市环科院工程技术人员组成专家组，全面负责白洋淀水质整治达标方案编制和技术指导。2015 年国家水污染防治专项资金安排 2.06 亿元用于白洋淀上游府河、孝义河的水环境综合整治。①

（二）制定《河北省白洋淀和衡水湖综合整治专项行动方案》

2016 年 9 月，河北省水污染防治工作领导小组办公室印发《河北省白洋淀和衡水湖综合整治专项行动方案》，提出以白洋淀、衡水湖及其外延联通水系为重点区域，围绕改善水体水质、修复淀区生态、提升水环境承载能力展开行动。该方案分别提出了到 2017 年、2018 年和 2019 年三个年度白洋淀与衡水湖的水质应该达到的目标。②

《河北省白洋淀和衡水湖综合整治专项行动方案》明确了白洋淀、衡水湖综合整治的八项重点任务：一是推进引黄入冀补淀工程，建立引水补水长效机制；二是强化淀湖岸线管理恢复湿地水面；三是治理上游城镇污染，完善城镇污水管网体系建设，重点提升保定市区、满城区等 10 个区县的城镇污水处理能力；四是综合整治农村环境；五是综合治理入淀湖河流，严禁新增入河排污口；六是开展淀湖生态修复；七是调整养殖结构与养殖模式，发展生态养殖，全面取缔白洋淀网栏、网箱养殖；八是发展生态旅游。③

---

① 《对政协河北省十一届委员会第四次会议第 443 号提案的答复》（冀发改办案字〔2016〕112 号）。
② 段丽茜：《河北省出台白洋淀和衡水湖综合整治专项行动方案》，东方网，http://news.eastday.com/eastday/13news/auto/news/china/20160901/u7ai599448.html。2016 年 9 月 1 日。
③ 段丽茜：《河北省出台白洋淀和衡水湖综合整治专项行动方案》，东方网，http://news.eastday.com/eastday/13news/auto/news/china/20160901/u7ai599448.html。2016 年 9 月 1 日。

（三）保定市的综合整治方案

2016年10月，保定市《水污染防治工作实施方案》出台，明确指出白洋淀综合整治实施八项重点任务，力争五年有效恢复白洋淀生态功能。方案要求对白洋淀综合整治，明确实施城镇污染治理、农村环境整治、河流综合治理、淀区生态修复等八项重点任务，力争通过五年整治，使白洋淀生态功能得到有效恢复。①

为落实2017年6月12日、6月15日河北省政府专题会议精神，进一步加大白洋淀上游流域环境综合整治力度，切实改善白洋淀流域生态环境质量，实现白洋淀上游"河畅、水清、岸绿、景美"，保定市环保局结合全市水污染防治工作，按照治标与治本相结合、近期成效与远期目标相结合、突击行动与长效机制相结合的原则，谋划提出了白洋淀上游环境综合整治的"十大行动"，作为今后一段时期保定市水环境综合整治的重点。②"十大行动"分别概述如下。

（1）唐河污水库净化整治行动。对库区污水和土壤进行监测，通过岸边环境集中整治，消除周边污染隐患，进行水体、底泥和地下水污染的全面治理修复。

（2）大寨渠截污整治行动。在完成唐河污水库上游大寨渠分段截污、断绝雨污入库的基础上，通过沿渠环境集中整治，消除周边污染隐患，妥善处理渠内存水，对大寨渠进行生态修复再利用。

（3）河道疏浚及垃圾清理行动。清理打捞河道、水域水面的垃圾，清除影响防洪安全的河道采砂尾堆、水体障碍物、沉淀垃圾及拦河坝、阻水道路等。清理河道两岸生活垃圾、建筑垃圾、堆积物，依法取缔无证堆场、废旧回收点等影响河道环境的设施。在府河焦庄至安州断面近40公里的河道范围

---

① 薛亮：《探访雄安新区有哪些资源优势？》，《国土资源》2017年第4期。
② 保定市环境保护局：《保定市环保局谋划提出白洋淀上游环境综合整治"十大行动"》，保定市环保局网，http://www.bdhb.gov.cn/eportal/cms/jsp/site001/article.jsp?fchannelidenty。2017年7月10日。

内实施清淤，对孝义河、唐河、漕河、潴龙河等河道疏浚清淤。

（4）城区黑臭水体整治行动。详细排查保定市中心城区和县城城区黑臭水体，制定整治修复方案，加快推进控源截污、垃圾清理、清淤疏浚、生态修复等工程，大力开展城市黑臭水体整治工作。

（5）涉水企业监管整治行动。加强河道两侧工业污染防控和治理。完成排河企业排查，取缔并封堵非法企业排污口。全部排河企业安装污染物实时在线监测设施，并与环保部门联网。排查整治"散乱污"企业，完成全市"散乱污"企业整治。

（6）纳污坑塘排查整治行动。全面开展纳污坑塘排查、监测。对监测超标的纳污坑塘编制科学可行的治理修复方案，针对不同污染程度与类别，通过治理达标后农灌、改排污水处理厂集中处理、种植水生植物就地生态修复等方式，开展治理修复工作。

（7）污水处理厂提标扩容行动。通过增加高级氧化、强制脱氮除磷等处理单元，或建设尾水湿地，将现有污水处理厂出水水质由《城镇污水处理厂污染物排放标准》中的一级 A 标准，提升到《地表水环境质量标准》中的Ⅳ类水质标准。年均运行负荷 95% 以上的污水处理厂，进行扩容或第二污水处理厂建设。全市所有具备条件的工业园区（工业集聚区）全部建成污水集中处理设施，安装自动在线监控装置。

（8）城镇雨污分流行动。完善市区、县城、重点建制镇城镇污水管网体系建设，推进排水系统雨污分流。新建城区、扩建新区、新开发区建设排水管网一律实行雨污分流。加快旧城区雨污分流改造，控制初期雨水污染。

（9）河道绿化美化行动。在入淀河道两岸建设生态保护林带，营造河流水系周边防护林体系。实施河堤生态护坡工程，选择适合当地环境、生态功能较强和经济适用的植物，建设乔灌草生态屏障，构建堤岸植被吸收拦截带。

（10）畜禽养殖清理整治行动。全面排查河道两岸养殖场、养殖小区，完善禁养区划定，依法取缔河道两侧禁养区内的养殖场。建设养殖场废弃物及病死畜禽无害化处理中心，推进畜禽粪便资源化利用。

（四）制定与实施《河北省湿地保护条例》

2015年5月，河北省政府印发《河北省湿地保护规划（2015—2030年）》，提出到2030年，白洋淀、文安洼等通过退耕还湿，增加湿地面积9.06万公顷；新建省级湿地自然保护区1处，湿地公园30处，国家重要湿地1处，省级重要湿地8处，新增湿地保护面积8.3万公顷，湿地保护率由38.0%提高到46.8%。该规划以生态文明建设为指导，以保护、修复和扩大湿地生态空间为主要目标，以湿地自然保护区和湿地公园建设、湿地恢复与生态修复、湿地污染整治以及湿地保护管理能力建设为重点，通过加强湿地保护工程和管理体系建设，系统修复和提升全省湿地生态系统功能，保障京津冀经济、社会可持续发展。①

2016年9月22日，河北省第十二届人民代表大会常务委员会第二十三次会议通过《河北省湿地保护条例》，并决定自2017年1月1日起施行，这标志着河北省湿地保护工作步入了法治化轨道。该条例从建立健全保护体系、建立湿地生态效益补偿制度、划定湿地保护生态红线、加大对破坏湿地违法行为打击力度等方面对湿地保护进行了规范，为依法保护湿地奠定了基础。

《河北省湿地保护条例》明确了湿地保护的主体责任，提出"县级以上人民政府对本行政区域内的湿地保护工作负责，县级以上人民政府林业主管部门具体负责湿地保护的组织、协调、指导和监督工作"。根据条例，河北湿地保护实行生态环境损害责任终身追究制，对在落实湿地保护监督管理责任过程中不履职、不当履职、违法履职，导致产生严重后果和恶劣影响的责任单位和责任人依法依规进行责任追究。该条例明确，擅自在湿地内采砂、取土，情节严重的处10万元以上、30万元以下罚款；向湿地违法排污的，由县级以上人民政府环境保护行政主管部门责令限期治理，并处应缴纳排污费数

---

① 姚伟强、王振鹏：《我省印发〈河北省湿地保护规划（2015—2030年）〉》，河北新闻网，http://hebei.hebnews.cn/2015-05/06/content_4753182.htm。2015年5月6日。

额 3 倍至 5 倍的罚款。^①

　　相比之前出台的《河北省湿地保护规定》，该条例对于湿地的保护措施更加严格，操作性更强，它的实施对河北省湿地保护工作意义重大。自 2017 年开始，河北省财政将湿地保护经费纳入了年度预算，《河北省京津保平原生态过渡带工程规划（2014—2020 年）》《河北省山水林田湖生态修复规划》《河北省海洋生态红线》等也都把湿地保护作为一项重要内容列入其中。目前，河北省正全面总结衡水湖湿地生态效益补偿试点经验和白洋淀等重要湿地生态补水做法，着手研究建立全省湿地生态效益补偿和湿地生态补水长效机制。

（五）白洋淀被列入"新三湖"

　　2017 年 7 月 10 日，环保部召开环保部常务会议，会议明确提出"新三湖"概念，白洋淀与洱海、丹江口一起被纳入了"新三湖"水污染治理体系。这意味着白洋淀、洱海、丹江口三湖首次上升到了国家环保工作重点关注的高度，将得到国家专项环保督察和治理。而白洋淀作为雄安新区的重要生态依托和新区规划的关键环节，此次白洋淀列入"新三湖"，无疑为雄安新区未来的生态环境治理和新区规划提供新的契机和长期稳定的支持。

　　白洋淀被列入"新三湖"，在很大程度上主要是基于对雄安新区的考虑。从白洋淀自身状况来讲，它作为华北地区最大的淡水湖泊，其环境调节功能对整个华北地区的生态环境保护和生态平衡作用巨大；从设立雄安新区的角度考虑，这是新时期党中央做出的又一项重大的历史性战略决策，是千年大计、国家大事，而白洋淀正是雄安新区的重要组成部分，在列入"新三湖"之后，它不仅可以获得国家重点支持，而且对未来新区的规划布局和生态环境保护，都将意义深远。^②

　　白洋淀入围"新三湖"，让本就引人注目的雄安新区生态环境建设，再次成为公众关注的焦点。据悉，目前，河北省对白洋淀生态环境的整治力度

①　姚伟强：《河北完善湿地保护体系确保湿地不"失地"》，《河北林业》2017 年第 4 期。
②　《白洋淀被环保部列入"新三湖"背后有何深意？》，《经济观察报》2017 年 7 月 25 日。

正在逐步加大。其中保定市将为白洋淀生态环境治理投入 246 亿元。预计至 2019 年，白洋淀淀区除南刘庄点位水质达到地表水 Ⅴ 类标准外，淀区其他区域水质达到地表水 Ⅲ 类标准。[①]

（六）安新县对白洋淀的综合治理

白洋淀在安新县的面积有 312 平方公里，约占白洋淀总面积的 85%。多年来，安新县委、县政府从实际出发，始终坚持将白洋淀生态环境保护作为全县"一号工程"来抓，牢固树立"既要绿水青山、又要金山银山"的理念，举全县之力，集全民之智，全力做好白洋淀生态环境保护工作。一是综合治理项目密集实施。2012 年以来，组织实施了白洋淀生态环境保护湖泊试点项目 11 个子工程，共投入资金 1.9 亿元（含中央资金 6660 万元，地方资金 4660 万元，社会资金 8390 万元），安新县被国家发改委等 11 部委列为国家级生态保护与建设示范县。二是污染治理全力推进。水区村环境治理上，县财政每年支出 352 万元，将重点村保洁员纳入财政补贴范围。在淀区工业污染防治上，共淘汰羽绒加工水洗企业 27 家，68 家企业总投资 1.5 亿元建成污水处理设施，污水处理除回收利用外，全部达到一级 A 标准。在淀区清网上，自筹资金 3350 万元，采取奖补办法，清理淀区网箱网栏网围 1.2 万亩，出鱼 3027 万斤，高密度养殖全部清除。在污水垃圾处理上，建设淀区污水处理站 149 座，垃圾中转站 6 个，生活污水收集处理率在 90% 以上、垃圾定点清运率达 100%。城区建成了日处理 4 万吨的污水处理厂，第二污水处理厂和投资 1.2 亿元的县垃圾处理场已试运行。三是生态修复多措并举。1996 年以来先后调水 23 次，2015 年向白洋淀补水约 0.4 亿立方米。共清理淀区围埝、土障 96.4 万立方米，完成清淤 16.6 公里、27.4 万立方米。划定了野生植物保护区，组织增殖放流 20 余次。绿化高速引线廊道 10.7 公里，建成环淀林带 2.31 万亩，郊野公园绿化 7100 亩。建设了水质自动监测站，成立了乡镇规划建设管理委

---

① 《白洋淀被环保部列入"新三湖"背后有何深意？》，《经济观察报》2017 年 7 月 25 日。

员会和办公室，对淀区生态全天候巡查。四是白洋淀连片美丽乡村建设成效显著。按照"环境美、产业美、生态美、精神美"要求，在省市支持下，重点抓了垃圾污水处理、民宿改造等 15 件实事。2015 年 10 月份，全省现场观摩会在安新县召开。①

二 雄安新区的生态环境建设

河北雄安新区，涉及河北省雄县、容城、安新三县及周边部分区域，地处北京、天津、保定腹地，区位优势明显、交通便捷通畅、生态环境优良、资源环境承载能力较强，现有开发程度较低，发展空间充裕，具备高起点、高标准开发建设的基本条件。2017 年 4 月 1 日，中共中央、国务院决定在此设立国家级新区。这是以习近平为核心的党中央做出的一项重大的历史性战略选择，是继深圳经济特区和上海浦东新区之后又一具有全国意义的新区，是千年大计、国家大事。雄安新区规划建设以特定区域为起步区先行开发，起步区面积约 100 平方公里，中期发展区面积约 200 平方公里，远期控制区面积约 2000 平方公里。2018 年 4 月 14 日，中共中央国务院批复《河北雄安新区规划纲要》。4 月 21 日，《河北雄安新区规划纲要》正式发布。

（一）设立河北雄安新区

2016 年 5 月 27 日，中共中央政治局会议审议了《关于规划建设北京城市副中心和研究设立河北雄安新区的有关情况的汇报》。

2017 年 2 月 23 日，国家主席习近平专程到河北省安新县进行实地考察，主持召开河北雄安新区规划建设工作座谈会。

2017 年 4 月 1 日，中共中央、国务院印发通知，决定设立河北雄安新区。这是继深圳经济特区、上海浦东新区之后又一个具有全国意义的国家级新区。

---

① 杨丙军：《关于加快实施〈白洋淀环境综合整治与生态修复规划（2015 年—2020 年）〉的建议》。

2017年4月1日，河北省委研究决定，成立"河北雄安新区筹备工作委员会临时党委"。这是由中共河北省委授权的"过渡性机构"，袁桐利任临时党委书记，刘宝玲任临时党委副书记、筹备工作委员会主任。①

2017年6月，中央编办批复同意设立河北雄安新区管理机构。河北省委、省政府印发《关于组建河北雄安新区管理机构的通知》，中国共产党河北雄安新区工作委员会、河北雄安新区管理委员会获批设立，为中共河北省委、河北省人民政府派出机构。其职责是"负责组织领导、统筹协调新区开发建设管理全面工作。雄安新区管理委员会，同时接受国务院京津冀协同发展领导小组办公室指导"②。

2017年10月，国家工商总局在官网公布《关于支持河北雄安新区规划建设的若干意见》，其中提出将依法对"雄安"字样在企业名称核准中予以特殊保护，"河北雄安"作为行政区划使用。③

2017年8月17日，北京市人民政府与河北省人民政府签署了《关于共同推进河北雄安新区规划建设战略合作协议》。协议的签署，标志着京津冀协同发展进入新阶段，京冀合作迈上新台阶。合作协议主要有七个方面内容，其内容之一是开展生态环境联防联治。深化区域大气污染联防联控协作，两地"建立统一的能耗、水耗、污染物排放限值标准，形成一体化的环境准入和退出机制"。共同推进京津保造林绿化工程建设，打造京津保生态过渡带森林和湿地群。规划建设区域生态绿色廊道，推进大清河流域综合治理，促进白洋淀水资源保护和水环境改善。④

2017年10月18日，习近平在《决胜全面建成小康社会　夺取新时代中国特色社会主义伟大胜利——在中国共产党第十九次全国代表大会上的报告》

---

① 雄安新区筹备工作委员会临时党委，https://baike.so.com/doc/25702228-26789071.html。
② 《中央编办批复同意设立河北雄安新区管理机构》，《河北日报》2017年6月23日。
③ 《雄安新区——中共中央、国务院设立的国家级新区》，https://baike.so.com/doc/25631265-26683118.html。
④ 北京市人民政府、河北省人民政府：《关于共同推进河北雄安新区规划建设战略合作协议》。

中指出"以疏解北京非首都功能为'牛鼻子'推动京津冀协同发展，高起点规划、高标准建设雄安新区"①。

2017 年 11 月 13 日，环境保护部与河北省人民政府签署《推进雄安新区生态环境保护工作战略合作协议》。环境保护部部长李干杰和河北省省长许勤代表双方签字。李干杰指出，环境保护部高度重视雄安新区生态环境保护，将其作为一项重大政治任务，成立推进雄安新区生态环境保护工作领导小组，有关司局相继开展新区环境评估、白洋淀治理、生态保护红线划定等工作。下一步，将扎实推进协议的落实，着力支持白洋淀流域环境整治、雄安新区生态保护与修复、区域污染协同防治、"三线一单"管控体系建设、监测和执法监管体系建设、环境安全防控体系建设、生态环境管理机制创新、绿色环保产业发展。②

至 2017 年 11 月，环境保护部在雄安新区环境保护方面主要做了三方面的工作。一是加强领导建立工作机制。成立了由环境保护部部长李干杰任组长，其他各位副部长任副组长的推进雄安新区生态环境保护工作领导小组，建立了推进雄安新区生态环境保护工作领导小组机制，并且印发了关于近期推进雄安新区生态环境保护的实施方案，明确了近期雄安新区生态保护工作的任务和时限。11 月 13 日，环境保护部和河北省人民政府签署了战略合作协议，正在组建环境保护部雄安新区生态环境保护的技术咨询委员会。二是积极解决突出的环境问题。中央财政在中央水污染防治专项资金中安排了 5 亿元专项资金，③ 支持雄安新区正在开展的环境综合整治工作。另外，2017 年 5 月以来，环境保护部会同河北省人民政府抽调精干力量，对雄安新区开展环保督察，一共清理散乱污企业 12098 家，并且交办 674 个案件，目前已经完

---

① 习近平：《决胜全面建成小康社会　夺取新时代中国特色社会主义伟大胜利——在中国共产党第十九次全国代表大会上的报告》，2017 年 10 月 18 日。

② 环境保护部：《环境保护部与河北省人民政府签署〈推进雄安新区生态环境保护工作战略合作协议〉》。

③ 环保部：《将组建雄安新区生态环境保护技术咨询委员会》，中国新闻网，http://www.chinanews.com/gn/2017/11-23/8383609.shtml。2017 年 11 月 23 日。

成了 636 个案件，有 38 个正在整改当中。三是系统谋划做好顶层设计，发挥好指导和技术支撑作用。目前雄安新区涉及生态环境保护的规划有两个，一个是河北省环保厅委托环保部环境规划院牵头编制的雄安新区生态环境保护规划；另一个是河北省发改委委托中科院生态中心牵头，环境保护部环境规划院参与编制的白洋淀的生态环境治理和保护规划。①

2017 年 12 月 5 日，经河北省政府同意，省环境保护厅成立支持雄安新区生态环境保护工作领导小组和工作专班，全力支持雄安新区生态环境保护工作。领导小组下设八个重大专项工作组，围绕近期雄安新区生态环境保护重点任务，尽职尽责地积极开展工作。②八个重大专项工作组及其任务分别是：（1）雄安新区生态环境保护规划专项工作组负责加强与新区总体规划及其他专项规划的对接，做好《雄安新区生态环境保护规划》编制工作；（2）雄安新区水环境集中整治专项工作组负责推进雄安新区及白洋淀流域水环境集中整治攻坚行动，组织指导纳污坑塘、农村污水和垃圾、工业企业污水等专项整治；（3）唐河污水库治理专项工作组负责组织协调唐河污水库环境调查与风险评估，推进唐河污水库环境综合整治工作；（4）雄安新区规划环评专项工作组负责组织做好雄安新区总体规划环境影响评价工作，指导新区落实"三线一单"制度，制定建设项目环境准入负面清单，指导雄安新区规划建设局做好环境影响评价工作；（5）雄安新区土壤环境详查专项工作组负责推进新区土壤污染综合防治先行区建设，组织开展雄安新区农用地土壤详查和重点行业企业用地环境污染状况调查；（6）雄安新区生态保护红线划定专项工作组负责科学划定雄安新区生态保护红线；（7）雄安新区生态环境监控体系建设专项工作组负责强化新区及周边污染源网格化监管，加强区域联防联控和统筹协调；（8）雄安新区生态环境治理项目申报专项工作组负责指导雄安新区三县进一步加强大气、水、土壤污染防治和农村环境保护项目储备库建设，积极争

---

① 环保部：《将组建雄安新区生态环境保护技术咨询委员会》，http://www.chinanews.com/gn/2017/11-23/8383609.shtml。中国新闻网，2017 年 11 月 23 日。

② 《省环保厅成立支持雄安新区生态环境保护工作领导小组》，《河北日报》2017 年 12 月 8 日。

取环境保护部、财政部加大环保专项资金支持力度。此外，省环境保护厅组建雄安新区生态环境保护工作专班，选派9名干部常驻雄安新区，履行雄安新区管委会的环境行政许可、环评审批、污染源普查、环保执法等管理职能，负责组织协调新区三县完成新区管委会、省环保厅部署的各项生态环境保护工作，推进雄安新区生态保护和污染治理重大项目实施。[①]

2018年1月，河北省政府工作报告提出，高起点规划、高标准建设雄安新区。按照打造贯彻落实新发展理念的创新发展示范区要求，精心抓好雄安新区规划落实。一是构建立体式、现代化大交通格局。二是以重点工程带动发展实施造林绿化、白洋淀及上游环境综合整治等工程。三是制定支持政策，建立资金筹措机制。四是积极引进高端高新产业，集中承接北京非首都功能疏解，促成一批优质公共资源入驻雄安新区。[②]

2018年1月，河北省委、省政府做出的《关于大力弘扬塞罕坝精神　深入推进生态文明建设和绿色发展的决定》提出，打造雄安新区绿色发展样板。坚持世界眼光、国际标准、中国特色、高点定位，突出智能、绿色、创新，高标准、高质量编制新区规划。优先加强生态建设，严格区域环境保护，依托河湖水系和交通干线，大规模、高标准植树造林，构建绿色生态隔离带，打造蓝绿交织、清新明亮、水城共融的生态城市。把握空间均衡，运用信息技术，统筹生产、生活、生态空间，有效承接北京人口和部分教育、科研、医疗、高新技术产业转移。到2030年，建设成为绿色低碳、信息智能、宜居宜业，人与自然和谐共处的现代化城市。[③]

2018年3月，雄安新区生态环境保护规划编制工作基本完成，进入专家论证及跟新区总规全面对接阶段。[④]

---

① 《省环保厅成立支持雄安新区生态环境保护工作领导小组》，《河北日报》2017年12月8日。
② 许勤：《2018年河北省政府工作报告》，《河北日报》2018年2月5日。
③ 《河北省委省政府作出〈关于大力弘扬塞罕坝精神　深入推进生态文明建设和绿色发展的决定〉》，河北新闻网，http://hebei.hebnews.cn/2018-01/23/content_6756496.htm，2018年1月23日。
④ 环保部：《雄安新区生态环境保护规划编制基本完成》，《河北日报》2018年3月26日。

2018 年 5 月 16 日，河北雄安新区生态环境局正式揭牌成立。作为生态环境部组建后全国第一个地方"生态环境局"，目前最迫切的任务是对雄安域内的所有污染源进行一个大的排查，"对整个白洋淀流域的内源治理，外源管控进行治理，然后就是机制体制的建设等等，主要还是大区域内的环境治理，重点的就是白洋淀的水环境治理。包括农村污水排放，散乱污企业的治理等等"。①

（二）雄安新区的环境保护与生态建设

2018 年 2 月 22 日，习近平总书记主持召开中央政治局常委会会议，听取雄安新区规划编制情况的汇报并发表重要讲话。李克强总理主持召开国务院常务会议，审议雄安新区规划并提出明确要求。京津冀协同发展领导小组直接领导推动新区规划编制工作。按照党中央要求，进一步修改完善形成了《河北雄安新区规划纲要》。

2018 年 4 月 14 日，中共中央、国务院批复同意《河北雄安新区规划纲要》。在批复中，中央和国务院明确指示，要把雄安新区建设成为"绿色生态宜居新城区、创新驱动发展引领区、协调发展示范区、开放发展先行区，努力打造贯彻落实新发展理念的创新发展示范区"②，还对建设雄安新区提出了十二项要求。（1）科学构建城市空间布局。实行组团式发展，区域发展分三步走，即先行开发启动区、中期发展区建设和远期控制区。构建水城共融的空间格局。（2）合理确定城市规模，形成"规模适度、空间有序、用地节约集约的城乡发展新格局"。（3）有序承接北京非首都功能疏解。主要承接高端高新产业，限制承接一般性制造业、中低端第三产业。（4）建立城市智能治理体系，实现城市智慧化管理。（5）将生态湿地融入城市空间，营造优

① 李文鹏等：《河北雄安新区生态环境成立高标准实现新区环保新目标》，长城网，2018 年 5 月 17 日。
② 《中共中央国务院关于对〈河北雄安新区规划纲要〉的批复》，新华社，http://news.sina.com.cn/c/2018-04-20/doc-ifznefkf7471151.shtml。

质绿色生态环境。（6）实施创新驱动发展。（7）建设宜居宜业城市。构建多层级、全覆盖、人性化的基本公共服务网络和社会保障服务体系。（8）打造改革开放新高地。一些代表发展方向与发展趋势的体制机制改革创新可以在新区先行先试，形成一批可复制可推广的经验，为全国提供示范。（9）塑造新时代城市特色风貌，打造城市建设的新典范。（10）保障城市安全运行。（11）统筹区域协调发展。雄安新区要加强同北京、天津、石家庄、保定等城市的融合发展。（12）完善规划体系，以规划引导发展。抓紧深化和制定控制性详细规划及交通、能源、水利等有关专项规划。①

2018年4月21日，新华社全文播发《河北雄安新区规划纲要》。该纲要对雄安新区的发展定位是"绿色生态宜居新城区、创新驱动发展引领区、协调发展示范区和开放发展先行区"。其中，建设绿色生态宜居新城区要求：坚持把绿色作为高质量发展的普遍形态，充分体现生态文明建设要求，坚持生态优先、绿色发展，贯彻绿水青山就是金山银山的理念，划定生态保护红线、永久基本农田和城镇开发边界，合理确定新区建设规模，完善生态功能，统筹绿色廊道和景观建设，构建蓝绿交织、清新明亮、水城共融、多组团集约紧凑发展的生态城市布局，创造优良人居环境，实现人与自然和谐共生，建设天蓝、地绿、水秀美丽家园。②雄安新区的建设目标是：到2035年，基本建成绿色低碳、信息智能、宜居宜业、具有较强竞争力和影响力、人与自然和谐共生的高水平社会主义现代化城市。城市功能趋于完善，新区交通网络便捷高效，现代化基础设施系统完备，高端高新产业引领发展，优质公共服务体系基本形成，白洋淀生态环境根本改善。③

《河北雄安新区规划纲要》从四个方面提出了雄安新区的环境保护与生态

---

① 《中共中央国务院关于对〈河北雄安新区规划纲要〉的批复》，新华社，http://news.sina.com.cn/c/2018-04-20-doc-ifznefkf7471151.shtml。
② 《河北雄安新区规划纲要》，新华社，http://www.xinhuanet.com/2018-04/21/c-1122720132.htm。2018年4月21日。
③ 《河北雄安新区规划纲要》，新华社，http://www.xinhuanet.com/2018-04/21/c-1122720132.htm。2018年4月21日。

建设的任务。（1）实施白洋淀生态修复。主要措施包括：恢复淀泊水面、实现水质达标、开展生态修复、保护湿地生态系统完整性、创新生态环境管理。优化完善白洋淀及上游生态环境管理机制，加强生态空间管控体系建设，实施智能生态管控，全面建成与生态文明发展要求相适应的生态环境管理模式。（2）加强生态环境建设。主要措施包括：构建新区生态安全格局、开展大规模植树造林、塑造高品质城区生态环境、提升区域生态安全保障。（3）开展环境综合治理。一是推动区域环境协同治理。严禁新建高污染、高耗能企业和项目，集中清理整治散乱污企业、农村生活垃圾和工业固体废弃物。开展地下水环境调查评估，全面开展渗坑、排污沟渠综合整治。二是优化能源消费结构，改善大气环境质量。巩固农村清洁取暖工程效果，实现新区散煤"清零"。三是严守土壤环境安全底线，加强污染源防控、检测、治理，确保土壤环境安全。（4）坚持绿色低碳发展。主要措施包括：一是严格控制碳排放，保护碳汇空间、提升碳汇能力；二是强化用水总量管理，实行最严格水资源管理制度，实施节约用水制度化管理，对城市生活、农业等各类用水强度指标严格管控，全面推进节水型社会建设。三是建设海绵城市。构建河湖水系生态缓冲带，提升城市生态空间在雨洪调蓄、雨水径流净化、生物多样性等方面的功能，促进生态良性循环。四是全面推广绿色建筑，开展节能住宅建设和改造。使用绿色建材。[①]

（三）雄安新区环境保护与生态建设的成效

2017 年雄安新区 $PM_{2.5}$ 平均浓度同比下降 21.5%，达标天数增加 29 天，重污染天数减少 26 天；新区及白洋淀上游流域生态环境综合整治成效初显，[②] 迁徙到白洋淀栖息、繁衍的野生鸟类数量和种类均显著增加。

---

① 《河北雄安新区规划纲要》，新华社，http://www.xinhuanet.com/2018-04/21/c_1122720132. htm，2018 年 4 月 21 日。

② 钱春弦：《红色传奇、绿色模式、蓝色明珠雄安新区旅游发展一年回眸》，新华网，http:// www.xinhuanet.com/travel/2018-04/01/c-1122621907.htm。2018 年 4 月 1 日。

雄安新区设立以来，严格区域环境保护的各项行动在扎实推进，环境保护工作初见成效。（1）联防联治，形成协同治污的强大合力。新区对环保部门督察发现的 674 个环境问题进行严格排查整治、严厉打击和严肃问责，所有环境问题全部得到整改。新区分类抓整治，共排查出"散乱污"企业 12098家，取缔关停 9853 家，完成整治改造 2245 家。（2）开展纳污坑塘专项整治行动，建立长效机制，实现"一坑一档一策"。截至 2018 年 3 月，新区三县经过细致排查、现场检查、坐标定位、取样检测等，治理坑塘 272 个。（3）新区确定了白洋淀生态修复的三大目标，深化白洋淀生态环境治理和保护规划，加快恢复白洋淀的湿地功能。通过改善水质、恢复生态、提高生物多样性等生态修复举措，为建设水城共融的生态城市打好基础。（4）大力实施白洋淀流域环境集中整治，开展河道垃圾集中清理行动。坚持排查与治理相结合的原则，三县全面排查沿河非法排污口，并进行了封堵。①（5）加快植树造林。2018 年 3 月，雄安新区召开 2018 年植树造林工作启动会议，全年计划完成10 万亩苗景兼用林造林任务。

第七节　生态环境协同保护的成效

2013~2017 年，河北省以提高经济增长的质量和效益为中心，统筹推进稳增长、促改革、调结构、抓协同、治污染、惠民生各项工作，全省经济社会保持持续健康发展，环境保护事业也开创了发展的新局面。五年间，河北省坚决向大气污染宣战，生态环境质量持续改善。坚持标本兼治，持续加大力度治理污染，认真落实"坚决去、主动调、加快转"，在改革创新、开放合作中加快新旧动能转换。以化解钢铁产能为"牛鼻子"，累计压减炼钢产能 6993 万吨、炼铁产能 6442 万吨、水泥产能 7057 万吨、煤炭消费量 4400

---

① 原付川：《环保部：雄安新区生态环境保护规划编制基本完成》，《河北日报》2018 年 3 月26 日。

万吨、平板玻璃 7173 万重量箱。"6643"工程超额完成。五年间，河北省环境保护与生态建设的主要着力点和工作重点是深入开展"蓝天行动""碧水行动""净土行动"，在治理污染、修复生态中加快营造良好人居环境。通过"蓝天保卫战"，超额完成大气"国十条"确定的目标任务，全省设区市 PM$_{2.5}$平均浓度较 2013 年下降 39.8%；通过"碧水行动"，全省水环境质量得到改善，地下水超采的趋势得到一定程度的遏制，地下水超采综合治理形成压采能力 33.6 亿立方米。通过"净土行动"，实施重大生态保护和修复工程，新增国土绿化面积 2561 万亩、森林覆盖率由 27% 提高到 33%。[①]

2013~2017 年，各年度河北省重点开展的环境保护工作及成效情况如下。

一 2013年环境保护的重点工作

2013 年，河北省重点开展了十项环境保护工作。[②]（1）提出绿色崛起发展理念，全面打响环境治理攻坚战。2013 年 5 月 6 日，省委八届五次全会把工业转型升级和环境治理作为四大攻坚战之一，省委、省政府出台了《关于实施环境治理攻坚行动的意见》，明确了具体目标任务。2013 年 12 月，省委八届六次全体（扩大）会议，进一步强调坚定不移地走绿色崛起之路。（2）铁腕推进大气污染治理。2013 年 9 月 6 日，省委、省政府出台《河北省大气污染防治行动计划实施方案》，制定大气污染防治 50 条措施。2013 年 11 月 26 日，省政府印发文件，确定在钢铁、水泥、电力和玻璃四大行业重点实施大气污染治理攻坚行动。2013 年，全省共拆除、淘汰、改造分散居民生活用小锅炉、茶炉、炉窑 3.5 万台，19 家火电企业完成除尘治理项目 119 个，完成矿山粉尘综合治理 305 家、储煤场综合整治 2262 家。（3）启动重污染天气预警工作，首次对机动车实施限行。（4）推动农村面貌改造提升。2013 年 5 月，省委、

---

① 《2018 年河北省政府工作报告》，《河北日报》2018 年 3 月 2 日。

② 《河北公布 2013 年十大环境新闻"绿色崛起"居首》，凤凰网，http://news.ifeng.com/gundong/detail_2014_01/24/33315416_0.shtml，2014 年 1 月 24 日。

省政府出台《关于实施农村面貌改造提升行动的意见》，决定用 3 年时间，对全省近 5 万个行政村面貌进行配套改造、整体提升。（5）"三查"行动成效显著。2013 年 2 月初开始，河北省在全省范围内开展为期 3 个月的以查非法排污、查超标排污、查恶意排污为内容的"三查"行动，取缔非法企业 1300 多家，整治违法企业 1180 家。（6）严厉打击环境犯罪，组建国内首支环保警察队伍。省公安厅正式成立国内首支环保警察队伍——河北省环境安全保卫总队。（7）推行排污权质押贷款，为企业融资开辟新路。2013 年，省环保厅已与兴业银行、光大银行、河北银行三家商业银行签署战略合作协议，开展排污权质押贷款业务。（8）引入卫星环境遥感技术，成为全国第一个实现省域全要素全覆盖"天地一体化"环境监测的省份。（9）构建环保"网格化"，健全省、市、县、组、村五级管理，建立县、乡、村三级网格，推动环境监管触角向基层延伸。（10）公众参与环保热情高涨。2013 年 9 月，全省 10292 名大气污染防治义务监督员全部上岗。

二 2014年环境保护的重点工作

《2014 年河北省环境状况公报》显示，2014 年河北省污染减排工作取得了新进展，化学需氧量、氨氮、二氧化硫和氮氧化物排放量与 2013 年相比，分别削减了 3.16%、4.08%、7.38% 和 8.47%，均超额完成国家下达的目标任务。设区城市空气优良天数平均为 152 天，与 2013 年相比增加 23 天；全省七大水系Ⅲ类和好于Ⅲ类水质的断面比例达 46.04%，与 2013 年相比基本持平。全省七大水系的氨氮浓度均值与上年相比下降 3.37%，化学需氧量浓度均值上升 4.67%。

2014 年，河北省重点开展了五项环境保护工作：（1）着力攻坚大气污染防治。全省压减炼铁产能 1500 万吨、炼钢产能 1500 万吨、水泥产能 3918 万吨，煤炭消费总量减少 1500 万吨。划定高污染燃料禁燃区或控制区 25 个，启动 36 家城市建成区重污染企业搬迁。（2）强力推进污染减排。全省完成减排项目 5520 个，其中水减排项目 3369 个，大气减排项目 2151 个。组织开展了钢铁、水泥、电力和玻璃四大行业大气污染治理攻坚行动。（3）深化流域水污染治理。累计完成 351 个乡镇以上水源保护区的划分工作。出台了《河北省饮用水水源地违规项目整治方案》，对 116 个饮用水水源保护区内违规项目进行了地毯式排查，整改违规项目 554 个；以七大水系 14 条污染河流为重点，集中开展流域污染防治攻坚行动，完成治理项目 41 项，完成投资约 19.2 亿元，并严格实施全流域生态补偿机制，收严水质扣缴标准，2014 年扣缴生态补偿金 3.47 亿元，超过"十二五"前 3 年的总和。（4）加强农村环境综合整治和生态环境修复。河北省以农村生活垃圾和污水治理为重点，试点开展了农村环境整治示范建设，在全省 100 多个村庄建设了 7 类农村生活污水集中和分散处理示范工程，为全省农村环境治理探索了经验。全面实施生态修复。启动了生态功能红线划定工作，编制了《河北省环境功能区划（初稿）》，起草了《河北省土壤环境保护和综合治理行动实施方案》。（5）完善城市环境建设。2014 年全省新增省级园林城 14 个，设市城市和环首都县市全部建成省级以上园林城市。出台了《河北省风景名胜区条例》，狼牙山景区被省政府审定公布为省级风景名胜区。[①]

三 2015年环境保护的重点工作

2015 年，河北省深入开展"蓝天、碧水、净土"三大行动，全力治理环境污染，全省设区市达到或优于Ⅱ级的优良天数为 190 天，全省七大水系Ⅰ~Ⅲ类水质比例达 49.64%。河北省近岸海域海水环境质量基本保持良好，以Ⅰ类、Ⅱ类水质为主。2015 年全省完成污染减排项目 6513 个，56 个减排责任书重点工程项目全部建成。经环保部核定，全省化学需氧量、氨氮、二氧化硫和氮氧化物排放总量同比分别削减 4.77%、5.29%、6.85% 和 10.68%，

---

① 《2014 年河北省环境状况公报》，河北省环境保护厅，2015。

是年度任务目标的 191%、212%、228%、267%，四项指标全部大幅超额完成。[①]
森林覆盖率达到 31%。[②]

2015 年，河北省重点开展了六项环境保护工作。（1）健全制度体系，推进生态文明建设。出台了《关于加快推进生态文明建设的实施意见》和生态文明体制改革等一系列推进全省生态文明建设的全局性、纲领性文件。（2）启动以"控煤"为中心的新一轮大气治理攻坚行动。省政府启动燃煤电厂超低排放升级改造、关停取缔实心黏土砖瓦窑和"拔烟囱"三个专项行动，控煤歼灭战成为继"6643"工程之后新一轮大气污染治理攻坚行动。（3）为了促进政府落实环保责任，省环保厅将公开约谈作为一种强有力的行政措施，开展多形式的公开约谈。（4）实行建设项目环评属地管理为主的分级审批制度，对建设项目采取名录制、豁免制、备案制等方式进行分类管理。（5）多部门协调配合，实现了行政执法与司法手段的无缝对接，形成了执法合力，进一步提升了对环境犯罪行为的打击力度。（6）完善地方环境标准，"倒逼"产业结构调整。河北省制修订的《钢铁工业大气污染物排放标准》《水泥工业大气污染物排放标准》《平板玻璃工业大气污染物排放标准》《燃煤锅炉氮氧化物排放标准》《农村生活污水排放标准》等地方标准正式实施。其中《农村生活污水排放标准》是河北省加强农村生活污水治理、强化环境监管的首部技术法规。[③]

四 2016年环境保护的重点工作

《2016 年河北省环境状况公报》显示，2016 年全省环境质量保持了持续

---

① 《〈2015 年河北省环境状况公报〉发布》，河北省人民政府网，http://www.hebei.gov.cn/hebei/11937442/10761139/13429554/index.html，2016 年 6 月 6 日。
② 张庆伟：《2016 年河北省政府工作报告——在河北省第十二届人民代表大会第四次会议》，《河北日报》2016 年 1 月 15 日。
③ 《省环境保护厅发布"2015 年河北省十大环境新闻"》，长城网，http://report.hebei.com.cn/system/2016/02/17/016645388.shtml，2016 年 2 月 18 日。

改善的态势，11 个设区市环境空气质量优于二级的优良天数平均为 207 天，比上年增加了 17 天。在可比的 179 个地表水监测点位中，Ⅰ~Ⅲ类水质断面占 58.66%。全省辐射环境质量总体情况良好。①

2016 年河北省重点开展了七项环境保护工作。（1）1 月，中央环保督察组在河北开展环保督察试点工作。河北省在督察整改的基础上，积极探索创新，在全国率先开展市级环保督察，2016 年完成对衡水、沧州、廊坊等五市的环保督察工作。（2）开展水污染防治百日会战。2 月，省委、省政府印发实施《河北省水污染防治工作方案》。8 月，省政府召开全省水污染防治百日会战动员会，进一步推进年初开展的白洋淀衡水湖环境整治、县级以上集中式饮用水源地安全整治、重污染河流环境整治水污染防治三大专项行动。（3）空气质量实现"一周先知道"。自 7 月 1 日起，河北省空气质量多模式集合预报预警平台正式对公众发布信息，实现了全省 6 项主要污染物未来 72 小时空气质量预报和未来 7 天的空气质量趋势预测。该平台填补了国内空白，是目前国内较先进的技术平台。（4）首创以"调度令"治霾。11 月 9 日，河北省大气污染防治办公室对河北省污染传输通道城市石家庄、唐山等 10 个城市下达了 1 号大气污染防治调度令，要求上述地区重点行业实施错峰生产。11 月 17 日发布的 2 号调度令，进一步对完成大气污染防治年度目标任务进度滞后、污染严重的石家庄、保定等 6 市实施重点调度。调度令的下发，标志着河北为扼制大气污染采取非常举措，开全国之先河。（5）河北省实行环保机构垂直管理改革，成为全国第一个环保机构垂直管理改革正式进入实施阶段的省份。12 月 17 日，《河北省环保机构监测监察执法垂直管理制度改革实施方案》的出台，标志着河北作为全国第一个环保机构监测监察执法垂直管理制度改革试点省份正式进入实施阶段。河北环保机构的垂改工作受到中央深改组的肯定。（6）以治理散煤为中心，实施综合整治专项行动，加大散煤治理力度。2016 年河北省实施散煤、露天矿山、焦化行业、道路车辆污染综合整治四大

① 《〈2016 年河北省环境状况公报〉发布》，河北省人民政府网，http://english.hebei.gov.cn/hebei/11937442/10761139/13839296/index.html。2016 年 6 月 3 日。

专项行动。出台并实施《河北省大气污染防治条例》，实行"源头管控、过程严管、后果严惩"。（7）开展"利剑斩污"行动。2016年，省环保厅、省公安厅等四部门首次联合开展"利剑斩污"行动，查处环境违法企业3333家，关停取缔1545家，挂牌督办58家，对不法企业形成强大的环境执法威慑力。[①]

五 2017年环境保护工作的成效

2017年，河北省生态环境质量实现新改善。严格落实大气污染综合治理"1+18"政策体系，整治"散乱污"企业10.8万家，全省PM$_{2.5}$平均浓度下降7.1%；积极进行"碧水行动"，全面建立河长制，39条城市黑臭水体得到整治；全面开展"净土行动"，全年完成植树造林536万亩；在全国率先完成省以下环保机构监测监察执法垂直管理改革。[②]

2017年河北省环境保护工作的成效主要体现在六个方面。[③]

（1）产业结构调整初见成效。2017年，河北省对散乱污企业摸清底数、分类施治，共整治改造38785家，整合搬迁898家，关停取缔68747家，基本消除了散乱污产业集群污染问题。此外，积极推进工业企业全面达标排放行动、主城区重污染企业退城搬迁44家。

（2）超额完成"大气十条"5年目标任务。2013年，国务院发布《大气污染防治行动计划》十条措施，其中明确提出，到2017年，京津冀细颗粒物浓度下降25%左右。2017年，河北细颗粒物（PM$_{2.5}$）平均浓度为65微克/立方米，与2013年同期相比下降39.8%，超额完成"大气十条"确定的目标。2017秋冬空气质量创五年同期最好水平：2017年秋冬，河北省空气质量改善幅度领跑全国，人民群众感受度明显好于往年，秋冬季空气质量创五年来

① 韩霄：《2016年河北省环境十大新闻出炉：中央环保督察组在冀督察居首》，河北新闻网，http://hebei.hebnews.cn/2017-01/23/content_6259490.htm，2017年1月24日。
② 《2018年河北省政府工作报告》，《河北日报》2018年3月2日。
③ 《2017年河北省十大环境新闻发布"大气污染防治"唱主角》，央广网，http://news.cnr.cn/native/city/20180210/t20180210_524131772.shtml，2018年2月11日。

最高水平。2017 年，全省平均达标天数 202 天，占全年总天数的 55.3%，较 2013 年增加了 73 天。2017 年 10 月 1 日到 12 月 31 日，全省 PM$_{2.5}$ 平均浓度比 2016 年同期下降了 37.4%。

（3）制定和实施"1+18"专项方案，强力推进大气污染综合治理。2017 年 3 月 31 日，河北省委、省政府召开大气污染综合治理大会，发布《关于强力推进大气污染综合治理的意见》和 18 个专项实施方案，明确了河北省大气污染综合治理的时间表、路线图和工作举措、政策保障。通过"1+18"方案的顶层设计，力推大气污染治理尽快步入规范化、法治化、常态化轨道。

（4）查处一批非法排污"大老虎"。2017 年，河北保持从严打击大气环境违法行为的高压态势，秋冬季大气环境治理攻坚行动期间，连续组织开展 4 轮大气环境执法专项行动，累计出动执法人员 9.4 万人（次），检查企业 54842 家（次），检查发现各类环境问题 9234 个，立案行政处罚环境违法案件 2215 起，责令停产、限产企业 586 家，取缔违法企业 386 家，移送公安机关 279 人，并严肃查处和公开曝光了一批"明星企业"非法排污案例。

（5）重拳打击涉危废违法犯罪。环保联合公安、卫计委等部门，组织开展了史上规格最高、声势最大、要求最严的全省严厉打击非法倾倒和处置危险废物违法犯罪雷霆行动，对危险废物（含医疗废物）产生和贮存量大、转移和处置任务重的重点区域（县、区）、重点企业的环境安全防控措施等进行了专项督察巡查，共抽查涉危企业 1972 家，查处各类违法违章问题 1831 个，暂停 17 家危废经营企业活动，30 家企业被移交司法机关立案调查，并立案处罚涉危问题企业 83 家，罚金 853.78 万元。2017 年，全省共破获涉危险废物案件 432 起，抓获犯罪嫌疑人 821 人。

（6）打造环保信息公开、公众参与平台。2017 年 9 月，省大气办联合长城网、河北新闻网、河北发布、河北环保发布、河北省环保厅官方网站共同开设"大气环境突出问题举报平台"，省大气办对群众举报的大气环境突出问题每月通过该平台向社会公布举报查处情况。11 月，河北省在全国率先启用排污许可证后监管系统，15 个行业实现持证排污，并将所有持证企业排放口纳入河北省排污许可证后二维码监管系统，为排污许可证后监管和执法检查提供了便利和精细化服务。12 月，河北省正式向公众开放环境监测、城市污水处理等四类环保设施，让公众生动直观地了解环保工作。

第八节　环境治理的重点与政策导向

回顾 1978~2018 年河北省四十年的环境保护与生态建设的发展历程，河北省的环境保护工作取得了重大进展和明显成效。四十年来，虽然河北省一直重视和积极治理水污染、大气污染、土壤污染和农村环境污染"四大污染"，但因多方面的原因，时至今日，河北省的环境保护工作一直被这"四大污染"所困扰。而这"四大污染"的存在，直接影响到河北省的经济发展和广大居民的生活质量。因此，在当前和今后很长的时间里，治理"四大污染"仍将是河北省环境保护的核心内容和四大重点工作，仍是河北省环境保护与生态建设工作的重中之重。

一　水污染治理的重点与对策

河北省从 20 世纪 70 年代治理官厅水库与白洋淀的水污染开始，到近几年持续进行的"净水行动"，防治水污染一直是河北省各个时期环境保护工作的重中之重，但因种种原因及边治理边污染现象的存在，目前，河北省的水污染问题依然十分严重。如近些年，河北省的八大水系水质总体上一直处于中度污染，全省河流水质总体上也一直为中度污染。《2017 年河北省生态环境状况公报》显示：2017 年全省 209 个地表水国控监测点位中，实际监测 199 个点位，其中河流监测 158 个断面，湖库淀监测 41 个点位。199 个点位

中，Ⅳ类水质断面占 16.08%，Ⅴ类水质断面占 7.04%，劣Ⅴ类占 24.62%，[①]
三者合计 47.74%。而达到或好于Ⅲ类的水质断面占 52.26%，同比降低 2.01
个百分点。2017 年河北省河流水质总体为中度污染。其中，Ⅳ类水质比例
为 15.82%，Ⅴ类水质比例为 6.33%，劣Ⅴ类水质比例为 29.75%，[②]三者合计
51.90%。

（一）水污染治理的重点

国务院"十三五"生态环境保护规划进一步提出了"精准发力提升水环
境质量"的整体要求，并提出了水污染协同治理的六个重点领域：（1）实施以
控制单元为基础的水环境质量目标管理；（2）实施流域污染综合治理；（3）优
先保护良好水体；（4）推进地下水污染综合防治；（5）大力整治城市黑臭水
体；（6）改善河口和近岸海域生态环境质量。[③]

（二）水污染治理的对策

（1）构建水环境功能分区体系。河北省应该深化水资源保护、开发、节
约和治理全过程系统治水理念，构建水质、水量、水生态统筹兼顾的水安全
保障体系。一是构建水环境功能分区体系，推行水环境红线管理。二是构建
陆域污染源系统治理、地下水分区分类防治、陆海统筹污染防治、跨界污染
综合整治四位一体的水污染综合防治格局。[④]

（2）注重源头控污，遏制违法排污。多部门联动，治理各类企事业违法
排污、超标排污现象，尤其是出重拳治理未进行工商注册的黑户的排污现象
和向下水道偷排现象。

---

① 河北省环境保护厅：《2017 年河北省生态环境状况公报》。
② 河北省环境保护厅：《2017 年河北省生态环境状况公报》。
③ 《国务院关于印发"十三五"生态环境保护规划的通知》（国发〔2016〕65 号），新华网，http://www.xinhuanet.com//politics/2016-12/05/c_1120057921.htm，2016 年 12 月 6 日。
④ 张伟、蒋洪强、王金南：《京津冀协同发展的生态环境保护战略研究》，《中国环境管理》2017 年第 3 期。

（3）加强污水处理设施建设，为治理水污染提供物质保障。加强水源地的污水治理工作，严格保护水资源。针对有些地方污水处理厂管网配套建设跟不上的情况，通过市场化建设、专业化运营，彻底解决污水处理厂资金不足以及投资、运行效率不高的问题。

（4）严格落实"河长制""湖长制"。积极探索和实施以"河长制""湖长制"为依托的水资源管理模式，加大行政问责力度。

（5）严格控制水资源超采。要严格控制超采问题，尤其要控制地下水资源超采，遏制因地下水超采而引发的一系列水生态问题。对于摸清的水源强化责任制，各级政府责任到人进行保护，才可能不让水资源面临双重威胁。并且要将这两方面的水资源保护纳入环境保护和治理的重点中，结合最严环保法，才能更为妥善地治理已经污染的水源和保护尚未被破坏的水源。

（6）加强地下水污染的治理。一是尽快摸清掌握地下水资源现状；二是加强河北省地下水污染状况的普查、调查与监测，完善地下水水质监测网络化建设，加大地下水环境监测力度；三是加大地下水污染防治的投资力度和资金支持力度；四是完善地下水污染预警机制，要加快对场地型污染预警的研究与预警机制建设；五是有计划开展地下水污染修复工作。

二　大气污染治理的对策

大气污染是河北省一直致力解决的重大环境问题，也是久治不愈的"顽疾"。环保部公布的中国环境状况公报显示，2013~2017年，各年度空气质量相对较差的10个城市中，河北省至少占6席。如何改善空气质量，"退出后十"，河北省任重而道远。河北省治理大气污染的对策包括以下几点。

（1）继续调整产业结构，积极发展清洁生产，深度推进工业节能减排。

（2）必须坚持源头控制，调整能源结构，构建清洁能源体系。解决河北省的大气污染问题，必须优化调整能源结构，清洁化利用煤炭资源。坚持能源消费总量与污染物排放总量的约束性控制，切实减少能源需求总量。

（3）强化机动车尾气减排和建筑扬尘减排，推进优"路"、洁"油"、控"车"同步发展，协同防治机动车污染。

（4）实施污染物总量减排和多污染物协同控制。通过污染物总量减排，倒逼企业使用清洁能源，开展节能减排行动。通过制定严格的排放标准、实行在线监测、清洁生产审核等手段，促进污染物总量的减排。

（5）倡导低碳绿色的生活方式，引导广大居民积极参与雾霾治理。

三　土壤污染治理的重点与对策

（一）土壤污染治理的重点

中央《关于加快推进生态文明建设的意见》明确提出"制定实施土壤污染防治行动计划，优先保护耕地土壤环境，强化工业污染场地治理，开展土壤污染治理与修复试点"。

国务院"十三五"生态环境保护规划进一步提出了"分类防治土壤环境污染"的整体要求，并提出了土壤污染协同治理的五个重点领域：（1）推进基础调查和监测网络建设，以农用地和重点行业企业用地为重点，开展土壤污染状况详查；（2）实施农用地土壤环境分类管理，按污染程度将农用地划为三个类别，分别采取相应管理措施；（3）建立建设用地土壤环境质量强制调查评估制度，加强建设用地环境风险管控；（4）开展土壤污染治理与修复，建立土壤污染治理与修复全过程监管制度，开展修复成效第三方评估；（5）强化重点区域土壤污染防治，加大污灌区、设施农业集中区域土壤环境监测和监管。[①]

（二）土壤污染治理的对策

河北省土壤污染日趋严重。全省有576.75万亩农田处在工矿企业区周边、

[①]《国务院关于印发"十三五"生态环境保护规划的通知》（国发〔2016〕65号），新华网，http://www.xinhuanet.com//politics/2016/12/05/c_1120057921.htm，2016年12月5日。

大中城市郊区和污灌区等外源污染风险区域，约占农田总面积的6%，全省达到三级标准的土壤污染面积有252平方公里。[①]

河北省土壤污染治理的重点包括五个方面：一是加强土壤污染的基础性调查，加强监测网络建设；二是对农用地实施环境分类管理，保障农业生产环境安全；三是加强建设用地环境风险管控；四是开展土壤污染治理与修复；五是强化重点区域土壤污染防治。

河北省治理土壤污染的对策包括以下几个方面。

（1）开展土壤污染调查，摸清全省土壤环境质量状况，并建立土壤环境状况定期调查制度。

（2）强化未污染土壤保护，防范建设用地新增污染，加强农村生活污水排放设施的建设，通过管控生活污水的随意排放，减少生活污水对农村农业用地的污染。

（3）加强对三大污染源（工矿污染源、农业污染源和生活污染源）的监管，做好土壤污染的预防工作。继续深入实施"以奖促治"政策，扩大农村环境连片整治范围。

（4）开展土壤污染修复，改善农业土壤环境质量。

四　农村环境污染治理的重点与对策

（一）农村环境污染治理的重点

国务院"十三五"生态环境保护规划提出了"加快农业农村环境综合治理"的整体要求，并提出农村环境协同治理的四个重点领域：（1）推进农村环境综合整治，加快整治农村生活垃圾和农村污水，开展农村厕所无害化改造；（2）推进畜禽养殖污染防治，大力支持畜禽规模养殖场（小区）标准化改造和建设；（3）推进农业面源污染治理，提高化肥利用率和农膜回收率；

[①]　河北省人民政府：《河北省建设京津冀生态环境支撑区规划（2016-2020年）》（冀政发〔2016〕8号）。

（4）强化秸秆综合利用，强化重点区域和重点时段秸秆禁烧措施，不断提高禁烧监管水平。①

（二）治理农村环境污染的对策

（1）构建多层次、多主体的合作治理体系。治理农村环境污染是一项复杂的社会工程，关键在于形成以村级两委为核心要素，村民个人及家庭、民间组织等多元主体共同参与协同互动的网络治理模式。

（2）从污染源头治理土壤污染。农业生产造成的污染主要来自化肥、农药和农膜的过度使用，以及畜禽养殖造成的污染。从根源上治理农村环境污染的措施包括：一是严格控制化肥、农药的使用，鼓励使用有机肥料取代化肥、农药，培训农民正确的化肥、农药使用方法，提高农药化肥的利用效率；二是构建畜禽养殖与环境防控一体的新模式，畜禽养殖污染治理要加强分区分类管理。对于规模养殖场，可采用污水减量、厌氧发酵、粪便堆肥等单项技术，以种养结合为主体模式处理利用畜禽粪污；对于分散畜禽养殖密集区，可采用粪污集中处理模式；对于位于禁养区内、必须拆除的异地重建畜禽圈舍及配套粪污处理设施建设等予以补助。②

（3）完善农村环保的保障体系。一是建立常态化宣教网络，开展环境保护知识科普；二是加强农村环境监测建设；三是完善农村生活垃圾"村收集、镇转运、县处理"模式，切实防止城镇垃圾向农村转移。

（4）提高农民的参与意识和参与度。农村环境问题所牵涉的利益相关主体包括基层政府、两委、乡镇企业和村民，这些主体也应该成为农村环境协同治理的主体。应加强农村环保主体建设，提高农民的参与意识，逐步把农民培育成农村环境保护的主体。

（5）加大农村环保投入的力度。农村环保投入偏低，导致农村环保基础

---

① 《国务院关于印发"十三五"生态环境保护规划的通知》（国发〔2016〕65号），新华网，http://www.xinhuanet.com//politics/2016/12/05/c_1120057921.htm，2016年12月6日。
② 农业部：《农业资源与生态环境保护工程十三五规划》，2016年12月30日。

设施严重短缺，加重农村环境污染。若是从根本上扭转农村环境污染日益加重的趋势，需要采取多元化渠道筹措农村环保资金，提高治理污染的能力是很重要的一环。

（6）加强农民环境行为的引导。农村环境问题由农民不当的环境行为引起的，农村环境问题的解决也得从农民的环境行为抓起，从改变农民日常生活行为和生活方式切入。①农民环境行为应从三个方面加以引导。一是消费方式的引导。引导农民增加文化消费和健身消费，以提高农民的文化素质和身体素质。二是生活行为的引导。要引导农民改变生活污水和生活垃圾的处理方式，逐步克服生活污水、垃圾随意倾倒的习惯。三是消费文化的引导。在农村要倡导适度消费、合理消费，逐步遏制攀比消费。通过消费引导，减少生活垃圾、生活废弃物的产生，减轻环境压力。

（7）加大农村生活污水排放设施的建设。加快农村生活供排水、旱厕改造等基础设施建设，对生活污水进行相对集中收集、集中处理。既要监管好企业利用渗坑、渗井、旱井排放污水问题，也要对农户各家各户的排水旱井进行摸底调查。通过建设村庄的排水系统，消减和杜绝农户的旱井排水。

---

① 田翠琴、赵志林、赵乃诗：《农民生活型环境行为对农村环境的影响》，《生态经济》2011年第2期。

结语与启示

回顾和总结河北省环境保护与生态建设四十年的发展之路与经验教训，可以得到如下启示。

1. 统筹环境与发展的关系，是加强环境保护、落实环保重点任务的基础与前提。环境保护是经济社会与资源环境协调发展的重要内容，要把环境保护纳入经济社会发展的顶层设计与综合决策之中，谋求环境与经济社会发展的高度融合。制定实施国民经济与社会发展规划时，要充分考虑资源环境的承载力，坚持在保护中发展，在发展中保护，促进经济社会与资源环境的协调发展，实现环境与发展的"双赢"。

2. 环境保护规划是环境保护工作的行动指南，对环境保护事业具有方向性的引领作用。四十年来，河北省环境保护和生态建设得以顺利推进，环境保护规划的引领作用不可小觑。只有把环境保护与环境治理的主要目标作为硬约束纳入国民经济发展发展规划，只有实现环境保护规划与国民经济发展规划的同步制定、同步实施、同步考核，才能促进环境保护与环境治理目标的实现。制定环境保护规划重要，执行和落实环境保护规划更重要，只有抓好环境保护规划的执行落实，才能促进环境保护与生态建设事业的持续发展。

3. 调整经济结构与产业结构，是实现可持续发展的根本与关键。河北省的环境问题，源自于产业结构偏重，发展方式粗放，高污染高耗能产业企业偏多，不合理的经济结构与产业结构加大了污染治理的难度。因此，要从根本上解决环境污染问题，就必须坚持绿色发展导向，坚持把绿色增长、低碳发展作为建设经济强省和谐河北的重要抓手和核心任务。要积极调整产业结构，促进产业转型升级，加快建设低碳化经济社会发展的新体系，力争用最小的资源与能源消耗，实现经济、社会和生态环境效益最大化。

4. 科学划定和牢牢严守生态保护红线，是保障生态安全的底线和生命线。要从生态功能的重要性、生态环境的敏感性与脆弱性着手，实行最严格的生态保护制度，划定生态保护红线，确保生态功能不弱化、面积不减少、性质不改变，强化生态红线的刚性约束。严守生态红线要打好改革组合拳。要紧紧围绕保障河北省生态安全的根本目标，优先保护自然生态空间，实施生物多样性保护重大工程，建立生态环境监管预警体系，加大生态文明建设力度，强化生态服务功能，提升生态系统的稳定性，筑牢生态安全屏障，筑牢绿色发展的底线。

5. 加大环境保护投入力度，是环境保护的重要保证。环境保护投资的力度是保障环境保护成效的关键，没有适度的环境保护投入，环境保护工作就难以为继。四十年的环境保护历史证明，什么时候注重环境保护投入，环境治理的成效就显著；什么时候忽视环境保护投入，环境保护与环境治理的目标就难以实现。为了增加环境保护投入的能力和持续性，应该走多元化的路子，建立环境保护资金投入体系，逐步形成"政府引导、政策调节、市场运作"的环境保护投融资机制，确保河北省环境保护投入占 GDP 的比例要逐年有所提高。为此，一方面是加大政府在环境保护公共领域的投资力度，把自然生态保护、农业面源污染防治、城市环境基础设施建设、环境保护管理能力建设逐步纳入到各级财政预算，建立稳定的投资渠道。另一方面是制定和完善投资、规费征缴等经济政策，引导资金投向环境保护领域，扩大环境保护投入渠道。

6. 加强环境法制、环境制度与环境政策创新，为环境保护与生态建设提供体制性保障。只有建立完善的防范体系、治理体系、标准体系和制度体系，才能促进环境保护事业的顺利进行。只有建立和实施最为严格的生态保护制度，对生态功能保障、环境质量安全和自然资源利用等方面提出更高的监管要求，才能实现人口、经济与资源环境协调发展和可持续发展。

7. 以点带面，充分发挥典型示范作用，是实现全面推动、重点突破的重要方法。河北省创造性地实施的"双三十"节能减排工程，全方位地调动了各级领导实实在在抓环境保护的积极性，有力地带动和推进了全省环境保护与生态建设工作。"双三十"节能减排示范工程的经验，可以延伸扩大到环境保护工作的各个领域，并通过环境保护各个领域的典型示范活动，以点带面，促进环境保护工作的全面开展。

8. 坚持以人为本，建立环境保护公众参与体系，推进环境保护工作的社会化进程。为什么河北省在环境保护制度日益健全、环境治理力度日益加大的过程中，还会出现边治理边污染的现象？公众参与环境保护的积极性不高、广泛性不足是一个重要原因。环境保护工作不能只停留在"自上而下"的规制与动员，还要逐步形成全民共同参与、积极参与的"自下而上"的社会行动。为此，应该尽快建立社会公众参与环境保护的有效机制，充分保障公众的环境知情权、参与权、监督权，鼓励和引导广大群众从自我做起、从身边做起，积极参与环境保护，加快推进环境保护工作的社会化进程。

参考文献

规划、法规与公报

北京市人民政府、河北省人民政府:《关于共同推进河北雄安新区规划建设战略合作协议》,2017。

国家发展和改革委员会、环境保护部:《京津冀协同发展生态环境保护规划》,2015。

国务院:《"十三五"生态环境保护规划》(国发〔2016〕65号),中国政府网,2016。

国务院:《大气污染防治行动计划》,2013。

国务院:《水污染防治行动计划》,2015。

国务院:《土壤污染防治行动计划》,2016。

《国务院关于加快发展循环经济的若干意见》(国发〔2005〕22号),2006。

《国务院关于印发全国国土规划纲要(2016—2030年)的通知》(国发〔2017〕3号),2017。

《河北省2017年国民经济和社会发展统计公报》,长城网,2018。

《河北省保障水安全实施纲要》,河北省水利厅网,2015。

《河北省城镇排水与污水处理管理办法》(河北省人民政府令〔2016〕第7号),2016。

河北省发展和改革委员会、河北省住房和城乡建设厅:《河北省加快建立完善城镇居民用水阶梯水价制度的实施意见》，2014。

《河北省国民经济和社会发展第十个五年规划纲要》，http://www.doc88.com/p-9582620113173.html。

《河北省国民经济和社会发展第十一个五年规划纲要》，《河北日报》2006年4月7日。

《河北省国民经济和社会发展第十二个五年规划纲要》，《河北日报》2011年3月21日。

《河北省国民经济和社会发展第十三个五年规划纲要》，《河北日报》2016年4月18日。

河北省环境保护局、河北省建设厅:《加强小城镇发展中环境保护工作的意见》（冀环〔2001〕1号），2001。

河北省环境保护厅:《2002年河北省环境状况公报》，河北省环境保护厅网，2003。

河北省环境保护厅:《2009年河北省环境状况公报》，河北省环境保护厅网，2010。

河北省环境保护厅:《2011年河北省环境状况公报》，河北省环境保护厅网，2012。

河北省环境保护厅:《2012年河北省环境状况公报》，河北省环境保护厅网，2013。

河北省环境保护厅:《2013年河北省环境状况公报》，河北省环境保护厅网，2014。

河北省环境保护厅:《2016年河北省环境状况公报》，河北省环境保护厅网，2017。

河北省环境保护厅:《2017年河北省生态环境状况公报》，河北省环境保护厅网，2018。

河北省人大常委会:《河北省大气污染防治条例》，1996。

河北省人大常委会:《河北省建设项目环境管理条例》, 1996。

河北省人大常委会:《河北省农业环境保护条例》, 1996。

河北省人大常委会:《河北省水污染防治条例》, 1997。

河北省人大常委会:《河北省大气污染防治条例》, 2016。

河北省人大常委会:《河北省固体废物污染环境防治条例》, 2015。

河北省人大常委会:《河北省环境保护条例》, 1994。

河北省人大常委会:《河北省减少污染物排放条例》, 2009。

河北省人大常委会:《河北省乡村环境保护和治理条例》, 2016。

河北省人民政府:《关于印发河北省生态环境保护"十三五"规划的通知》
（冀政字〔2017〕10号）, 2017。

河北省人民政府:《〈河北省国民经济和社会发展"九五"计划和2010年远景
目标纲要〉的修订完善意见》, 1997。

河北省人民政府:《河北省建设京津冀生态环境支撑区规划（2016—2020年）》
（冀政发〔2016〕8号）, 2016。

河北省人民政府:《河北省人民政府关于加快发展循环经济的实施意见》（冀政
〔2006〕19号）, 河北省人民政府网, 2006。

《河北省人民政府办公厅关于印发河北省生态环境保护"十二五"规划的通
知》（冀政办函〔2012〕8号）, 2012。

《河北省人民政府办公厅印发〈关于实行跨界断面水质目标责任考核的通知〉》
（办字〔2009〕50号）, 2009。

《河北省人民政府关于印发〈河北生态省建设规划纲要〉的通知》（冀政
〔2006〕33号）, 2006。

《河北省人民政府关于印发河北省环境保护"十一五"规划的通知》（冀政函
〔2007〕12号）, 2007。

《河北省人民政府关于印发河北省生态环境建设规划的通知》（冀政〔1999〕
13号）, 1999。

《河北省人民政府批复实施〈河北省水土保持规划（2016—2030年）〉》（冀政

字〔2017〕35号），河北省水利厅网，2017。

河北省水利厅：《2016年河北省水资源公报》，河北省水利厅网，2018。

河北省委、省政府：《河北省生态文明体制改革实施方案》，北极星环保网，2016。

河北省委办公厅、河北省政府办公厅：《河北省农村人居环境整治三年行动实施方案（2018—2020年）》，2018。

环境保护部：《2014中国环境状况公报》，中华人民共和国环境保护部网，2015。

环境保护部：《2015中国环境状况公报》，中华人民共和国环境保护部网，2016。

环境保护部：《2016中国环境状况公报》，中华人民共和国环境保护部网，2017。

生态环境部：《2017中国生态环境状况公报》，中华人民共和国生态环境部网，2018。

环境保护部：《全国地下水污染防治规划（2011—2020年）》（环发〔2011〕128号），2011。

环境保护部等：《华北平原地下水污染防治工作方案》（环发〔2013〕49号），2013。

季允石：《2005年河北省人民政府工作报告》，2005。

农业部：《农业资源与生态环境保护工程十三五规划》，2016年12月30日。

《全国农村环境综合整治"十三五"规划》，北极星环保网，2017。

全国人大常委会：《中华人民共和国固体废物污染环境防治法》（2013修正），2013。

习近平：《决胜全面建成小康社会 夺取新时代中国特色社会主义伟大胜利——在中国共产党第十九次全国代表大会上的报告》，2017。

许勤：《2018年河北省政府工作报告——2018年1月25日在河北省第十三届人民代表大会第一次会议上》，《河北日报》2018年2月5日。

张庆伟:《2016 年河北省政府工作报告——在河北省第十二届人民代表大会第四次会议》,《河北日报》2016 年 1 月 15 日。

赵克志:《紧密团结在以习近平同志为核心的党中央周围为建设经济强省、美丽河北而奋斗——在中国共产党河北省第九次代表大会上的报告》,《河北日报》2016 年 11 月 28 日。

中共河北省委:《河北省人民政府关于实施乡村振兴战略的意见》,河北省人民政府网,2018 年 2 月 27 日。

中共河北省委、河北省人民政府:《关于推进价格机制改革的实施意见》(冀发〔2016〕4 号),河北新闻网,2016。

中共河北省委、河北省人民政府:《关于大力弘扬塞罕坝精神 深入推进生态文明建设和绿色发展的决定》,河北省环境保护厅网,2018。

中共河北省委、河北省人民政府:《关于贯彻落实〈京津冀协同发展规划纲要〉的实施意见》(冀发〔2015〕10 号),2015。

中共河北省委、河北省人民政府:《关于加快推进生态文明建设的实施意见》(冀发〔2015〕19 号),《河北日报》2015 年 11 月 19 日。

中共河北省委、河北省人民政府:《关于实施环境治理攻坚行动的意见》(冀发〔2013〕22 号),2013。

中共河北省委、河北省人民政府:《河北省大气污染防治行动计划实施方案》,河北省人民政府网,2013。

中共河北省委、河北省人民政府:《河北省水污染防治工作方案》,《河北日报》2016 年 2 月 22 日。

中共河北省委、河北省人民政府:《关于实施农村面貌改造提升行动的意见》(冀发〔2013〕10 号),2013。

中共河北省委、河北省人民政府:《关于印发〈河北省保障水安全实施纲要〉的通知》(冀字〔2015〕6 号),2015,http://www.hebwater.gov.cn/a/2015/03/18/1426638686416.html。

中共河北省委:《关于制定国民经济和社会发展第十二个五年规划的建议》,

《河北日报》2010 年 11 月 18 日。

《中共河北省委关于学习贯彻党的十八届三中全会精神的决议》，《河北日报》
2013 年 12 月 30 日。

《中共中央国务院关于对〈河北雄安新区规划纲要〉的批复》，新华社，http://
news.sina.com.cn/c/2018-04-20/doc-ifznefkf7471151.shtml。

中共中央政治局：《京津冀协同发展规划纲要》（中发〔2015〕16 号），中共中
央办公厅秘书局，2015 年 6 月 9 日印发。

《中国 21 世纪议程——中国 21 世纪人口、环境与发展白皮书》，中国环境科
学出版社，1994。

《中华人民共和国大气污染防治法》，2015。

《中华人民共和国环境保护法》，2014 年 4 月 24 日修订。

中华人民共和国水利部：《2016 年中国水资源公报》，2017。

著作

《辞海》（缩印本），上海辞书出版社，1989。

《河北省环境保护丛书》编委会编《河北环境发展规划》，中国环境科学出版
社，2011。

《河北省环境保护丛书》编委会编《河北环境管理》，中国环境科学出版社，
2011。

《河北省环境保护丛书》编委会编《河北环境科学研究》，中国环境科学出版
社，2011。

《河北省环境保护丛书》编委会编《河北环境污染防治》，中国环境科学出版
社，2011。

《河北省环境保护丛书》编委会编《河北生态环境保护》，中国环境科学出版
社，2011。

《河北省志·环境保护志》编委会编《河北省志·环境保护志（1979~2005）》
（内审稿），2013。

《环境科学大辞典》编辑委员会编《环境科学大辞典》，中国环境科学出版社，
　　1993。

北京市地方志编纂委员会编《北京志（市政卷）·环境保护志》，北京出版社，
　　2004。

北京市科技委员会编《可持续发展词语释义》，学苑出版社，1997。

河北省地方志编纂委员会编《河北省志·第11卷·环境保护志》，方志出版
　　社，1997。

河北省地方志编纂委员会编《河北省志·第62卷·政府志》，人民出版社，
　　2000。

河北省环境保护厅:《河北省环境保护文稿选编》（2002至2013年，共12卷）。

林兵:《环境社会学理论与方法》，中国社会科学出版社，2012。

林肇信等主编《环境保护概论》（修订版），高等教育出版社，2011。

曲格平:《中国的环境管理》，中国环境科学出版社，1989。

曲格平:《中国环境问题及对策》，中国环境科学出版社，1989。

史忠良:《经济发展战略与布局》，经济管理出版社，1999。

宋国君等:《环境政策分析》，化学工业出版社，2008。

田翠琴、赵乃诗、赵志林:《京津冀环境保护历史、现状和对策》，北京时代
　　华文书局，2018。

田翠琴、赵乃诗:《河北经济发展发展战略史》，中共党史出版社，2016。

王伟中主编《从战略到行动:欧美可持续发展研究》，社会科学文献出版社，
　　2008。

亚洲开发银行技术援助项目3970咨询专家组:《河北省发展战略研究》，中国
　　财政经济出版社，2005。

叶连松主编《河北经济事典》，人民出版社，1998。

叶文虎、张勇:《环境管理学》（第二版），高等教育出版社，2006。

张同乐:《河北经济史》（第五卷），人民出版社，2003。

周振国、田翠琴、樊翠英:《和谐河北读本》，河北人民出版社，2012。

论文

《2010年河北十大环境新闻揭晓》，《河北青年报》2011年1月11日。

《2011河北十大环境新闻出炉首笔排污权交易入选》，中国新闻网，2012年1月18日。

《2012年河北省十大环境新闻公布监测PM2.5上榜》，燕赵都市网，2013年2月7日。

《2017年河北省十大环境新闻发布"大气污染防治"唱主角》，央广网，2018年2月11日。

安玉琴等：《河北省农田土壤重金属污染评价》，《医学动物防制》2016年第10期。

北京师范大学科学发展观与经济可持续发展研究基地等：《2012中国绿色发展指数报告摘编》，《经济研究参考》2012年第67期。

《北京市和河北省三市共建密云水库生态小流域》，《北京日报》2017年2月24日。

常纪文：《京津冀环保调控和共治如何实现一体化》，《北京日报》2014年11月24日。

常纪文：《京津冀环保一体化的基本问题》，《前进论坛》2014年第9期。

陈桂龙、李伟：《京津冀发展报告：承载力测度与对策》，《中国信息建设》2013年第7期。

陈湘静：《环境保护发展之地位篇走向高度融合》，《中国环境报》2008年12月16日。

陈雪英：《浅谈河北省水资源存在的问题及保护措施》，《科技风》2017年11月上。

程恩富、王新建：《京津冀协同发展：演进、现状与对策》，《管理学刊》2015年第1期。

邓睿清：《白洋淀湿地水资源——生态—社会经济系统及其评价》，河北农业大学硕士学位论文，2011。

丁欣、孙丽欣：《河北省农村生态环境恶化问题的成因解析》，《石家庄经济学院学报》2011 年第 3 期。

冯海波等：《京津冀协同发展背景下河北省主要生态环境问题及对策》，《经济与管理》2015 年第 5 期。

国合会"可持续消费与绿色发展"课题组：《可持续消费与绿色发展》，《环境与可持续发展》2014 年第 4 期。

韩冬梅、金书秦：《中国农业农村环境保护政策分析》，《经济研究参考》2013 年第 43 期。

何劭玥：《党的十八大以来中国环境政策新发展探析》，《思想战线》2017 年第 1 期。

"河北概况"，河北省人民政府网，2014 年 11 月 1 日。

河北省贯彻实施中国 21 世纪议程领导小组办公室：《河北省推动地方 21 世纪议程能力建设项目的实践》，《地方可持续发展简讯》（第九期），2001。

河北省自然资源厅：《二次土地调查资源概况》，河北省自然资源厅网，2016 年 7 月 15 日。

河北省自然资源厅：《矿产资源》，2016 年 7 月 15 日。

河北省环境保护厅：《2012 年河北省陈国鹰在全省环境保护工作会议上的讲话》，载《河北省环境保护文稿选编（2013 卷）》，2014。

《河北省人民政府批复实施〈河北省水土保持规划（2016—2030 年）〉（冀政字〔2017〕35 号，2017-10-13）》，河北省水利厅网，2017 年 10 月 25 日。

李冬梅、边艳辉、安沫平：《河北省农业生态环境现状与前景展望》，《农业环境与发展》2010 年第 1 期。

李霄宇等：《河北省自然保护区体系建设分析》，《林业资源管理》2010 年第 1 期。

刘宏焘：《20 世纪 70 年代的环境污染调查与中国环保事业的起步》，《当代中国史研究》2015 年第 4 期。

刘起军:《中国共产党环境保护工作的实践与经验》,《当代世界与社会主义（双月刊）》2008 年第 2 期。

马大明、张玉田、赵英魁、张水龙:《白洋淀生态调控研究》,《地理学与国土研究》1996 年第 1 期。

曲格平:《试论环境管理的基本职能》,《管理现代化》1982 年第 2 期。

"湿地资源",河北省情网,2016 年 4 月 24 日。

宋国君、马中、姜妮:《环境政策评估及对中国环境保护的意义》,《环境保护》2003 年第 12 期。

孙荣庆:《环境保护规划的十年跨越》,《环境经济》2012 年第 12 期。

田翠琴、赵志林、赵乃诗:《农民生活型环境行为对农村环境的影响》,《生态经济》2011 年第 2 期。

童克难:《〈京津冀协同发展生态环境保护规划〉解读》,《中国环境报》2016 年 1 月 4 日。

王建营:《河北省湿地资源现状及保护管理对策》,《河北林业科技》2015 年第 6 期。

王丽:《京津冀地区资源开发利用与环境保护研究》,《经济研究参考》2015 年第 2 期。

王路光等:《河北省生态环境状况及"十三五"面临的挑战和机遇》,《中国环境管理干部学院学报》2015 年第 3 期。

吴平、谷树忠:《我国土壤污染现状及综合防治对策建议》,《发展研究》2014 年第 4 期。

《雄安新区——中共中央、国务院设立的国家级新区》,https://baike.so.com/doc/25631265-26683118.html。

杨莉英:《河北省地方环境立法的现状、问题与对策》,《河北科技大学学报》（社会科学版）2010 年第 4 期。

俞海滨:《改革开放以来我国环境治理历程与展望》,《毛泽东邓小平理论研究》2010 年第 12 期。

张达等:《京津冀地区可持续发展的主要资源和环境限制性要素评价——基于景观可持续科学概念框架》,《地球科学进展》2015 年第 10 期。

张坤民:《中国的环境战略及展望》,《生态经济》2000 年第 3 期。

张连辉、赵凌云:《1953—2003 年间中国环境保护政策的历史演变》,《中国经济史研究》2007 年第 4 期。

张同乐、姜书平:《20 世纪 50~80 年代河北省污水灌溉与农业生态环境问题述论》,《当代中国史研究》2012 年第 1 期。

张同乐:《试论 20 世纪 60~70 年代的河北环境保护》,《当代中国史研究》2002 年第 1 期。

张艳:《河北省海洋环境保护工作坚持在开发中保护在保护中开发》,《中国海洋报》2009 年 11 月 24 日。

章庆民:《关于我国生态环境保护的综述研究》,《科技咨询导报》2007 年第 6 期。

赵乃诗、田翠琴:《河北省地下水的污染状况及其社会影响分析》,载《2016~2017 年河北省社会形势分析与预测》,河北省人民出版社,2017。

赵峥、李娟:《我国绿色发展中的环境治理:成效评价与趋势展望》,《鄱阳湖学刊》2011 年第 5 期。

郑连生、穆仲义、马大明:《河北省缺水状况、问题及对策》,《地理学与国土研究》2002 年第 1 期。

《中国绿色发展指数排名》,中国经济网,2010 年 11 月 4 日。

周宏春、季曦:《改革开放三十年中国环境保护政策演变》,《南京大学学报》(哲学·人文科学·社会科学)2009 年第 1 期。

周生贤:《我国环境保护的发展历程与探索》,《人民论坛》2014 年 3 月下。

朱建军、李红、郝东:《河北平原深层地下水环境恶化原因与对策》,《石家庄师范专科学校学报》2002 年第 2 期。

后 记

本书是"2018年河北省社会科学院学术著作出版资助项目",非常感谢河北省社会科学院给予的出版资助。

我自1994年开始从事旱区环境社会学研究,1998年主持完成河北省社会科学基金项目"河北省旱区生态环境保护与可持续发展研究",2002年合作出版《旱区环境社会学》一书,至今从事环境社会学和环境保护研究已二十余年。河北省是全国开展环境保护工作较早的省份,二十多年来,我一直在关注河北省的环境保护与可持续发展,并酝酿写一部河北省环境保护史方面的著作。今年3月,恰逢社会科学文献出版社组织编写"改革开放研究丛书",有机会承担《河北省环境保护与生态建设(1978~2018)》一书的撰写,深感荣幸和责任重大。该书能这么快地完成和出版,非常感谢社会科学文献出版社对作者的信任和支持,感谢社会科学文献出版社的谢寿光社长给予的出版机会,感谢本书的责任编辑、社会科学文献出版社的谢蕊芬老师对本书给予的鼎力支持和帮助,感谢杨鑫磊编辑对本书的认真校对。

本书是由田翠琴、田桐羽和赵乃诗合作完成的,具体分工是:田翠琴撰写第一章、第二章和第五章;田桐羽撰写第三章;赵乃诗撰写第四章。田翠琴负责全书的统稿与修改。

颜廷标、把增强、王文录、刘书越和樊雅丽五位专家对本书提出了许多宝贵的修改建议，尤其是颜廷标和把增强两位专家对本书提出的修改建议非常精准细致，在此对各位专家表示诚挚的谢意。河北省社会科学院科研处的孟庆凯处长和赵玉静副处长给予本书大力支持，在此一并表示感谢。

由于时间仓促与水平所限，书中难免有疏漏与不当之处，恳请各位专家、学者和读者批评指正。

田翠琴

2018 年 10 月

图书在版编目（CIP）数据

河北省环境保护与生态建设（1978~2018）/ 田翠琴，田桐羽，赵乃诗著. -- 北京：社会科学文献出版社，2019.1
（改革开放研究丛书）
ISBN 978-7-5097-8605-5

Ⅰ.①河⋯　Ⅱ.①田⋯ ②田⋯ ③赵⋯　Ⅲ.①区域生态环境-生态环境保护-研究-河北-1978-2018　Ⅳ.①X321.222

中国版本图书馆CIP数据核字（2018）第289136号

·改革开放研究丛书·
河北省环境保护与生态建设（1978~2018）

丛书主编 / 蔡　昉　李培林　谢寿光
著　　者 / 田翠琴　田桐羽　赵乃诗

出 版 人 / 谢寿光
项目统筹 / 谢蕊芬
责任编辑 / 谢蕊芬　杨鑫磊

出　　版 / 社会科学文献出版社·群学出版分社（010）59366453
　　　　　　地址：北京市北三环中路甲29号院华龙大厦　邮编：100029
　　　　　　网址：www.ssap.com.cn
发　　行 / 市场营销中心（010）59367081　59367083
印　　装 / 三河市东方印刷有限公司

规　　格 / 开　本：787mm×1092mm 1/16
　　　　　　印　张：20　字　数：291千字
版　　次 / 2019年1月第1版　2019年1月第1次印刷
书　　号 / ISBN 978-7-5097-8605-5
定　　价 / 128.00元